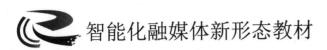

智能化融媒体新形态教材

信息技术基础

主　编　石　卉　孙　勇　戴　波
副主编　牛晋徽　薛　静

合肥工業大學出版社
HEFEI UNIVERSITY OF TECHNOLOGY PRESS

图书在版编目（CIP）数据

信息技术基础/石卉，孙勇，戴波主编.—合肥：
合肥工业大学出版社，2023.10
ISBN 978-7-5650-6463-0

Ⅰ.①信… Ⅱ.①石… ②孙… ③戴…
Ⅲ.①电子计算机 Ⅳ.① TP3

中国国家版本馆 CIP 数据核字（2023）第 201319 号

信息技术基础
XINXI JISHU JICHU

石 卉 孙 勇 戴 波 主编

责任编辑	孙南洋
出版发行	**合肥工业大学出版社**
地　　址	（230009）合肥市屯溪路 193 号
网　　址	www.hfutpress.com.cn
电　　话	人文社科出版中心：0551-62903200
	营销与储运管理中心：0551-62903198
规　　格	787 毫米 ×1092 毫米　1/16
印　　张	17
字　　数	403 千字
版　　次	2023 年 10 月第 1 版
印　　次	2023 年 10 月第 1 次印刷
印　　刷	三河市海新印务有限公司
书　　号	ISBN 978-7-5650-6463-0
定　　价	49.80 元

前言 PREFACE

　　随着信息技术的不断发展，计算机已成为人们在工作、学习和日常生活中不可或缺的工具。它不再仅限于简单的计算功能，而是广泛应用于军事、科技、经济和文化等多个领域。在这样的大背景下，掌握计算机基础知识、了解当今的计算机技术、熟练使用计算机技术进行信息处理、养成计算思维，已成为人们生活、办公的必备素质和技能。

　　本书以 Windows 11 和 Microsoft Office 2021 为平台，全面系统地介绍了计算机基础知识及其基本操作。全书共十章，主要内容包括计算机简介、计算机中的数据、操作系统、数据库、计算机网络及安全、常用办公软件的使用（含 Word 2021、Excel 2021、PowerPoint 2021）、云计算与大数据、人工智能、区块链、物联网。

　　本书为智能化融媒体新形态教材，每章都含有拓展阅读和在线测试，教师还可以通过后台数据掌握学生的学习情况。

　　本书适合作为高等院校非计算机专业计算机基础课程的教材，还可以作为计算机爱好者提高计算机或办公自动化应用能力的参考用书。

　　由于编者水平有限，加之编写时间仓促，书中难免存在疏漏之处，希望广大读者批评指正。

编　者

《信息技术基础》微信小程序码

目 录 CONTENTS

第1章 计算机简介

内容导读

随着科技的发展，计算机已经成为人们工作、学习、生活等社会活动中不可或缺的工具。本章将介绍计算机的发展经历、计算机的特点以及计算机系统的组成。

学习目标

○ 了解计算机的发展过程
○ 了解计算机的发展趋势
○ 熟悉计算机的特点和分类
○ 熟悉计算机的硬件组成
○ 熟悉计算机的软件系统分类

学习要求

★ 计算机的特点和分类
★ 计算机的硬件组成
★ 计算机的软件分类

拓展阅读

为中国计算机发展筑牢根基

中华人民共和国成立初期，我国电子计算机领域还是一片空白，但很多具有前瞻性视野的科技工作者早就意识到计算机对于科研的重要作用，尤其是一大批义无反顾归国报效的爱国科学家们，中国科学院院士夏培肃便是其中之一。……

1.1 计算机的发展史

1.1.1 计算机的问世

1. 第一代电子管计算机

1946 年，世界上第一台通用电子计算机（ENIAC）在美国诞生，它与人们目前所使用的计算机有着天壤之别。它长约 30 米，宽 1 米，整体占地面积达 170 平方米，重达 30 吨，每小时耗电功率约 150 千瓦。它是以电子管作为元器件的，所以又被称为电子管计算机。

第一代计算机使用的电子管体积很大，耗电量大，易发热，因而工作的时间不能太长。ENIAC 使用机器语言，没有系统软件；采用磁鼓、小磁芯作为储存器，存储空间有限；输入/输出设备简单，采用穿孔纸带或卡片；主要用于科学计算，当时美国国防部用它来进行弹道计算。

2. 第二代晶体管计算机

第二代计算机采用的主要元件是晶体管，称为晶体管计算机。在这个阶段，计算机软件有了较大发展，程序语言出现了 ALGOI、FORTRAN、COBOL 等高级语言，采用了监控程序，后来发展为操作系统。这时的计算机体积明显缩小，运算速度也有了很大提高，耗电量也更低，性能更稳定。

3. 第三代中小规模集成电路计算机

第三代计算机采用中小规模集成电路作为主要元件。由于机种多样，外部设备不断增加，除了常规的数值计算和数据处理外，它还能处理图形和文字等。这时期，随着操作系统的普及和发展，产生了 BASIC 语言、APL 语言等。

4. 第四代大规模和超大规模集成电路计算机

第四代计算机使用的电子元件是大规模、超大规模的集成电路。由于在硬币大小的芯片上能容纳几十万甚至上百万个元件，计算机的体积和价格大幅下降，而运算速度、功能和稳定性有了大幅提高。

随着计算机的不断发展，适用于家庭、学校和办公室的个人计算机诞生了。计算机迎来了翻天覆地的变化，在这种良性市场竞争中，价格更便宜、体积更小巧、功能更强大的计算机，渐渐进入了千家万户（图 1-1）。

第一代（电子管）1946—1958
- 速度 5千～1万次每秒
- 机器语言、汇编语言
- 军事和科研
- 体积巨大，价格昂贵，速度低，存储容量小，稳定性差

第二代（晶体管）1959—1964
- 速度几万～几十万次每秒
- 高级语言
- 商业和政务
- 体积减小，速度更快，功耗降低，性能更稳定

第三代（中小规模集成电路）1965—1970
- 速度几十万～几百万次每秒
- 操作系统
- 文字和图形图像处理
- 体积和功耗进一步减小，速度和存储容量提高，外设种类繁多

第四代（大规模和超大规模集成电路）1971—至今
- 速度几千万～几十万亿次每秒
- 数据库、网络等
- 社会各领域
- 体积小，价格低，速度快，存储容量大，性能高

图 1-1　计算机的发展过程

1.1.2　计算机的发展趋势

1．人工智能化

计算机人工智能化将不再是科幻片中的想象，人类通过不断的尝试，让计算机模拟人类的各种智力活动、思维逻辑和推理判断等，使它能够与人交流沟通，能够利用收集到的语言、文字、图像，进行分析和学习，经过理解、思考和再加工，来解决复杂的问题，并能够像人脑那样将知识存储下来，便于以后的使用。

2．多媒体化

多媒体是将两种或者两种以上的媒体信息（文本、图形、图像、音频、动画、视频等）融合在一起，来达到人机交互。而多媒体化是多媒体技术的应用和普及，使信息变得更加多元、直观、立体。借助网络的力量，结合超文本、超媒体等技术，计算机的世界与人们的现实生活越来越相似，按照现实生活中的习惯，人们可以从网络中获取更多丰富立体的信息。

3．网络化

计算机网络是计算机技术与通信技术相互渗透、紧密结合的产物。它拉近了世界的距离，使得远在天边的人们能够进行无障碍的交流、沟通、资源共享、互相协作，仿佛近在咫尺。随着计算机的网络化进一步发展，网络融入了人们工作、学习、生产和生活等方方面面中，由于它的便捷和高效，人们越来越离不开网络。

4．微型化

随着科技的发展，对计算机的性能和速度也提出了更高的要求，计算机的功能也会不断增强，外部设备也会推陈出新。与此同时，电脑芯片的集成度变得越来越高，人们越来越追求更轻、更小、便于携带的计算机，这将是计算机发展的一种必然趋势。

5．巨型化

巨型化是指计算机朝着极高运算速度、超大存储容量、具有强大完善功能的方向发展，来满足天文、气象、军事、科研、人工智能、生物工程等领域的需要，也是进行海量数据存储和挖掘的需要。它是当下科技和计算机技术最高水平的体现。

1.2　计算机的特点与分类

1.2.1　计算机的特点

计算机的特点主要包括高速运算能力、运算精度高、逻辑判断能力强、存储容量大和自动化程度高 5 个方面，如图 1-2 所示。

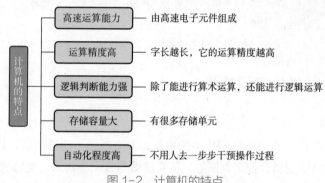

图 1-2　计算机的特点

1．高速运算能力

计算机由高速电子元件组成，所以它能以极高的速度来进行计算。人们所说的运算速度，通常是指每秒执行定点加法计算的次数或平均每秒钟执行指令的条数。计算机的运算速度可以达到每秒几万亿次，运算速度非常快，可以大大提高工作效率，还可以解决很多复杂问题。

2．运算精度高

计算机的字长决定了它的运算精度，字长越长，它的运算精度越高。字长由微处理器对外数据通路的数据总线条数决定。科研和工程计算中对计算结果的精度要求很高，有的甚至可以利用计算机算出精确到小数点后百万位的值。目前主流个人计算机的字长为 64 位，为了获得更高的计算精度，还可以进行双倍字长、多倍字长的运算。

3．逻辑判断能力强

计算机具有逻辑判断能力，是因为它除了能进行算术运算，还能进行逻辑运算。对于计算机而言，算术运算本质上是一系列逻辑运算的组合，因为计算机只能看懂逻辑。逻辑运算又称布尔运算。有了逻辑判断能力，计算机就能通过对上一步结果的判断，选择下一步要执行的命令。这种逻辑加工的能力，使计算机能在更多、更复杂的领域发挥作用。

4．存储容量大

计算机中有很多存储单元，它们就是使计算机拥有最强"大脑"的秘诀。计算机的存储容量越大，它的记忆力就越强，这是与普通计算工具的一个重要区别。随着计算机的发展，计算机存储的信息越来越多，存储的时间也越来越长，这便给计算机收集、检索和处理海量信息提供了保障。

5．自动化程度高

计算机不同于其他工具的最显著的特点，就是它可以不用人去一步步干预操作过程，就能根据自己存储的信息和人事先设置好的程序进行工作。

1.2.2　计算机的分类

计算机的分类包括按信息处理方式分类、按用途分类以及按规模分类三种类型，如图 1-3 所示。

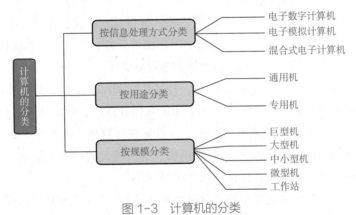

图 1-3　计算机的分类

1．按信息处理方式分类

（1）电子数字计算机，又称数字计算机。它用于传输、存储和运算的所有信息，都是以二进制数表示。数字计算机按构成器件分类，又可以分为机械计算机和机电计算机。目前正在研究的电子数字计算机有光计算机、量子计算机、生物计算机、神经网络计算机等。

（2）电子模拟计算机，又称模拟式电子计算机。它是用连续变化的电流或电压来模拟运算的，其基本运算部件为运算放大器。由于数字计算机飞速发展，模拟计算机的优势越来越不明显。模拟计算机以前主要用于仿真，现在已经淘汰了。

（3）混合式电子计算机，它既可以处理数字信息，又可以处理模拟物理量。它通过模数转换器和数模转换器构成的接口，将数字计算机和模拟计算机组合在一起，构成了混合计算机系统。这种计算机适合被用来做实时性要求很高的仿真。

2．按用途分类

（1）通用机，顾名思义，就是适用于各种应用场合、功能齐全、通用性好的计算机。比如工厂、医院、学校、家庭和公司等场合使用的，大多都是通用机。

（2）专用机，是针对某一领域或为解决某种特定问题专门设计的计算机，如银行专用机

（图1-4）、超市收银机（图1-5）、工业控制机（图1-6）等。

图1-4 银行专用机

图1-5 超市收银机

图1-6 工业控制机

3．按规模分类

（1）巨型机，是一种超级计算机，通常具有极高运算速度、超大存储容量、强大完善的功能，用来完成重大复杂的课题研究等。

现代的巨型计算机主要用于核物理研究、核武器设计、航天航空飞行器设计、国民经济的预测和决策、能源开发、中长期天气预报、卫星图像处理、情报分析和各种科学研究方面，是强有力的模拟和计算工具，对国民经济和国防建设具有重要的价值。

中国超级计算机有银河系列、曙光系列、神威系列和深腾系列。其中神威太湖之光，如图1-7所示，其峰值性能125.436PFlops，持续性能93.015PFlops，性能功耗比6051MFlops/W。

（2）大型机，是具有大量内存和处理器、高性能的计算机，主要作为商用数据库、各类服务器和各种应用来使用，比如银行、政府机构、规模较大的科研院所和IT服务提供商等。大型机使用专用的处理器指令集、操作系统和应用软件。

（3）中小型机，它的运算速度很快，存储容量也很大，介于大型机和微型机之间。

（4）微型机，又叫作个人计算机，是目前发展最快，数量最多的计算机。它的优点是体积小、价格便宜、功能齐全、可靠性高、操作方便和便于移动和携带。这也是人们日常工作生活中接触最多的一种计算机。

（5）工作站，是一种高端的、面向专业领域的通用微型计算机，比如拥有强大的图形、图像处理能力，或者强大的数据运算能力，或者处理高并发任务的能力。一般用于科研、工程设计、动画制作、游戏开发、模拟仿真、金融等专业领域，如图1-8所示。

图1-7 神威太湖之光

图1-8 工作站

1.3　计算机系统

　　计算机系统由硬件系统和软件系统组成。硬件就是计算机的物理实体部分，类似于人的骨骼、肌肉、血管等实际存在的部分；软件就是计算机运行着的各种程序的总称，类似于人的思维、语言以及处理问题的能力等看不见摸不着的部分。计算机系统分类情况如图 1-9 所示。

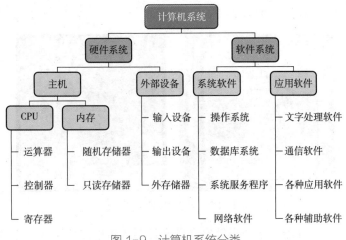

图 1-9　计算机系统分类

1.3.1　计算机硬件系统

　　老式计算机的硬件，从概念上来说，主要由控制器、运算器、存储器、输入设备和输出设备等部分组成，图 1-10 所示为老式计算机硬件组成图。

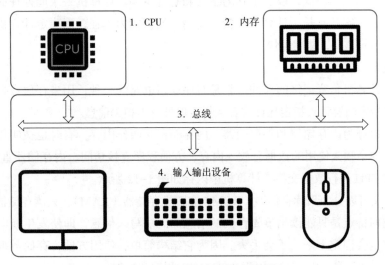

图 1-10　老式计算机硬件组成图

现在市场上的主流计算机，其硬件系统是由主机和外部设备组成。主机是除去输入输出设备以外的主要机体部分，也就是说机箱以内的都是主机，机箱以外的都是外部设备。

主机包含主板、中央处理器、内存、各种板卡（网卡、声卡、显卡等）、硬盘、光驱（又称光盘驱动器，现在很少使用）、机箱、风扇、电源等。

常用的外部设备包含显示器、键盘、鼠标、打印机、扫描仪、摄像头、手写板等。

1. 中央处理器（CPU）

中央处理器主要包括控制器（CU）和运算器（ALU）两部分，其中还包括高速缓冲存储器及连接他们的总线。中央处理器的功能主要为执行操作、控制时间、处理指令、处理数据。图 1-11 所示为中央处理器（CPU）。

图 1-11　中央处理器（CPU）

控制器是由指令寄存器、指令指针寄存器和控制逻辑电路等组成。它就像一个指挥官，负责指挥调度计算机的运行，首先它从存储器按顺序取出指令，然后向各部件发出信号，使它们按照指令顺序执行相应的任务。

运算器是由累加器、算术逻辑单元（ALU）、状态寄存器、通用寄存器组等组成。它在控制器的指挥下，与存储器交换数据，对数据进行运算加工。它能进行加、减、乘、除这些算术运算，也能进行与、或、非、异或等逻辑运算，还能进行移位等操作。

中央处理器的性能高低，取决于它的字长和时钟主频。计算机一次能处理的二进制数据的位数叫作字长。字长越长，计算机的精度越高，处理能力越强。而决定计算机运算速度的是时钟主频，主频越高，速度越快。

2. 存储器

存储器是计算机负责记忆的部件，它是时序逻辑电路的一种，用来存放数据和程序。控制器指挥它将指定内容存入指定地址或者从指定地址取出相关信息。

存储器可以分为内存储器和外存储器。内存储器又叫作内存，有时也被叫作主存。计算机在一段时间内会频繁使用的数据会放入内存，方便程序直接访问。内存储器直接与 CPU 连接，能直接与 CPU 进行数据交换。计算机中内存如图 1-12 所示。

内存储器又可以分为只读存储器（ROM）和随机存储器（RAM）。只读存储器，又称为固定存储器，它的特点是只能读出事先存储的信息而无法写入信息，即使发生断电的情况，已经写入的数据也会固定下来，不会丢失。因为它结构简单，使用方便，存储数据稳定，断电后数据不会改变和丢失，因此常被用于存储固定的程序和数据。

图 1-12　计算机中内存

只读存储器的主要作用是完成对系统的加电自检、系统中各功能模块的初始化、系统的基本输入 / 输出的驱动程序及引导操作系统。

随机存储器也叫作主存，是与 CPU 直接交换数据的内部存储器。它可以随时读写（刷新时除外），而且速度很快，通常作为操作系统或其他正在运行中的程序的临时数据存储介质。

随机存储器工作时可以随时从任何一个指定的地址写入或读出信息，但是在断电后，保存在上面的数据会消失。

内存等存储器的特点是速度越快，价格越高。为了保证性价比，存储器的排列像金字塔一样，高速的容量小，中速的容量中等，低速的容量大。这种构造称为存储器层级，如图 1-13 所示。

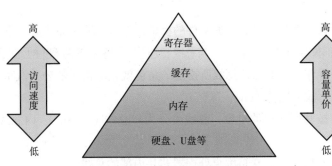

图 1-13　存储器层级

外存储器，又称为外存，它的特点是存储容量大、价格低，但是存取速度慢。它只与内存储器交换信息，不能被计算机的其他部件直接访问。

外存储器有闪存盘（U 盘，优盘）、移动硬盘、软盘、光盘、固态硬盘、机械硬盘、硬盘储存器等。图 1-14 所示为 SSD 固态硬盘。

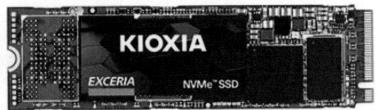

图 1-14　固态硬盘

3．输入设备

输入设备是用于输入计算机程序和原始数据的设备。常见的输入设备有键盘、鼠标、手写板、摄像头、条码扫描器等，如图 1-15 所示。

图 1-15 键盘、鼠标、手写板、摄像头、条码扫描器

4．输出设备

输出设备用于输出显示、打印计算机的数据，控制外围设备操作等。常见的输出设备有显示器、耳麦、打印机、影像输出系统等，如图 1-16 所示。

图 1-16 显示器、耳麦、打印机、投影仪

5．总线

总线（Bus）是连接计算机内部各功能部件的桥梁，它是一种内部结构。计算机的 CPU、内存、输入输出设备等部件通过相应的接口，与总线相连接。总线体现在硬件上就是计算机的主板。

人们可以将主板看作一座城市，总线所扮演的角色就是城市里的公共汽车（bus），来回不停地在规定的路线上运输着比特（bit）。

在计算机系统中按其所连接的对象，总线可分为片总线（C-Bus）、内总线（I-Bus）和外总线（E-Bus）。

片总线（又称元件级总线），它是中央处理器芯片内部的总线。

内总线（又称系统总线或板级总线），它是计算机各功能部件之间的传输通道。通常将微型计算机总线叫作内总线，它可以分为数据总线、地址总线和控制总线，分别用来传输数据、数据地址、控制信号。

外总线（又称通信总线），它是计算机系统之间，或者是计算机主机与外围设备之间的传输通路。

三类总线在微型计算机中的关系如图 1-17 所示。

6．各种板卡和主板

主板，又叫作主机板（Mainboard）、系统板（Systemboard）或者母板（Motherboard），图 1-18 所示为主板。

主板是计算机主机中最重要的部件之一，它安装在主机箱内，计算机主机中各种部件都是通过主板来连接的。主板上含有计算机主要电路系统、各种芯片、接口、内存槽、扩展槽、指示灯和各种跳线等元件。

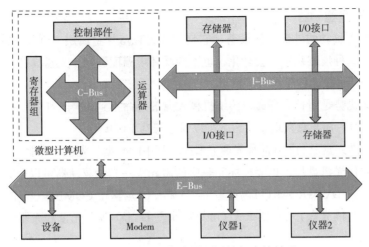

图 1-17　三类总线在微型计算机中的关系

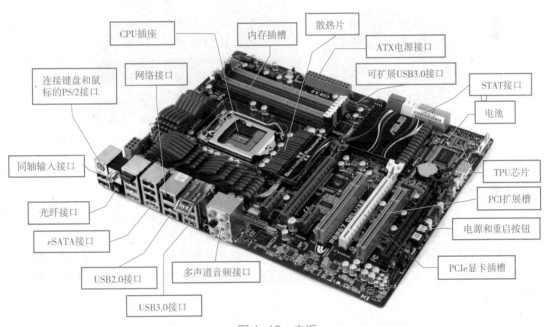

图 1-18　主板

　　板卡是可以插入计算机主板插槽中的一种电路板，可以控制计算机的硬件运行，为计算机添加某些特定功能，图 1-19 所示为各种常见的板卡，如声卡、显卡、网卡和数据采集卡等。

图 1-19　声卡、显卡、网卡和数据采集卡

7．光盘和光盘驱动器

光盘是一种可移动的外部存储设备，它是用激光在盘片金属层"刻"下物理痕迹的方式来存储信息的，这种痕迹几乎不会老化，也不会受环境温度影响。光盘具有容量大、成本低、稳定性好、使用寿命长、便于携带等特点。

光盘的最大优势是超长的寿命，传统机械硬盘的寿命不到 10 年，U 盘不通电的情况下只能安全保存几个月，而光盘在理想状态下可以保存长达 1 000 年。

光盘需要借助光盘驱动器（简称光驱）来读取其中的数据。光盘和光驱在使用时需要注意防尘，灰尘会划伤光盘盘片，也能损坏光驱中的激光头。光盘驱动器可以分为 CD-ROM（致密盘只读存储器）、DVD-ROM（可以读取 DVD 碟片的光驱）、COMBO（康宝，能 CD 刻录）、BD-ROM（蓝光只读光盘）、DVD-RW（可重记录型 DVD）等。光盘和光驱的外观如图 1-20 所示。

图 1-20　光盘、光盘驱动器

1.3.2　计算机软件系统

1．软件的概念及特点

计算机软件是为了维护、管理和使用计算机硬件而开发的程序（能解决某种问题或者实现某种目的，计算机能识别和执行的指令），以及程序运行、维护过程中所使用或者产生的文档的集合。

计算机软件有着友好的图形化界面，能帮助用户更好、更方便地使用计算机的硬件。计算机软件的特点如下。

（1）没有具体形态，没有物理实体，只能通过运行状况来了解功能、特性和质量。

（2）软件是人类智慧的结晶，体现了人类逻辑思维和技术水平的高低。

（3）软件在使用过程中，也会过时或者出现运行错误，需要迭代更新、不断地完善和维护。

（4）软件的开发和运行依赖于开发语言、硬件环境、运行环境，它的发展趋势具有可移植和跨平台性。

（5）软件具有可复用性，可以重复使用。

2．软件的分类

（1）系统软件。系统软件的任务是协调和管理计算机中各种独立的硬件。有了它，用户和其他软件就不需要知道底层每个硬件如何工作，只需要将计算机当作一个整体来使用。系统软件由 BIOS、操作系统、语言处理程序、数据库系统、服务性程序等组成。

BIOS（基本输入输出系统），它是个人电脑启动时加载的第一个软件，是一组固化到计算机主板上的程序，为计算机提供最底层、最直接的硬件设置和控制。计算机基本的输入输出程序、开机自检程序和系统自启动程序都要借助它来完成。

操作系统负责管理和协调各种软硬件资源，使计算机按照用户的要求正常运行。用户借助操作系统来管理和维护计算机资源，执行各种指令和控制调度任务。操作系统的功能主要有进程管理、存储管理、设备管理、文件管理和作业管理。常见的操作系统有 MS-DOS（现在基本不用）、Windows、MacOS、HarmonyOS（鸿蒙，华为公司出品）、Linux、Unix 等。

语言处理程序是将高级语言或汇编语言编写的程序解释成机器能识别处理的机器语言，使计算机能正确地执行指令。语言处理程序包含汇编程序、编译程序、解释程序。

计算机语言总的来说分为机器语言、汇编语言、高级语言三大类，如图 1-21 所示。

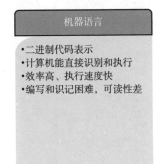

机器语言	汇编语言	高级语言
•二进制代码表示 •计算机能直接识别和执行 •效率高、执行速度快 •编写和识记困难，可读性差	•符号语言 •低级语言 •计算机无法直接识别和执行 •存储空间占用少、执行速度快 •较易识记和编写、可读性较好 •可扩展性高	•接近自然语言和数学语言 •计算机无法直接识别和执行 •便于识记和编写、可读性好 •独立于机器，面向过程或对象 •执行速率比汇编语言低 •种类很多，如Python、Java、C语言、Go语言等 •表达能力强，实现功能和算法多

图 1-21 计算机语言的分类

数据库系统是由数据库和它的管理软件组成，可以对计算机内各种数据提供存储、查询、维护等管理功能的数据处理系统。常见的数据库系统有 Access、SQLServer、MySQL、Oracle、DB2、Sybase、NoSql 等。

服务性程序，又称为支撑软件，是指帮助用户使用和维护计算机以及对其他软件提供支持的一类程序。常见的服务型程序有诊断程序、纠错程序、工具软件、连接程序、软件调试程序等。

（2）应用软件。应用软件是为了解决某种特定问题或者某种特定用途而开发的程序，它只擅长某一特定领域，需要在操作系统上加以运行使用。它能够使计算机在更多领域得到应用，将计算机硬件的功能放大。

应用软件的种类非常多，如文字处理软件、业务流程软件、通信软件、教育学习软件等都是应用软件。

常见的文字处理软件如 WPSoffice、Microsoftoffice 等；业务流程软件如 ERP 等；财务软件如用友、金蝶等；辅助设计软件如 AutoCAD 等；图像处理软件如 Photoshop、CorelDraw 等；通信软件如微信、QQ 等；教育学习软件如学习强国等。

3．软硬件的关系

（1）软件和硬件相互依赖。硬件是软件的载体，软件是硬件的灵魂；硬件是软件工作的物质基础，软件是硬件发挥作用的上层建筑。

（2）软件和硬件相互促进、相互发展。随着计算机技术的快速迭代，人们对速度和功能的追求日益增强，硬件技术不断进步，推动着软件不断更新和完善来与新的硬件匹配；与此同时，软件技术的创新和发展促进了硬件的更新。两者密不可分，齐头并进，将计算机技术的发展推向新的高潮，为人们的生活带来更多的改变。

（3）软件和硬件相互融合。随着智能芯片的发展，将软件嵌入硬件中已经是未来发展的一大趋势，这就相当于给人们生活中的各种家电、设备等装上了一个"大脑"，人们的生活将会越来越智能，越来越便捷。云计算、人工智能渐渐走入了人们的生活，我们所认知的世界正发生着翻天覆地的变化。

🖥 在线测试

扫一扫　测一测

第2章 计算机中的数据

内容导读

计算机是如何存储和传输图形图像、文字符号、声音影像等信息的呢？世界上第一台通用电子计算机ENIAC，采用的是十进制数来表示数值，那么现代计算机还是用的十进制数吗？

学习目标

- ○ 了解数除了十进制以外还有哪些
- ○ 掌握数的二进制和十进制之间的转换
- ○ 了解十进制与其他进制之间转换的原理
- ○ 理解数据的单位的概念
- ○ 掌握常用数据单位间的转换
- ○ 了解数据编码的类型

学习要求

- ★ 二进制与十进制间的转换
- ★ 常用数据单位间的转换
- ★ 在计算机中实践 ASCII 码

拓展阅读

中文输入法的诞生

西方的拼音文字由字母组成，而且西方人使用键盘打字机已有很久的历史，因此计算机输入没有障碍。而汉字是方块字，每个字都不同，而且中国人也没有使用键盘的传统，因此计算机的输入问题阻碍了计算机在中国的普及和发展。……

信息和数据是可以相互转化的，它们是密不可分的。信息是数据的具体内容，是在数据的基础上对数据作出的诠释。而数据是将信息以符号、图像、文字、音频、视频等手段量化表示，它是信息的一种表现形式和载体。数据在加工提炼前是没有意义的，它在变成信息后会对客观世界产生影响。信息和数据的关系如图 2-1 所示。

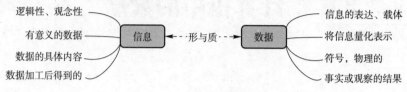

图 2-1　信息和数据的关系

在计算机系统中，数据是指计算机能够存储和处理的数字、字母、符号等的总称。现在计算机能存储和处理的对象种类繁多，表示这些对象的数据变得越来越复杂。

计算机中的数据都是用二进制数据来存储和表示的。

2.1　数的进制及转换

数制，也称计数制，是一种计数方式，是用一组固定的符号和统一的规则来表示数值的方法。任何一个数制都包含两个基本要素：基数和位权。

基数（R）是指数制所使用数码的个数。

位权是指多位数中某一位上的"1"所表示数值的大小（所处位置的价值）。例如一个 3 位的十进制数中，百位（第 3 位）上的"1"表示 $100=10^2$，也就是说它的位权为 10^2；十位（第 2 位）上的"1"表示 $10=10^1$，也就是说它的位权为 10^1。所以一个 R（基数）进制多位数，第 n（某一位）位的位权就是 R^{n-1}。

数码是数制中表示基本数值大小的不同数字符号。

根据进位基数不同，有十进制、二进制、八进制等。我们都知道，十进制是逢十进一，那么二进制就是逢二进一，八进制就是逢八进一。以此类推，X 进制就是逢 X 进一。

2.1.1　数的进制

1. 十进制

由于人类计数时，双手是最容易用到的计数工具，而双手共十个手指，所以十进制被普遍使用。

十进制是中国人民的一项杰出创造，在世界数学史上有重要意义。著名的英国科学史学家李约瑟教授曾对中国商代记数法予以很高的评价。"如果没有这种十进制，就几乎不可能出现我们现在这个统一化的世界了，"李约瑟说，"总的来说，商代的数字系统比同一时代的古巴比伦和古埃及更为先进、更为科学。"

十进制（Decimal）的运算规律为逢十进一，它的基数为 10，数码由 0—9 这十个数字组成。在数的表示上，十进制数可以不加标注，也可以在数的后面加上 D。数的进制分类如图 2-2 所示。

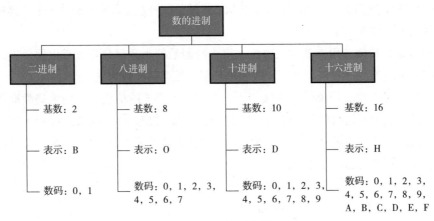

图 2-2　数的进制

2．二进制

二进制（Binary）是由德国数学家莱布尼兹发现的，电子管有开和关两种基本状态，这就使得电子计算机发展之初（以电子管为基础）选择用二进制来表示数字和数据。

二进制的基数为 2，数码由 0 和 1 组成，运算规律为逢二进一。

二进制数常在后面加上 B 或者下标 2 表示。例如：二进制数 10001101 可以写成 $(10001101)_2$ 或写成 10001101B。

3．八进制

八进制（Octal），它的基数为 8，数码由 0—7 这八个数组成，运算规律为逢八进一。

八进制的基数 $R=8=2^3$，所以二进制数每三位一组对应八进制的一位。

八进制数常在后面加下标 8 或者 O 表示。例如：二进制数 $(110101010.101100011)_2$ 对应八进制数 $(652.543)_8$ 或 652.543O。

4．其他进制

十六进制数（Hexadecimal），它的基数为 16，数码由数字 0—9 加上字母 A—F（分别表示十进制的 10—15）组成，运算规律为逢十六进一。

十六进制的基数 $R=16=2^4$，所以二进制数每四位一组对应十六进制的一位。

十六进制常在后面加 H 或下标 16 表示，在 C 语言中则加前缀 0x 来表示。

由于二进制数的位数一般很长，读写和记忆时不方便，计算机中实际采用的是十六进制，把二进制转换为十六进制后，长度只有原来的四分之一。例如：二进制数 10110111010B，转换成十六进制后为 5BAH，它的长度从 11 减少到了 3。

2.1.2　不同进制间数的转换

1．十进制转其他进制

十进制数转换为其他进制数时，需要将这个数的整数和小数部分分别进行转换，然后将两部分再拼接起来。转换的规则如下。

（1）整数部分转换，用除基数取余法。将十进制数的整数部分连续除以要转换成的基数（2 或 8 或 16 等），直到商等于 0，所得余数从右（低位）向左（高位）排列，先得到的余数在低位，后得到的余数在高位。

（2）小数部分转换，用乘基数取整法。将十进制数的小数部分连续乘以要转换成的基数（2 或 8 或 16 等），直到小数部分等于 0 或者达到要求精度的位数为止。

（3）小数部分转换，用整数退位法。当小数部分不是 5 的倍数时，用乘基数取整法可能会算很久，这时我们可以用整数退位法。将十进制数的小数部分乘以基数的要保留位数（小数精确位数）次幂，得数取整并转换为其他进制（二进制或八进制或十六进制），位数够精度的直接截取，不够精度的退位补零。例如：

①将十进制数 329.125D 转换成二进制数。

整数部分取余（短除法），小数部分取整。

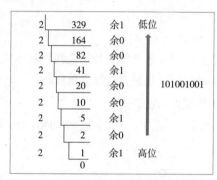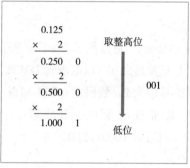

将整数部分与小数部分连接，得到转换结果：329.125D=101001001.001B。

②将十进制数 329.143D 转换成二进制数，结果保留 7 位小数。

整数部分处理用短除法取余数，同上例。小数部分用整数退位法，如下所示。

> 要保留 7 位小数，所以十进制小数部分乘以 2^7 然后取整；
>
> $0.143 \times 2^7 = 18.304$，取整数 18；
>
> $18 = 16 + 2$，表示成二进制为 10010；
>
> 这里二进制数只有 5 位，所以需要退两位得到 7 位，为 0.0010010

将整数部分与小数部分连接，得到保留 7 位小数的转换结果：329.143D=101001001.0010010B。

2．其他进制转十进制

二进制数、十六进制数转换为十进制数的方法为位权求和法，即按相应基数的位权展开成多项式，然后求和。

（1）二进制转十进制。将二进制数按以 2 为基数的位权展开求和，例如：

> $11001.011B=1 \times 2^4 + 1 \times 2^3 + 0 \times 2^2 + 0 \times 2^1 + 1 \times 2^0 + 0 \times 2^{-1} + 1 \times 2^{-2} + 1 \times 2^{-3}$
>
> $=16+8+0+0+1+0+0.25+0.125$
>
> $=25.375D$

（2）八进制转十进制。将八进制数按以 8 为基数的位权展开求和，例如：

$257.2O=2\times 8^2+5\times 8^1+7\times 8^0+2\times 8^{-1}$

$=128+40+7+0.25$

$=175.25D$

（3）十六进制转十进制。将十六进制数按以 16 为基数的位权展开求和，例如：

$3B6F.AH=3\times 16^3+11\times 16^2+6\times 16^1+15\times 16^0+10\times 16^{-1}$

$=12288+2816+96+15+0.625$

$=15215.625D$

3．二进制、八进制、十六进制间的转换

二进制、八进制、十六进制间数的对应关系见表 2-1。

表 2-1　二进制、八进制、十六进制间的对应关系

十六进制	八进制	二进制	十六进制	八进制	二进制
0	0	0000	8	10	1000
1	1	0001	9	11	1001
2	2	0010	A	12	1010
3	3	0011	B	13	1011
4	4	0100	C	14	1100
5	5	0101	D	15	1101
6	6	0110	E	16	1110
7	7	0111	F	17	1111

（1）二进制与八进制间的转换。

八进制的基数 $R=8=2^3$，所以二进制数每 3 位一组对应八进制的一位。

二进制转换为八进制时（三合一法），先将二进制数的整数部分和小数部分分别按 3 位一组，不够 3 位的两边用零补齐（整数部分在左边高位补零，小数部分在右边低位补零），然后通过查表 2-1，把每组二进制数用对应的八进制数表示出来，转换即完成。

例如：将二进制数 10110101.11B 转换为八进制数。

```
左补零→010      110      101  .  110 ←右补零 B
    =  2        6        5   .   6        O
```

二进制数 10110101.11B 转换为八进制为 265.6O。

八进制转换为二进制时（一分为三法），直接将八进制的每位数字通过查表 2-1，用对应的 3 位（二进制数左右两边的 0 可以去掉）二进制数来表示，转换即完成。

例如：将八进制数 371.6O 转换为二进制数

```
        3   7   1  .  6         O
=去左零→011 111 001 . 110 ←去右零 B
```

八进制数 371.6O 转换为二进制数为 11111001.11B。

（2）二进制与十六进制间的转换。

十六进制的基数 $R=16=2^4$，所以二进制数每 4 位一组对应十六进制的一位。

二进制转换为十六进制时（四合一法），先将二进制数的整数部分和小数部分分别按 4 位一组，不够 4 位的两边用零补齐（整数部分在左边高位补零，小数部分在右边低位补零），然后通过查表 2-1，把每组二进制数用对应的十六进制数表示出来，转换即完成。

例如：将二进制数 1010110101.11B 转换为十六进制数。

| 左补零→ 0010 | 1011 | 0101 . | 1100 ←右补零 B |

> 左补零→ 0010   1011   0101 .   1100 ←右补零 B
> = 2   B   5 .   C   H
> 二进制数 1010110101.11B 转换为八进制为 2B5.CH。

十六进制转换为二进制时（一分为四），直接将十六进制的每位数字通过查表 2-1，用对应的 4 位二进制数来表示，转换即完成。

例如：将十六进制数 61E.AH 转换为二进制数。

> 6   1   E . A   H
> = 去左零→ 0110   0001   1110 . 1010 ←去右零 B
> 八进制数 61E.AH 转换为二进制数为 11000011110.101B。

2.1.3 计算机中数据采用二进制的原因

计算机领域之所以采用二进制进行计数，是因为二进制具有以下优点：

（1）二进制数中只有两个数码 0 和 1，编码简单，所占用的空间更小，计算可靠性更高。

（2）二进制数运算简单，大大简化了计算中运算部件的结构。如二进制数的 0+1=1，1+1=10，0×0=0，0×1=0，1×0=0，1×1=1。

（3）二进制本身就兼容逻辑运算。

（4）逻辑 0 和逻辑 1 在物理上容易实现，可以用有两种不同稳定状态的元器件来表示一位数码。如电路中某一通路的电流的有无，某一节点电压的高低，晶体管的导通和截止等。

2.2 数据在计算机中的表示

2.2.1 数据单位

1. 位

位是计算机中存储数据的最小单位，一个二进制数中每个数字所占的位置，就是 1 位，表示为 1bit，也称为比特，简写为 b。

在计算机中，采用二进制存储信息，很多指令、数据都是用一串二进制码来表示的。例如 10100110，这个二进制数有八个位，其中每一个逻辑 0 或者逻辑 1 就占一个位。

2. 字节

字节是二进制数据的单位，是计算机中存储数据的基本单位，一个字节由八个位组成，表示为 Byte，简写为 B。

人们所使用的电脑中，CPU 一次能处理多少位的二进制数据，就说这是个多少位的 CPU。例如 64 位计算机的 CPU 一个机器周期内可以处理 64 位二进制数据。

1 位 =0.125 字节，1 字节等于 8 位，表示为：1Byte=8bit。

数据存储单位的换算见表 2-2。

表 2-2 数据存储单位的换算

单位	名称	含义	单位	名称	含义
KB	千字节	$1KB=1024B=2^{10}B$	ZB	泽字节	$1ZB=1024EB=2^{70}B$
MB	兆字节	$1MB=1024KB=2^{20}B$	YB	尧字节	$1YB=1024ZB=2^{80}B$
GB	吉字节	$1GB=1024MB=2^{30}B$	BB	珀字节	$1BB=1024YB=2^{90}B$
TB	太字节	$1TB=1024GB=2^{40}B$	NB	诺字节	$1NB=1024BB=2^{100}B$
PB	拍字节	$1PB=1024TB=2^{50}B$	DB	刀字节	$1DB=1024NB=2^{110}B$
EB	艾字节	$1EB=1024PB=2^{60}B$	CB	馈字节	$1CB=1024DB=2^{120}B$

生活中人们常常发现，所使用的硬盘的实际容量都比标注的要少，这是由于硬盘生产商是以 GB（十进制，$1MB=10^3KB$）计算的，而计算机操作系统是以 GiB（二进制，$1MiB=2^{10}KiB$）计算的。但是一般用户理解的是 $1MiB=1MB=2^{10}KB$，所以为了便于中国文化的理解，常将 MiB 翻译为 MB。

3. 字和字长

（1）字。在计算机中，字（Word）是计算机存储和处理数据的一串二进制数码，是计算机的 CPU 传送数据和指令的单位。字的长度用位数来表示，字一般分为若干个字节，每个字节一般是 8 位。在存储器中，每个字都是可以寻址的（找到数据在存储器中存放的地址），通常每个单元存储一个字。

（2）字长。在计算机中，字长是指计算机一次可处理的二进制数码的个数（每个字的位数），它是衡量计算机性能的一个重要因素。

对于不同计算机，1 字长所代表的字节数是不一样的。例如：32 位计算机中，1 字 =32 位 =4 字节；64 位计算机中，1 字 =64 位 =8 字节。

2.2.2 数据类型

在计算机中，数据类型是数据的一组属性，用来描述数据值或对象的定义、允许值范围（约束表达式的值）、标识、表示及存储该类型值的方式等，如图 2-3 所示。

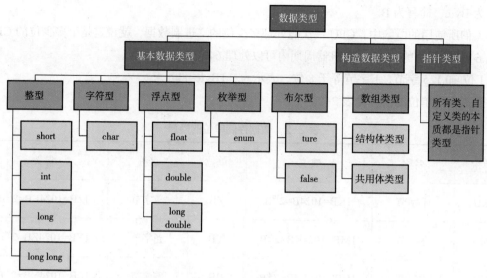

图 2-3　数据类型

不同的编程语言及不同的计算机环境中，各类型所占字节数略有不同。

2.2.3　数据的编码

1．字符、字符集和字符编码

计算机中的字符，指的是一个阿拉伯数字、一个中文汉字、一个英文字母或者一个符号等。

字符集是多个字符（可书写的字母和符号等）的集合。常见的字符集有 ASCII 字符集、GBK 字符集、GB2312 字符集、UTF-8、BIG5 等。

字符编码是为了方便字符等存储和在网络上传输，将字符集中的字符按照一定的规则进行映射成为特定的字节或者字节序列。大多数字符集对应唯一一种字符编码，如 ASCII、GBK、GB2312、IOS-8859-1 等，它们既表示字符集又表示字符编码；而 Unicode 是采用现代的模型，有多个编码方式，如 UTF-8、UTF-16、UTF-32 等。

日常使用计算机时，偶尔会出现乱码的情况，就是编码（将容易理解的字符表示成不容易理解的字节）和解码（将不容易理解的字符表示成容易理解的字符）用的规则不一样导致的，例如用 UTF-8 进行编码的文件，用 GBK 来进行解码打开，就容易出现乱码。

2．西文编码

ASCII（美国信息交换标准代码）是一套包含字母、数字和若干符号，用 7 位的二进制整数来表示的字符编码。ASCII 只能定义 128 个字符，其中有 33 个无法显示的控制字符，如回车、删除。由于使用一个字节的方式存储，会有 1 位用来进行扩展，目前 ASCII 扩展字符集可以定义 256 个字符。ASCII 码字符编码表见表 2-3。

表 2-3　ASCII 码字符编码表

二进制	十进制	图形 / 意义	二进制	十进制	图形 / 意义	二进制	十进制	图形 / 意义
0000000	0	NULL	0101011	43	+	1010110	86	V
0000001	1	SOH	0101100	44	,	1010111	87	W
0000010	2	STX	0101101	45	-	1011000	88	X
0000011	3	ETX	0101110	46	.	1011001	89	Y
0000100	4	EOT	0101111	47	/	1011010	90	Z
0000101	5	ENQ	0110000	48	0	1011011	91	[
0000110	6	ACK	0110001	49	1	1011100	92	\
0000111	7	BEL	0110010	50	2	1011101	93	]
0001000	8	BS	0110011	51	3	1011110	94	^
0001001	9	HT	0110100	52	4	1011111	95	_
0001010	10	LF	0110101	53	5	1100000	96	`
0001011	11	VT	0110110	54	6	1100001	97	a
0001100	12	FF	0110111	55	7	1100010	98	b
0001101	13	CR	0111000	56	8	1100011	99	c
0001110	14	SO	0111001	57	9	1100100	100	d
0001111	15	SI	0111010	58	:	1100101	101	e
0010000	16	DLE	0111011	59	;	1100110	102	f
0010001	17	DC1	0111100	60	<	1100111	103	g
0010010	18	DC2	0111101	61	=	1101000	104	h
0010011	19	DC3	0111110	62	>	1101001	105	i
0010100	20	DC4	0111111	63	?	1101010	106	j
0010101	21	NAK	1000000	64	@	1101011	107	k
0010110	22	SYN	1000001	65	A	1101100	108	l
0010111	23	ETB	1000010	66	B	1101101	109	m
0011000	24	CAN	1000011	67	C	1101110	110	n
0011001	25	EM	1000100	68	D	1101111	111	o
0011010	26	SUB	1000101	69	E	1110000	112	p
0011011	27	ESC	1000110	70	F	1110001	113	q
0011100	28	FS	1000111	71	G	1110010	114	r
0011101	29	GS	1001000	72	H	1110011	115	s
0011110	30	RS	1001001	73	I	1110100	116	t
0011111	31	US	1001010	74	J	1110101	117	u
0100000	32	SP	1001011	75	K	1110110	118	v

续表

二进制	十进制	图形/意义	二进制	十进制	图形/意义	二进制	十进制	图形/意义
0100001	33	!	1001100	76	L	1110111	119	w
0100010	34	"	1001101	77	M	1111000	120	x
0100011	35	#	1001110	78	N	1111001	121	y
0100100	36	$	1001111	79	O	1111010	122	z
0100101	37	%	1010000	80	P	1111011	123	{
0100110	38	&	1010001	81	Q	1111100	124	|
0100111	39	'	1010010	82	R	1111101	125	}
0101000	40	(	1010011	83	S	1111110	126	~
0101001	41	)	1010100	84	T	1111111	127	DEL
0101010	42	*	1010101	85	U			

3．中文编码

由于 ASCII 码只适用于拉丁语系国家，对中国、日本等非拉丁语系国家来说使用有限制。如果想要将汉字输入计算机，并使其能够像英文一样显示、编辑和打印，就需要一种编码来表示汉字的字符。

常见的中文编码如图 2-4 所示，具体说明如下。

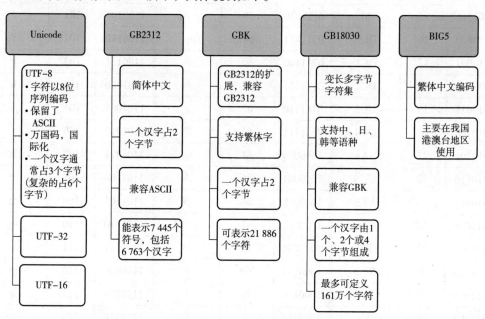

图 2-4　中文编码

（1）Unicode 编码，它一般由 2 个字节组成，个别复杂生僻的字由 4 个字节组成。它的前127 个字符还是沿用 ASCII 码里的字符，但是由原来的 1 个字节扩展成了 2 个字节。这一改进使它可以涵盖多国语言和常用的汉字，但浪费了传输速度和存储的空间。

UTF-8、UTF-16、UTF-32 编码都是 Unicode 编码的一种，一种字符集使用了三种编码方式。其中 UTF-8 使用最为普遍，它的字符使用 8 位来编码，1 个字符占 1 个或者几个字节，1 个汉字占 3 个字节，复杂的汉字占 6 个字节。它的一部分编码为原 ASCII 字符的编码，网页很多都采用 UTF-8 编码来做到国际化。

（2）GB2312 编码，即《信息交换用汉字编码字符集》，是由中国国家标准总局 1980 年发布，1981 年开始实施的一套国家标准，标准号是 GB2312—1980，为简体中文编码，一个汉字占用 2 个字节，是我国的主要编码方式。它兼容 ASCII，但无法对繁体中文、日文、韩文等编码。

（3）GBK 编码，是对 GB2312 的扩展，兼容 GB2312，支持繁体字，一个汉字占 2 个字节，可表示 21 886 个字符。

（4）GB18030 编码，变长多字节字符集，支持中、日、韩等语种的编码，兼容 GBK，采用变字节表示（一个汉字可由 1 个、2 个或 4 个字节组成），最多可定义 161 万个字符。

（5）BIG5 编码，为繁体中文编码，主要在我国香港、台湾、澳门等地区使用。

在计算机中，人们时常看到文件或者网页打开后显示异常（问号、黑框、空白或者乱码），说明该操作系统或者软件不支持这种字符集，所以无法正常显示。几种常见的码之间的兼容性如图 2-5 所示。

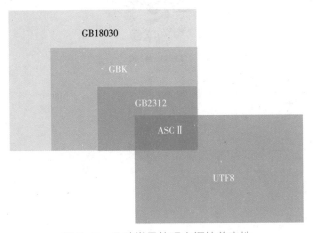

图 2-5　几种常见的码之间的兼容性

2.2.4 多媒体

多媒体是将两种或者两种以上媒体信息（文本、图形、图像、音频、动画、视频等）融合在一起，来达到人机交互。

媒体是指承载和传输某种信息或物质的载体，它可以分为存储媒体、传输媒体、感觉媒体、表示媒体和表现媒体五类。在计算机中，传输的信息有文本、数据、图像、音频、视频等；存储的载体有硬盘、光盘（软盘、磁带已经退出历史舞台，现在很难见到）等。

多媒体技术则是利用计算机把文字材料、影像资料、音频及视频等媒体信息数位化，并将其整合到交互式界面上，使计算机具有了交互展示不同媒体形态的能力，使信息更加鲜活立体。

多媒体技术的特点包括实时性、互动性、交互性、控制性、集成性、方便性和动态性。

常见的数据格式扩展名见表 2-4。

表 2-4　常见的各种数据格式或扩展名

数据名称	数据格式或扩展名
文本	.txt、.rtf、.doc、.docx、.xls、.ppt、.htm、.html、.pdf、.wps、.chm、.pdg、.wdl
位图	.jpg、.bmp、.jpeg、.png、.tif、.gif、.psd
矢量图	.wmf、.dxf、.ai、.bw、.emf、.cdr、.eps、.svg
无损（无压缩）音频	WAV、PCM、AIFF、FLAC、ALAC、APE
有损音频	MP3、AAC、OGG、RA、WMA、MPC
动画	.mov、.gif、.mpeg、.qtm、.avi、.swf、.fla
视频	.avi、.wmv、.mpg、.mpeg、.mov、.rm、.mp4

📖 在线测试

扫一扫　测一测

第 3 章 操作系统

📺 内容导读

操作系统是计算机系统的灵魂，是计算机系统最重要、最核心的系统软件。在计算机系统中，它起到管理和控制计算机的所有软、硬件资源的作用，同时又是用户使用计算机的平台。

📊 学习目标

○ 了解操作系统的发展史
○ 掌握操作系统的功能
○ 了解 Windows 的安装
○ 掌握 Windows 系统的基本操作
○ 了解 Linux 系统的安装及常用命令

🔧 学习要求

★ 熟悉操作系统的主要功能
★ 熟练掌握常用 Windows 系统的基本操作

⭐ 拓展阅读

国产操作系统

国产操作系统多为以 Linux 为基础二次开发的操作系统。2014 年 4 月 8 日起，美国微软公司停止了对 Windows XP SP3 操作系统提供服务支持，这引起了社会和广大用户的广泛关注和对信息安全的担忧。……

3.1 操作系统概述

3.1.1 操作系统简介

操作系统（OS）是管理硬件和软件的一种应用程序。它是运行在计算机上最重要的一种软件，负责管理计算机的资源和进程，以及所有的硬件和软件。它作为计算机硬件和软件的中间层，使应用软件和硬件分离，让人们无须关注硬件的实现，而把关注点更多放在软件应用上。

根据运行环境的不同，操作系统可以分为桌面操作系统、手机操作系统、服务器操作系统、嵌入式操作系统等。

3.1.2 操作系统发展史

操作系统的发展与计算机硬件的发展息息相关，它原本只是为了提高资源利用率、增强计算机系统性能，后来为辅助更新、更复杂的硬件设施而渐渐演化，从手工操作演变为单道批处理系统，再到多道程序系统、分时操作系统、实时操作系统，最后出现了通用操作系统。个人计算机的操作系统随着大型机硬件越来越复杂、强大，也慢慢实现以往只有大型机才有的功能。

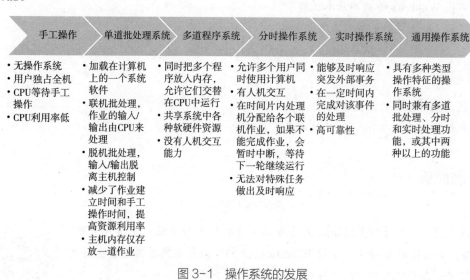

图 3-1 操作系统的发展

3.1.3 操作系统的功能

操作系统是硬件基础上的第一层软件，位于底层硬件与用户之间，是硬件和其他软件以及用户沟通的桥梁。用户通过操作系统的用户界面，输入命令；操作系统则对命令进行解释，驱动硬件设备，实现用户要求。操作系统、软硬件与用户的关系如图 3-2 所示。

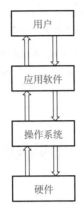

图 3-2　操作系统、软硬件与用户的关系

操作系统管理系统资源，控制其他程序运行，提供最基本的计算功能，其主要提供的功能如下。

1．进程管理

进程管理主要是进行进程调度，在单用户单任务的情况下，处理器只需要为一个用户的一个任务所独占，进程管理的工作十分简单；但在多道程序或多用户的情况下，组织多个作业或任务时，需要解决处理器的调度、分配和回收等问题。

除了进程管理之外，操作系统还要负责进程间通信、进程异常终止处理，以及死锁检测及处理等较为复杂的问题。大部分的操作系统并不会处理线程问题，通常操作系统只提供一组 API 让用户自行操作或通过虚拟机器的管理机制控制线程。

2．内存管理

内存管理的主要功能有内存的分配与回收、地址变化、内存共享与保护和虚拟存储器。

3．文件管理

文件系统为操作系统提供了组织管理数据的方式，信息存储在文件中，文件主要存储在计算机的内部硬盘里，用目录的分层结构来组织文件。

每个文件系统都有字节的格式和功能，操作系统拥有许多种文件系统格式。例如，Linux 常见的文件系统格式有 ext4、XFS 等；Windows 常见的文件系统格式有 docx、txt、xlsx、JPEG 等。

文件管理主要包括文件存储空间的管理、目录管理、文件操作管理、文件保护。

4．设备管理

设备管理的实质是对硬件设备的管理，其中包括对输入输出设备的分配、启动、完成和回收。

5．驱动程序

驱动程序通常指的是设备驱动程序，它为计算机的每个硬件设备提供连接的接口，设备驱动器使程序能够写入设备，而不需要了解执行的每个硬件的细节。

驱动程序是针对特定硬件与特定操作系统设计的软件，只有正确安装了某设备的驱动程序，该设备才能正常工作。

通常，人们并不需要安装所有硬件设备的驱动程序，如硬盘、显示器等就不需要安装驱动程序，而显卡、声卡、摄像头、打印机等就需要安装驱动程序。

6. 图形界面

图形界面（GUI）是操作系统为用户提供的一种运行程序和访问文件系统的方法，它的用户操作界面采用图形方式显示。例如，常用的 Windows 图形界面，是一种用户与操作系统交互的方式；智能手机的 Android 或 iOS 系统，也是一种操作系统的交互方式。

3.2 Windows 的安装及使用

3.2.1 Windows 简介

Microsoft Windows 系列操作系统是在美国微软公司（Microsoft，以下简称微软）给 IBM 机器设计的 MS-DOS 的基础上设计的图形操作系统。以往的 Windows 系统，如 Windows 2000、Windows XP 皆是创建于现代的 Windows NT 内核。NT 内核是由 OS/2 和 Open VMS 等系统上借用来的。Windows 可以在 32 位和 64 位的 Intel 和 AMD 的处理器上运行，但是早期的版本也可以在 DEC Alpha、MIPS 与 PowerPC 架构上运行。

虽然由于人们对于开放源代码操作系统兴趣的提升，Windows 的市场占有率有所下降，但是到 2004 年为止，Windows 操作系统在世界范围内占据了桌面操作系统 90% 的市场。

Windows 系统也被用在低级和中阶服务器上，并且支持网页服务的数据库服务等一些功能。

Windows XP 在 2001 年 10 月 25 日发布，2004 年 8 月 24 日发布服务包 2（Service Pack2），2008 年 4 月 21 日发布最新的服务包 3（Service Pack3）。

Windows 7 是由微软开发的操作系统，内核版本号为 Windows NT6.1。Windows 7 可供家庭及商业工作环境，如可供笔记本电脑、多媒体中心等使用。和同为 NT6 成员的 Windows Vista 一脉相承，Windows 7 继承了包括 Aero 风格等多项功能，并且在此基础上增添了些许功能。

Windows 10 是由微软开发的应用于计算机和平板电脑的操作系统，于 2015 年 7 月 29 日发布正式版。

Windows 10 操作系统在易用性和安全性方面有了极大的提升，除了针对云服务、智能移动设备、自然人机交互等新技术进行融合外，还对固态硬盘、生物识别、高分辨率屏幕等硬件进行了优化完善与支持。截至 2022 年 5 月 26 日，Windows 10 正式版已更新至 Windows 10 21H2 版本。

微软的操作系统 Windows Vista 于 2007 年 1 月 30 日发售。Windows Vista 增加了许多功能，尤其是系统的安全性和网上管理功能，并且其拥有接口华丽的 Aero Glass。但是整体而言，其在全球市场上的口碑欠佳。其后继者 Windows 7 则是于 2009 年 10 月 22 日发售，Windows 7 改善了 Windows Vista 为人诟病的性能问题，相较于 Windows Vista，在同样的硬件环境下，Windows 7 的表现较 Windows Vista 为好。而 Windows 10 则是于 2015 年 7 月 29 日发售。最新的系统为 Windows 11，于 2021 年 6 月 25 日的直播中公布并发售。

3.2.2 Windows 系统的安装

1．准备工作

（1）准备 8G 或 8G 以上 U 盘（32G 以内）。

（2）安装系统前备份好个人需要数据，包括电脑和 U 盘。

（3）预装 office 后需激活，记住 office 账户和密码。

（4）本次安装系统为微软官网纯净版本的系统，需要联网点开系统的自动更新，才会自动更新系统需要的所有驱动，或到对应的驱动官网下载驱动安装。

（5）如果无法自驱网卡，请到官网下载对应网卡并拷贝安装。

（6）如果需要多个磁盘分区的，系统安装完成后需要到磁盘管理新建分区。

（7）建议优先安装与出厂系统相同的版本，如果预装系统为 windosw 11 家庭中文版，则安装家庭版，一般会自动联网激活，如果安装其他版本，可能需要到微软购买相应激活密钥。

2．制作 U 盘启动盘

步骤 1　到微软官网下载 Windows 11 启动盘程序，如图 3-3 所示，找到"创建 Windows 11 安装媒体"，单击"立即下载"。

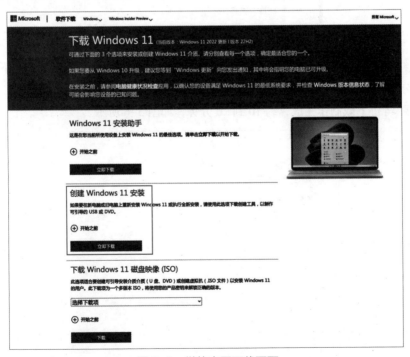

图 3-3　微软官网下载页面

步骤 2　下载完成后，双击运行 mediacreationtool 程序，查看许可条款，单击"接受"，如图 3-4 所示。

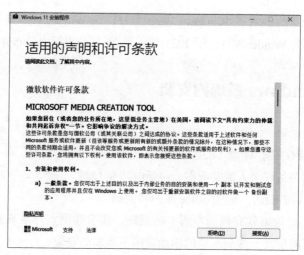

图 3-4 mediacreationtool 查看条款

步骤 3 选择制作 U 盘，单击"下一步"，如图 3-5 所示。

图 3-5 选择要使用的介质

步骤 4 插入准备好的 U 盘，如果没有显示，单击刷新驱动器列表，单击"下一步"。制作镜像会格式化 U 盘内的数据，需要将 U 盘内数据备份好或者使用空 U 盘制作。

步骤 5 等待下载制作完成，约 10 到 20 分钟，如图 3-6 所示。

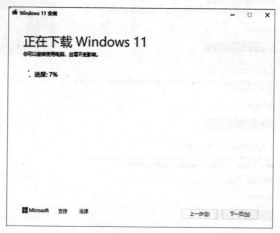

图 3-6 下载 Windows 11 等待画面

步骤 6 当看到对话框中出现"你的 U 盘已准备就绪"时，单击"完成"，便完成 U 盘启动盘的制作。

3. 安装 Windows 11 系统

步骤 1 安装前需要提前将硬盘里的数据备份到其他存储介质，以免造成数据丢失。

步骤 2 制作好 U 盘之后，把 U 盘插到需要安装系统的机器上，大部分计算机可在开机时按【F12】键或者快捷键【Fn+F12】调出引导菜单（台式机安装的时候请先断开网线，防止安装过程中联网卡顿）。笔记本也可在关机状态下按一下"一键恢复"按钮或者戳"一键恢复"小孔。"一键恢复"按钮或小孔位置多在开机键旁边、电脑左右侧或主机底部散热孔旁边。

步骤 3 出现菜单选项后，选择"BootMenu"启动菜单回车，选择"USB"项回车启动开始安装系统。不同机器出现的设置画面会有差别。

步骤 4 进入安装系统程序，选择语言为"中文（简体，中国）"，选择时间和货币格式为"中文（简体，中国）"，输入法无须修改，单击"下一步"，如图 3-7 所示。

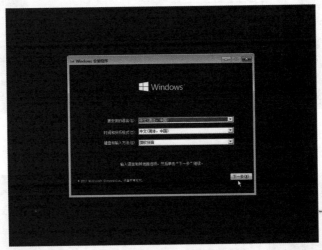

图 3-7 安装系统界面

步骤 5 系统版本选择 Windows 11 家庭版安装（用户可根据自己实际情况选择），单击"下一步"。然后出现界面如图 3-8 所示，单击"现在安装"。

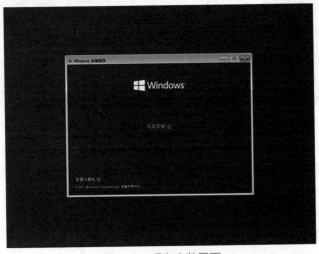

图 3-8 现在安装界面

步骤6 激活 Windows。如果是机器预装 Windows 11 家庭中文版，一般联网后自动激活。输入密钥步骤可以跳过，选择"我没有产品密钥"，如图 3-9 所示。如果是安装非预装的系统版本，请到微软官网购买激活密钥。

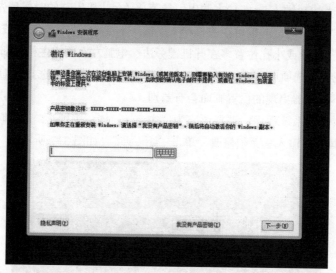

图 3-9　激活 Windows 界面

步骤7 浏览适用的声明和许可条款。勾选"我接受"，单击"下一页"，如图 3-10 所示。

图 3-10　适用的声明和许可条款界面

步骤8 选择安装类型。选择"自定义：仅安装 Windows（高级）"，如图 3-11 所示。

步骤9 设置安装位置。由于删除分区会导致所有数据被删除，请将重要数据备份后再操作。不同电脑显示的安装位置会不同，通常设置为两个分区，系统分区是用来放系统文件的，另一个主分区是放用户文件的。这里根据具体需要来分配分区数量与大小，如图 3-12 所示，可以对分区进行新建、删除、格式化等操作。设置好后单击"下一页"。

步骤10 等待 Windows 安装，如图 3-13 所示。

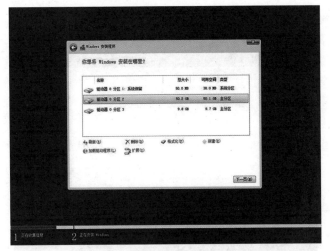

图 3-11　选择安装类型界面

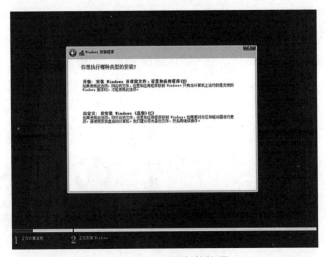

图 3-12　设置安装位置

图 3-13　Windows 正在安装界面

步骤 11　安装完成。单击"立即重启"，如图 3-14 所示，重启过程中必须拔掉 U 盘。

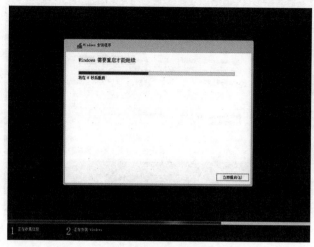

图 3-14　重启界面

4. OOBE 解包过程

步骤 1　进入 Windows11 界面，地区默认选择中国，如图 3-15 所示。

图 3-15　Windows 启动界面和设置国家地区界面

步骤 2　选择输入法和键盘布局，根据自己的习惯选择即可，如图 3-16 所示。

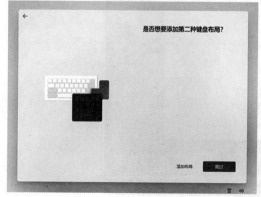

图 3-16　设置输入法和键盘布局界面

步骤 3 Windows 11 家庭版要求必须连接网络才可以进行下一步，如图 3-17 所示。专业版以上版本支持跳过联网，使用本地账户登录。连接网络后，检查更新。

图 3-17　网络连接界面

步骤 4 登录微软账户，如无微软账户可根据界面提示创建一个，注册微软账户，如图 3-18 所示。

图 3-18　设置登录

步骤 5 输入 PIN 密码，如图 3-19 所示。如果主机支持生物识别设备，也可在输入 PIN 密码后，继续录入指纹或人脸。

图 3-19　设置 PIN

步骤 6 选择同步设备，如不想同步，选择"设置为新设备"，如图 3-20 所示。

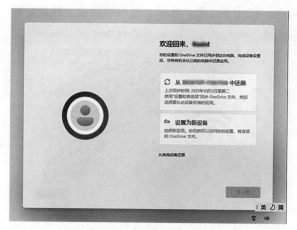

图 3-20　设置是否还原

步骤 7 隐私设置，如图 3-21 所示。

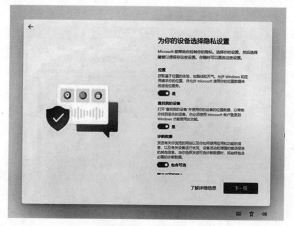

图 3-21　设置隐私

步骤 8 设置自定义体验，如图 3-22 所示。

图 3-22　设置自定义体验

步骤 9　完成设置后，检查并下载更新，如图 3-23 所示。然后重启系统，此时黑屏显示"正在为你做准备""此操作可能需要几分钟，请勿关闭电脑"。

图 3-23　系统更新界面

步骤 10　更新完成后，进入系统桌面，如图 3-24 所示。

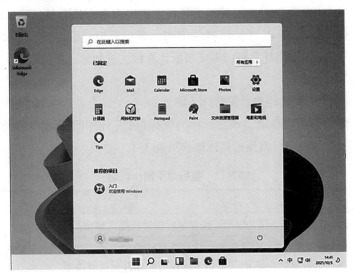

图 3-24　系统桌面界面

3.2.3　功能及使用

1. 启动和关闭

（1）启动。打开显示器的电源，然后按一下主机电源开关。稍等片刻，便会显示 Windows 11 的用户登录界面。将鼠标在任意位置单击左键，弹出用户的登录界面，使用键盘在密码框中输入登录密码，然后按回车键登录。

登录 Windows 11 系统后，进入展示桌面，它主要由桌面图标、任务栏、桌面区几个部分组成，如图 3-25 所示。作为一个视窗化的操作系统，Windows 11 的所有操作都从桌面开始，在桌面进行。

图 3-25　Windows11 桌面

（2）关闭。关闭系统时，先保存未保存的文档，关闭所有打开的应用程序。将鼠标指针移至屏幕底部中间"开始"按钮上，并单击鼠标左键，弹出开始菜单，然后将鼠标指针移至"关机"按钮上并单击鼠标左键，稍等一会，等显示器屏幕黑屏后，按下显示器电源开关，关闭显示器。如果长时间不使用计算机，需要切断计算机主机和显示器的电源。

2．鼠标的基本操作

登录 Windows 11 后，轻轻移动鼠标体［图 3-26（a）］，会发现 Windows 桌面上有一个箭头图标随着鼠标体的移动而移动，该图标称为鼠标指针，它用于指示要操作的对象或位置。在 Windows 系列操作系统中，常用的鼠标操作见表 3-1。

表 3-1　鼠标常用操作说明

操作	功能
移动鼠标指针	在鼠标垫上移动鼠标，此时鼠标指针将随之移动
单击	即"左击"，将鼠标指针移到要操作的对象上，快速按一下鼠标左键并快速释放（松开鼠标左键），主要用于选择对象或打开超链接等
右击	将鼠标指针移至某个对象上并快速单击鼠标右键，主要用于打开快捷菜单
双击	在某个对象上快速双击鼠标左键，主要用于打开文件或文件夹
左键拖动	在某个对象上按住鼠标左键不放并移动，到达目标位置后释放鼠标左键。此操作通常用来改变窗口大小，以及移动和复制对象等
右键拖动	按住鼠标右键的同时并拖动鼠标，该操作主要用来复制或移动对象等
拖放	将鼠标指针移至桌面或程序窗口空白处（而不是某个对象上），然后按住鼠标左键不放并移动鼠标指针。该操作通常用来选择一组对象
转动鼠标滚轮	常用于上下浏览文档或网页内容，或在某些图像处理软件中改变显示比例

3．键盘的基本操作

在操作计算机时，键盘是使用率较高的工具，各种文字、数据等都需要通过键盘输入到计算机中。此外，在 Windows 系统中，键盘还可以代替鼠标快速地执行一些命令。

键盘一般包括 26 个英文字母键、10 个数字键、12 个功能键（F1—F12）、方向键以及其他的一些功能键。所有按键分为 5 个区：主键盘区、功能键区、编辑键区、小键盘区和键盘指示灯，如图 3-36（b）所示。

（a）　　　　　　　　　　　　　　　（b）

图 3-26　鼠标和键盘

（1）主键盘区。主键盘区是键盘的主要使用区，包括字符键和控制键两大类。字符键包括英文字母键、数字键、标点符号键 3 类，按下它们可以输入键面上的字符；控制键主要用于辅助执行某些特定操作。下面介绍一些常用控制键的作用。

● 【Tab】：制表键编辑文档时，按一下该键可使光标向右或向左移动一个制表的距离。

● 【CapsLock】：大写锁定键用于控制大小写字母的输入。默认情况下，敲字母键将输入小写英文字母；按一下【CapsLock】键，键盘右上角的 CapsLock 指示灯变亮，此时敲字母键将输入大写英文字母；再次按一下该键可返回小写英文字母输入状态。

● 【Shift】：换档键主要用于与其他字符键组合，可用于输入键面上有两种字符的上档字符。例如，要输入"！"号，应在按住【Shift】键的同时按【1】键。

● 【Ctrl】和【Alt】：组合控制键这两个键只能配合其他键一起使用才有意义。

● 空格键：编辑文档时，按一下该键输入一个空格，同时光标右移一个字符。

● Win 键：标有 Windows 图标的键，任何时候按下该键都将弹出"开始"菜单。

● 快捷键：相当于单击鼠标右键，因此，按下该键将弹出快捷菜单。

● 【Enter】：回车键主要用于结束当前的输入行或命令行，或接受某种操作结果。

● 【BackSpace】：退格键编辑文档时，按一下该键光标向左退一格，并删除原来位置上的对象。

（2）功能键区。功能键区位于键盘的最上方，主要用于完成一些特殊的任务和工作。

● 【F1】—【F12】键：这 12 个功能键在不同的程序中有各自不同的作用。例如，在大多数程序中，按一下【F1】键都可打开帮助窗口。

● 【Esc】键：该键为取消键，用于放弃当前的操作或退出当前程序。

（3）编辑键区。编辑键区的按键主要在编辑文档时使用。例如，按一下【←】键将光标左移一个字符；按一下【↓】键将光标下移一行；按一下【Delete】键删除当前光标所在位置后的一个对象，通常为字符。

（4）小键盘区。小键盘区位于键盘的右下角，也叫数字键区，主要用于快速输入数字。

该键盘区的【NumLock】键用于控制数字键上下档的切换。当 NumLock 指示灯亮时，表示可输入数字；按一下【NumLock】键，指示灯灭，此时只能使用下档键；再次按一下该键，又可返回数字输入状态。

4. 开始菜单

利用开始菜单可以打开计算机中大多数应用程序和系统管理窗口，单击任务栏中间的"开始"按钮即可打开开始菜单，它主要由以下 5 个部分组成，如图 3-27 所示。

图 3-27　开始菜单

● "搜索程序和文件"编辑框：用来查找计算机中的程序和文件。只须输入关键字并按回车键即可查找。

● "固定程序"列表：包括"计算机""文档""图片""音乐""控制面板"等项目，单击某个项目即可将其打开。

● "所有程序"按钮：单击该按钮将打开"所有程序"列表，从该列表中找到希望打开的应用程序，单击即可将其打开。

● "推荐的项目"列表：包含一些常用程序的快捷启动方式，单击希望打开的程序名即可打开该程序。

● "关机"按钮：包括登录选项、睡眠、关机、重启。

5. 窗口及操作

在 Windows 11 中启动程序或打开文件夹时，会在屏幕上出现一个矩形区域，这就是窗口。操作应用程序大多是通过窗口中的菜单、工具按钮、工作区或打开的对话框等来进行的。例如，单击"开始"菜单中的"主文件夹"项目，打开主文件夹窗口，如图 3-28 所示。

图 3-28　主文件夹窗口

不同类型的窗口，其组成元素也不同，主要包括以下几种元素。

● 菜单栏：分类存放命令。单击某个主菜单名可打开一个下拉菜单，从中可选择需要的命令。

● 窗口控制按钮：分别单击它们可最小化、最大化 / 还原和关闭窗口。

● 工具栏：提供了一组图标按钮，单击这些按钮可以快速执行一些常用操作。

● 工作区：显示和编辑窗口内容。当工作区因内容太多而无法显示完全时，在工作区右侧或下方将出现滚动条，拖动滚动条可显示隐藏的内容。

6．文件和文件夹

（1）文件。文件是数据在计算机中的组织形式。计算机中的任何程序和数据都是以文件的形式保存在计算机的外存储器（如硬盘、光盘和 U 盘等）中的。Windows 7 中的任何文件都是用图标和文件名来标识的，其中文件名由主文件名和扩展名两部分组成，中间由"."分隔。

● 主文件名：最多可以由 255 个英文字符或 127 个汉字组成，或者混合使用数字、字符、汉字和空格，文件名中不能含有"\""/"":""<"">""?""*"""""|"字符。

● 扩展名：通常为 3 个英文字符。人们常说的文件格式指的就是文件的扩展名。扩展名决定了文件的类型，也决定了可以使用什么程序来打开文件。

为避免用户修改文件扩展名导致文件打不开，文件扩展名默认情况下不显示。如果想查看扩展名，可在资源管理器的"查看"|"显示"下拉菜单中勾选文件扩展名选项。

从打开方式看，文件分为可执行文件和不可执行文件两种类型。

● 可执行文件：指可以自己运行的文件，它的扩展名主要有 .exe、.com 等。用鼠标双击可执行文件，它便会自己运行。

● 不可执行文件：指不能自己运行，而需要借助某些程序打开或使用的文件。例如，双击 .txt 文档，系统将调用"记事本"程序打开它。不可执行文件有许多类型，比如文档文件、图像文件、视频文件等。每一种类型又可根据文件扩展名细分为多种类型，大多数文件都属于不可执行文件。

（2）文件夹。文件夹是存放文件的场所。在 Windows 系统中，文件夹由一个黄色的小夹子图标和名称组成。用户可以创建不同的文件夹，对文件进行分类管理。文件夹里可以存放文件或者其他文件夹。

7. Windows 11 新功能

（1）语音输入。Windows 11 的语音输入功能为不太爱打字或打字较慢的人提供了方便。在输入文本的界面按下【Windows+H】键，系统就会立刻弹出一个语音输入的窗口，此时便可以使用麦克风按钮进行语音输入，如图 3-29 所示。

（2）分屏操作优化。Windows 11 的窗口提供了多种排列的方式，操作方便快捷，只需右键全屏化的按钮或将光标移动到上面稍作停留，便可触发分屏机制，如图 3-30 所示。

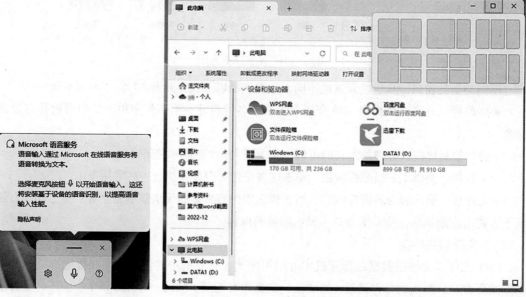

图 3-29　语音服务功能　　　　　图 3-30　分屏操作功能

（3）任务栏拖拽。新版任务栏加入了拖拽功能，通过鼠标拖拽，人们可以实现应用与文件夹的快速固定。

3.3　Linux 安装及常用命令

3.3.1　Linux 系统简介

1. Linux 简介

Linux，全称 GNU/Linux，是一种免费使用和自由传播的类 UNIX 操作系统，其内核由林纳斯·本纳第克特·托瓦兹于 1991 年 10 月 5 日首次发布，它主要受到 Minix 和 Unix 思想的启发，是一个基于 POSIX 的多用户、多任务，支持多线程和多 CPU 的操作系统。它能运行主要的 Unix 工具软件、应用程序和网络协议，并支持 32 位和 64 位硬件。Linux 继承了 Unix 以网络为核心的设计思想，是一个性能稳定的多用户网络操作系统。Linux 有上百种不同的发行版，如基于社区开发的 debian、archlinux，和基于商业开发的 Red Hat Enterprise Linux、SUSE、Oracle Linux 等。

2022 年 11 月 20 日，Linux 提交了最后一批 drm-intel-next 功能补丁，Linux 6.2 将迎来对英特尔锐炫独显的正式支持。

2．Linux 的特点

伴随着互联网的发展，Linux 得到了来自全世界软件爱好者、组织、公司的支持。它除了在服务器方面保持着强劲的发展势头以外，在个人电脑、嵌入式系统上都有着长足的进步。使用者不仅可以直观地获取该操作系统的实现机制，而且可以根据自身的需要来修改完善 Linux，使其最大化地适应用户的需要。

Linux 不仅系统性能稳定，而且是开源软件。其核心防火墙组件性能高效、配置简单，保证了系统的安全。在很多企业网络中，为了追求速度和安全，Linux 不仅仅是被网络运维人员当作服务器使用，甚至当作网络防火墙，这是 Linux 的一大亮点。

Linux 具有开放源码、没有版权、技术社区用户多等特点，开放源码使得用户可以自由裁剪，灵活性高、功能强大、成本低。尤其系统中内嵌网络协议栈，经过适当的配置就可实现路由器的功能。这些特点使得 Linux 成为开发路由交换设备的理想开发平台。

3．Linux 学习注意事项

Linux 有图形版，也有命令行版。图形版的 Linux 的系统，和现在使用 Windows 系统类似，通过鼠标单击来完成用户所需要的操作，而 Linux 命令行版只能通过输入命令来完成操作。

命令，也叫指令，就是告诉计算机执行某种特殊任务或运算的代码。比如在 Windows 系统中查看日历，人们可以用鼠标单击日历直接查看；而在命令行版的 Linux 系统中，系统和人们的交互类似聊天，需要使用 cal 命令，系统才会显示出日历。Linux 一般都是作为服务器使用的，很少有企业使用图形版的 Linux，所以接下来的学习都是以命令行版的 Linux 为准。

在学习 Linux 时有以下几点需要注意。

（1）Linux 系统中所有的内容都是以文件的形式存储。

（2）命令行版的 Linux 的系统中，输入的英文命令严格区分大小写。

（3）Linux 中的文件不是通过后缀名来区分文件类型，而是通过权限。

（4）Windows 系统中的程序不能直接用于 Linux 系统的安装和使用。

（5）Linux 不能直接读取和使用插入的 U 盘或者其他存储设备，需要挂载后才可以使用。

3.3.2　Linux 系统的安装

1．准备工作

（1）下载 VirtralBox 或者 VMware 的虚拟机安装包。因为用户只须学习 Linux 系统的操作，无须在自己的计算机上安装一个 Linux 系统，所以采用虚拟机的方式，便于学习。虚拟机可以模拟一台真正的计算机，支持安装各种操作系统。

（2）下载 CentOS 镜像文件。用户可以去官网（https：//www.centos.org/download/）下载一个 CentOS 的 ISO 镜像文件，可以下载最新版也可以下载一个稳定版（建议下载一个稳定版，高版本不适用于初学者）。

2．新建虚拟机

下面以开源的虚拟机软件 VirtralBox 为例进行讲解。

步骤 1　安装虚拟机。按照软件提示进行安装操作。

步骤 2　新建一台虚拟机，注意填写的新建名称，后面需要找到这个名称进行后续的设置。选择 Linux 以及版本号，现在通常使用的版本是 Windows 系统 64 位，所以选择 Linux 64bit。

如果选择版本的时候发现没有 64bit 选项，说明该电脑没有开启 CPU 虚拟化。开启虚拟化功能方法：开机→ BIOS → Configuration → Intel Virtualization Technology → enable →回车，设置好后继续上面的操作。

步骤 3　分配内存，使用建议的内存大小即可，根据宿主机的配置可以自行调整，这里的值可以理解为虚拟机最大可占用宿主机的多少内存。

步骤 4　设置虚拟硬盘。这里有三个选项，可以选择使用已有的虚拟硬盘文件，或者先不添加虚拟硬盘，等创建好虚拟机后再添加。这里选择现在创建虚拟硬盘。

步骤 5　选择虚拟硬盘文件类型。一般选 VDI（VirtralBox 磁盘映像）。

步骤 6　设置如何分配虚拟硬盘。这里按默认即可。

步骤 7　指定虚拟硬盘文件的存放位置和虚拟硬盘的大小，位置最好选择空间大的磁盘，不要放 C 盘，大小选择推荐的 8G，单击"创建"即可。

3．安装 Linux 系统

步骤 1　选中新建的虚拟机，启动虚拟机设置。选择网络，设置网络选择桥接网卡。

步骤 2　设置镜像文件，选择刚下载的镜像文件，单击"ok"。

步骤 3　启动虚拟机，如图 3-31 所示。第一个选项是安装 CentOS 7，第二个选项是检查操作系统文件是否损坏并安装 CentOS 7。

步骤 4　选择第一个选项安装 CentOS 7，进入语言选择，如图 3-32 所示。将选项一直拉到最下面，选择"中文"|"简体中文"。

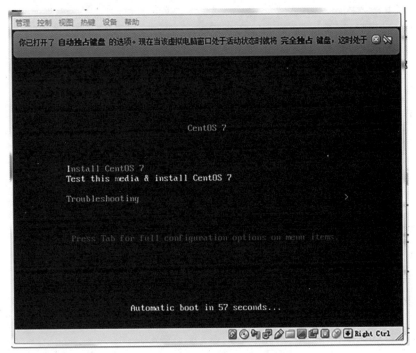

图 3-31　启动虚拟机界面

图 3-32　选择语言

步骤 5 安装位置处于已选择自动分区状态，如图 3-33 所示，提示先完成带有黄色叹号的内容，否则无法进行下一步。黄色叹号意为警告默认使用自动分区，用户确认是否需要手动分区。

图 3-33　自动分区警告

步骤6　单击"系统"|"安装位置"，即有黄色叹号的内容，如图 3-34 所示。如果不需要手动分区，仍使用默认的自动分区进行安装的话，直接单击页面左上角的"完成"退出。

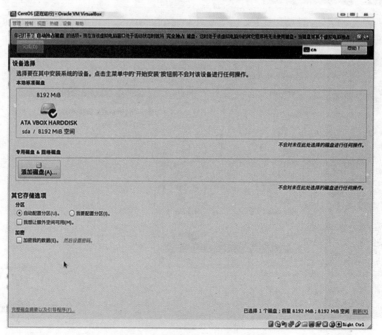

图 3-34　系统安装位置设置

步骤7　退出后返回自动分区界面，黄色感叹号消失，右下角显示"开始安装"按钮，如图 3-35 所示。在安装之前需要把网络打开，否则系统安装后无法联网，并且不便于在命令行操作系统内开启网络需要修改配置。

图 3-35　开始安装按钮激活

步骤 8 摘要的界面上可以看到网络和主机名的显示为未连接。单击"网络和主机名",进入如图 3-36 所示界面,打开以太网,单击"完成"退出。此时网络和主机名显示有线已连接。

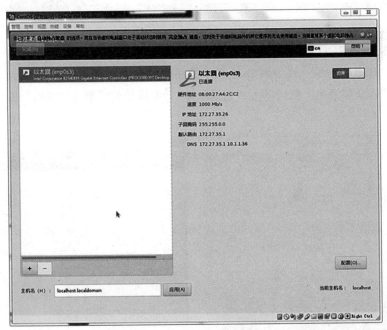

图 3-36　以太网设置窗口

步骤 9 单击"开始安装"后,出现如图 3-37 所示界面,选择基本环境为最小安装即可。Linux 作为服务器时一般不需要图形界面,因为图形界面会消耗掉一定的硬件性能,它有一个

终端仿真器,能够通过 shell 命令去操作系统。如果需要图形界面,可以在"软件选择"|"基本环境"中选择相关选项(如果需要图形界面,请下载完整版的操作系统 iso 镜像文件)。

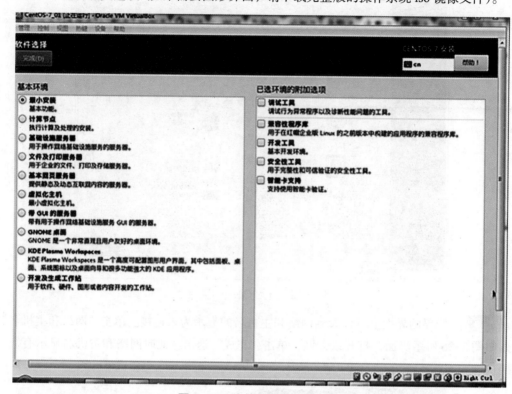

图 3-37 为软件选择基本环境

步骤 10 设置 ROOT 密码,页面中出现黄色叹号警告(图 3-38),提示用户 Root 密码未设置。单击"ROOT 密码",在如图 3-39 所示界面输入 Root 密码和确认密码后,单击"完成"按钮两次,警告全部消失,然后单击"完成配置",等待片刻后单击"重启"即完成 Linux 系统的安装。

图 3-38 提示未设置 ROOT 密码

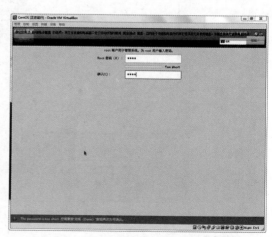

图 3-39 输入 Root 密码

下面便可以登录系统进行操作了,登录界面如图 3-40 所示。

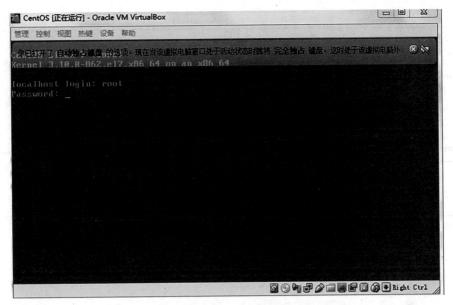

图 3-40　登录系统

3.3.3　常用命令

Linux 常用命令及技巧见表 3-2。

表 3-2　Linux 常用命令及技巧

命令	说明	示例
cd	切换目录	cd /tmp：进入 /tmp 目录
ls	列出目录和文件	ls /tmp：列出 /tmp 目录下的文件和目录
ps，top	进程 / 线程查询	ps –ef：列出系统运行的所有程序
useradd， userdel，passwd	添加用户，删除用户，设置密码	useradd xiaoming：添加用户 xiaoming； userdel xiaoming：删除用户 xiaoming； passwd xiaoming：为 xiaoming 设置密码
more，less， head，tail	显示或部分显示文件内容	less /etc/hosts：支持翻页和滚屏； more /etc/hosts：一次显示一屏幕； head –10 /etc/hosts：查看文件前 10 行； tail –10 /etc/hosts：查看文件最后 10 行
df，du	查看文件系统信息	df –h：列出当前挂载的文件系统； du –sh/var/log/messages：查看文件大小
rm	删除文件或目录 危险命令，文件删除无法恢复	rm –f /tmp/aa：删除文件； rm –rf /tmp/aabb：删除文件； –f：参数是强制删除； –r：删除目录才需要
kill，pkill	停止进程	kill pid：根据进程号杀进程； pkill –fnginx：根据进程名杀进程

续表

命令	说明	示例
cp	拷贝文件或目录	cp/etc/hosts /tmp：把 /etc/hosts 文件拷贝到 /tmp 目录； cp −r /var/log /tmp：拷贝 /var/log 目录到 /tmp 目录下
ifconfig	查看系统 ip	ifconfig −a：显示所以网卡的信息，包含未 up 的
curl，wget	发起 get/post 请求	curl http://myip.ipip.net：发起 get 请求
mv	文件移动或改名	mv /root/a /tmp：移动文件到 /tmp 目录； mv /etc/hosts /etc/hosts.bak：文件改名
date	查看或设置系统日期 / 时间	date：当前日期时间显示
touch，mkdir	touch 创建文件，mkdir 创建目录	touch /root/test：创建一个 test 文件； mkdir /root/backup：创建 backup 目录

3.4 其他操作系统

在计算机中，操作系统是最基本也是最为重要的基础性系统软件。从计算机用户的角度来说，计算机操作系统体现为计算机提供的各项服务；从程序员的角度来说，操作系统主要是指用户登录的界面或者接口；从设计人员的角度来说，操作系统是指各式各样模块和单元之间的联系。事实上，全新操作系统的设计和改良的关键工作就是对体系结构的设计。经过几十年以来的发展，计算机操作系统已经由一开始的简单控制循环体发展成为较为复杂的分布式操作系统，再加上计算机用户的需求愈发多样化，计算机操作系统已经成为既复杂又庞大的计算机软件系统之一。

3.4.1 其他计算机操作系统

1. DOS

磁盘操作系统（DOS）是早期个人计算机上的一类操作系统，它是一个单用户单任务操作系统。DOS 直接操纵管理硬盘的文件，通常是黑底白色文字的界面（也有很多蓝底白字）。

微软图形界面操作系统 WindowsNT 问世以来，DOS 是以一个后台程序的形式出现的，名为 Windows 命令提示符，可以通过单击运行 CMD 进入。

DOS 系统如今已经完全被取代，但 DOS 命令仍作为使用 Windows 之余的一个有益补充，用来解决很多 Windows 解决不了的问题，或者更适合通过 DOS 命令来解决的问题。

2. macOS

macOS，前称"Mac OS X"或"OS X"，是一套运行于苹果 Macintosh 系列计算机上的操作系统。macOS 是首个成功应用在商用领域的图形用户界面系统。Macintosh 开发成员包括比尔·阿特金森（Bill Atkinson）、杰夫·拉斯金（Jef Raskin）和安迪·赫茨菲尔德（Andy Hertzfeld）。从 OSX10.8 开始在名字中去掉 Mac，仅保留 OSX 和版本号。2016 年 6 月 13 日在 WWDC2016 发布会上，苹果公司将 OSX 更名为 macOS，现行的最新的系统版本是 13.X，即 macOS Ventura。

3. Chrome OS

Google Chrome OS 是一项 Google 的轻型的、基于网络的计算机操作系统计划，其基于 Google 的浏览器 GoogleChrome 的 Linux 内核。

在 Chrome OS 中绝大部分的应用都将在 Web 中完成，迅速、简洁、安全是 Chrome OS 的重点特征，Chrome OS 的用户不用担心病毒、恶意软件、木马、安全更新等烦人的事情。

Chrome OS 的一大优势是非常简单。尽管 Chrome OS 的桌面环境类似于 Windows，但 Chrome OS 的核心功能基于 Chrome 浏览器。你可以观看视频、浏览 Facebook 和其他社交网络，以及在竞争对手的操作系统（例如 Windows 和 macOS）上的浏览器中执行的所有其他操作。

Chrome OS 的简单性也有一个主要缺点。与 Windows 和 macOS 设备不同，你不能下载和运行 AAA 级游戏，也不能使用 Adobe Premiere Plus 之类的桌面程序。你只能运行 Play 商店中的程序和游戏以及 Linux 程序。这就是为什么 Chromebook 不适合所有人的原因。

4. Unix

所谓的类 Unix 家族指的是一族种类繁多的 OS，此族包含了 System V、BSD 与 Linux。由于 Unix 是 The Open Group 的注册商标，特指遵守此公司定义的行为的操作系统。而类 Unix 通常指的是比原先的 Unix 包含更多特征的 OS。

类 Unix 系统可在非常多的处理器架构下运行，在服务器系统上有很高的使用率，例如大专院校或工程应用的工作站。

1991 年，芬兰学生林纳斯·本纳第克特·托瓦兹（Linus Benedict Tondds）根据类 Unix 系统 Minix 编写并发布了 Linux 操作系统内核，其后在理查德·马修·斯托曼（Richard Matthew Stallman）的建议下以 GNU 通用公共许可证发布，成为自由软件 Unix 变种。Linux 近来越来越受欢迎，在个人桌面计算机市场上也大有斩获，如 Ubuntu 系统。

某些 Unix 变种，例如惠普的 HP-UX 以及 IBM 的 AIX 仅设计用于自家的硬件产品上，而 SUN 的 Solaris 可安装于自家的硬件或 x86 计算机上。苹果计算机的 Mac OS X 是一个从 NeXTSTEP、Mach 以及 FreeBSD 共同派生出来的微内核 BSD 系统，此 OS 取代了苹果计算机早期非 Unix 家族的 Mac OS。

经历数年的披荆斩棘，自由开源的 Linux 系统逐渐蚕食以往专利软件的专业领域，例如，以往计算机动画运算巨擘——硅谷图形公司的 IRIX 系统已被 Linux 家族及贝尔实验室研发小组设计的九号项目与 Inferno 系统取代，皆用于分散表达式环境。它们并不像其他 Unix 系统，而是选择内置图形用户界面。九号项目原先并不普及，因为它刚推出时并非自由软件。后来改在自由及开源软件许可证 LucentPublicLicense 发布后，便开始拥有广大的用户及社群。Inferno 已被售予 Vita Nuova 并以 GPL/MIT 许可证发布。

当前，计算机按照计算能力排名世界 500 强中 472 台使用 Linux，6 台使用 Windows，其余为各类 BSD 等 Unix。

5. 鸿蒙 OS

鸿蒙系统（HarmonyOS）是华为公司自主研发的操作系统，它是一种基于微内核的新型分布式操作系统，旨在为所有设备和场景提供全新的用户体验，具有值得信赖且安全的架构，并且支持跨设备的无缝协作。

HarmonyOS 是一款面向未来、面向全场景（移动办公、运动健康、社交通信、媒体娱乐等）的分布式操作系统。在传统的单设备系统能力的基础上，HarmonyOS 提出了基于同一套系统能力、适配多种终端形态的分布式理念，能够支持手机、平板、智能穿戴、智慧屏、车机等多种终端设备。

鸿蒙微内核是基于微内核的全场景分布式 OS，可按需扩展，实现更广泛的系统安全，主要用于物联网，特点是低时延，甚至可到毫秒级乃至亚毫秒级，鸿蒙 OS 实现模块化耦合，对应不同设备可弹性部署，鸿蒙 OS 有三层架构，第一层是内核，第二层是基础服务，第三层是程序框架。可用于手机、平板、PC、汽车等各种不同的设备上。还可以随时用在手机上，但华为手机端依然优先使用安卓，华为电脑端依然优先使用 Windows 和 Linux。

鸿蒙 OS 是华为公司开发的一款基于微内核、耗时 10 年、4 000 多名研发人员投入开发、面向 5G 物联网、面向全场景的分布式操作系统。鸿蒙的英文名是 HarmonyOS，意为和谐。其命名并不是安卓系统的分支或修改而来的，与安卓、iOS 是不一样的操作系统，但在性能上不弱于安卓系统，而且华为还为基于安卓生态开发的应用能够平稳迁移到鸿蒙 OS 上做好衔接，将相关系统及应用迁移到鸿蒙 OS 上，差不多两天就可以完成迁移及部署。这个新的操作系统将打通手机、电脑、平板、电视、工业自动化控制、无人驾驶、车机设备、智能穿戴，并统一成一个操作系统，并且该系统是面向下一代技术而设计的，能兼容全部安卓应用的所有 Web 应用。若安卓应用重新编译，在鸿蒙 OS 上，运行性能提升超过 60%。鸿蒙 OS 架构中的内核会把之前的 Linux 内核、鸿蒙 OS 微内核与 LiteOS 合并为一个鸿蒙 OS 微内核，创造一个超级虚拟终端互联的世界，将人、设备、场景有机联系在一起。同时由于鸿蒙系统微内核的代码量只有 Linux 宏内核的千分之一，其受攻击概率也会大幅降低。

鸿蒙 OS 将分布式架构首次用于终端 OS，实现跨终端无缝协同体验；确定时延引擎和高性能 IPC 技术，实现系统天生流畅；基于微内核架构，重塑终端设备可信安全。对于消费者而言，HarmonyOS 通过分布式技术，让 8+N 设备具备智慧交互的能力。在不同场景下，8+N 配合华为手机提供满足人们不同需求的解决方案：对于智能硬件开发者而言，HarmonyOS 可以实现硬件创新，并融入华为全场景的大生态；对于应用开发者而言，HarmonyOS 让他们不用面对硬件复杂性，通过使用封装好的分布式技术 APIs，以较小投入专注开发出各种全场景新体验。

3.4.2 其他智能设备操作系统

1. iOS

iOS 是由苹果公司开发的手持设备操作系统。苹果公司于 2007 年 1 月 9 日的 Macworld

大会上公布该系统，以 Darwin 为基础，属于类 Unix 的商业操作系统。该系统最初是设计给 iPhone 使用的，后来陆续套用到 iPod touch、iPad 以及 AppleTV 等产品上。iOS 与苹果的 Mac OS X 操作系统一样，属于类 Unix 的商业操作系统。原本这个系统名为 iPhone OS，因为 iPad，iPhone，iPod touch 都使用 iPhone OS，所以 2010 年 WWDC 大会上宣布改名为 iOS（iOS 为美国 Cisco 公司网络设备操作系统注册商标，苹果改名已获得 Cisco 公司授权）。

2. 鸿蒙

鸿蒙系统既可以在计算机上运行，也可以在手机、平板、家电以及可穿戴设备上运行，由于前面讲计算机操作系统时介绍过，这里不再赘述。

3. 安卓

Android 是一种基于 Linux 的自由及开放源代码的操作系统。该系统主要用于移动设备，如智能手机和平板电脑，由 Google 公司和开放手机联盟领导及开发。该系统没有统一中文名称，通常称为"安卓"。Android 操作系统最初由安迪·鲁兵（Andy Rubin）开发，主要支持手机。2005 年 8 月由 Google 收购注资。2007 年 11 月，Google 与 84 家硬件制造商、软件开发商及电信营运商组建开放手机联盟，共同研发改良 Android 系统。随后 Google 以 Apache 开源许可证的授权方式，发布了 Android 的源代码。第一部 Android 智能手机发布于 2008 年 10 月。Android 逐渐应用到平板电脑及其他领域上，如电视、数码相机、游戏机、智能手表等。2011 年第一季度，Android 在全球的市场份额首次超过塞班系统，跃居全球第一。2013 年的第四季度，Android 平台手机的全球市场份额已经达到 78.1%。2013 年 09 月 24 日谷歌开发的操作系统 Android 在迎来了 5 岁生日时，全世界采用这款系统的设备数量已经达到 10 亿台。

🖳 在线测试

扫一扫 测一测

第4章 数据库

内容导读

数据库技术是数据管理的技术，它与面向对象、并行计算、网络通信以及人工智能等技术相结合，使数据库技术成为目前信息技术的重要组成部分之一，越来越多的领域开始采用数据库存储和处理其信息资源。

学习目标

- 了解数据库技术的产生和发展
- 掌握数据模型的概念，能判断实体间联系是一对一、一对多还是多对多
- 理解关系型数据库相关定义，了解关系的码与关系的完整性
- 掌握 SQL 语句基本的语法，能用 SQL 语句进行简单的查询
- 了解数据库安全管理概念和方法

学习要求

- ★ 能判断实体间联系是一对一、一对多还是多对多
- ★ 能用 SQL 语句进行简单的查询

拓展阅读

苦与甜交织，撑起中国空间科学的群星

这是一个很少被外人看到的团队。科技论文里很少有他们的名字，新闻发布会上也很少有他们的身影，但他们随叫随到，一年 365 天无休，手机 24 小时不静音。……

4.1 数据库基础知识

数据（Data）是数据库中存储的基本对象。

数据的种类：文字、图形、图像、声音、视频等。

数据是描述事物的符号记录，对事物的描述（自然语言、计算机中描述）中，人们收集并抽取出一个应用所需要的大量数据之后，应将其保存起来以供进一步加工处理，抽取有用信息。

数据库（DB）是长期储存在计算机内、有组织的、可共享的大量数据的集合。

数据按一定的数据模型组织、描述和储存，可为各种用户共享，冗余度较小，数据独立性较高，易扩展。

数据库管理系统（DBMS）是位于用户与操作系统之间的一层数据管理软件。用途：科学地组织和存储数据，高效地获取和维护数据。

数据库系统（DBS）是指在计算机系统中引入数据库后的系统。在不引起混淆的情况下常常把数据库系统简称为数据库。

4.1.1 数据库技术的产生和发展

数据库的产生背景是美国为了在战争中保存情报资料。阿波罗登月计划对数据库的发展起到了推动作用。在数据库应用到民用后，科学家又在理论上进行了研究，发表了论文，对数据库的发展起到了理论支持的作用。

在数据库的发展史中，其他领域的发展也对数据库的发展起到了支持和推动的作用。如存储器的发展，内存的发展，软件、数据结构的发展都对数据库的发展起到了推动渗透的作用。

可以看出，战争、大事件、商业、需求、学术、其他科学分支都可能对数据库产生作用，它们是互相渗透和推动的。

数据库技术的发展阶段如图 4-1 所示。

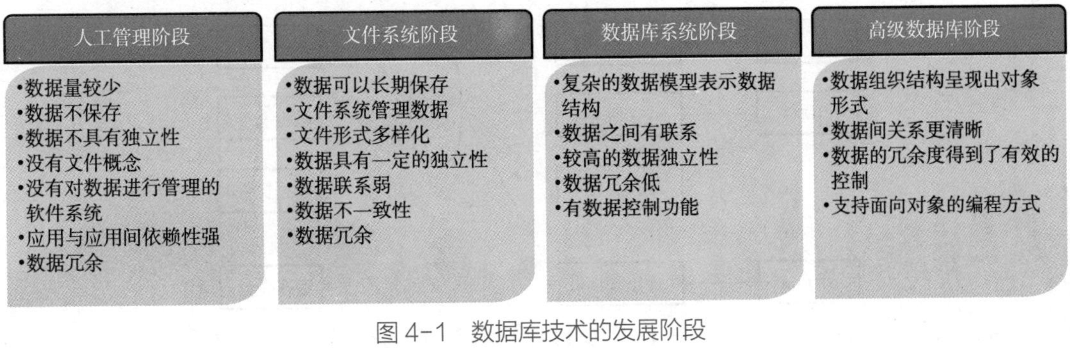

人工管理阶段	文件系统阶段	数据库系统阶段	高级数据库阶段
•数据量较少 •数据不保存 •数据不具有独立性 •没有文件概念 •没有对数据进行管理的软件系统 •应用与应用间依赖性强 •数据冗余	•数据可以长期保存 •文件系统管理数据 •文件形式多样化 •数据具有一定的独立性 •数据联系弱 •数据不一致性 •数据冗余	•复杂的数据模型表示数据结构 •数据之间有联系 •较高的数据独立性 •数据冗余低 •有数据控制功能	•数据组织结构呈现出对象形式 •数据间关系更清晰 •数据的冗余度得到了有效的控制 •支持面向对象的编程方式

图 4-1 数据库技术的发展阶段

1. 人工管理阶段

早期的人工管理阶段没有硬盘等存储器，只能用纸带等进行数据的存储，在写程序的时候，需要根据数据来编写，程序员还需要考虑到数据的物理存储结构，这种存储方式负担重、效率低。人工管理阶段示意图如图 4-2 所示。

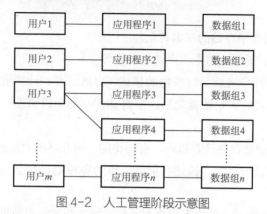

图 4-2　人工管理阶段示意图

当时没有"文件"的概念，引入一个新的概念，实际上是一种新的思想、方法、理论基础，对数据库的推动作用是巨大的。

人工管理阶段的特点包括以下几点。

（1）数据量较少。数据和程序一一对应，数据面向应用独立性很差。因为应用程序所处理的数据之间可能有一定的关系，因此程序之间会有大量的重复数据。

（2）数据不保存。因为该阶段计算机的主要任务是科学计算，一般不需要长期保存。计算出结果即可。

（3）没有软件系统对数据进行管理。程序员不仅要规定数据的逻辑结构，并且要在程序中设计物理结构，包括存储结构的存取方法、输入／输出方式等。

（4）数据冗余。

2. 文件系统阶段

文件系统阶段引入了"文件"的概念，数据存储在文件中，逻辑结构和物理结构有所区分，但是不够彻底；文件的组织也多样化；数据可以重复使用；对数据操作的颗粒比较大，是以记录为单位。文件系统阶段示意图如图 4-3 所示。

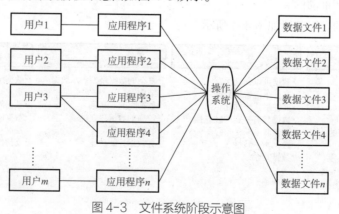

图 4-3　文件系统阶段示意图

文件系统阶段的数据库技术在存储方式方面是一个巨大的进步，因为开始有了存储，有了分离物理和逻辑，这也是关系型数据库的重要方面；但也有缺陷，文件很容易导致数据的冗余，而冗余又进一步导致了数据的不一致，还有一个问题就是数据间的联系弱。在后来提出数据模型之后，这个问题得以解决。

随着大容量的磁盘等辅助存储设备的出现，专门管理辅助设备上的数据的文件系统应运而生，它是操作系统中的一个子系统，按照一定的规则将数据组织为一个文件，应用存储通过文件系统对文件中的数据进行存取和加工。

文件系统阶段的特点包括以下几点。

（1）数据可以长期保留。程序可以按照文件名访问和读取数据，不必记录数据的物理位置。

（2）数据不属于某个特定应用。应用程序和数据不再是直接的对应关系，可以重复使用。不同的应用程序无法共享同一数据文件。

（3）文件组织形式的多样化。文件组织形式包括索引文件、链接文件、Hash 文件等。文件之间没有联系，相互独立，数据间的联系要通过程序去构造。

（4）文件系统的缺点：数据冗余、数据不一致性、数据孤立。

3．数据库系统阶段

为了解决文件系统阶段的问题，数据库系统阶段提出了数据模型，促进了数据结构的发展。并且为了更加实用，发展了数据控制的技术，数据库开始在实际中大量使用起来。数据库系统阶段示意图如图 4-4 所示。

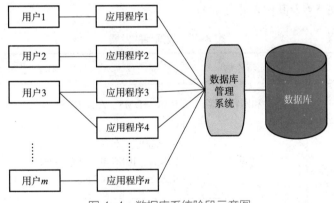

图 4-4　数据库系统阶段示意图

数据库系统是由计算机软件、硬件资源组成的系统，它实现了有组织地、动态地存储大量关联数据，方便多用户访问。它与文件系统的重要区别是：数据的充分共享、交叉访问、与应用程序的高度独立性。

数据模型描述数据本身的特点、数据之间的联系。数据不再面向单个应用，而是面向整个应用系统。数据冗余明显减少，实现数据共享。

数据库是以一种更高级的组织形式，在应用程序和数据库之间由 DBMS 负责数据的存取。

数据库系统和文件系统的区别是，数据库对数据的存储按照同一结构进行，不同应用程序都可以直接操作这些数据。数据库对数据的完整性、唯一性、安全性都有一套有效的管理手段。

另外，数据库还提供管理和控制数据的各种简单操作命令，使用户编程程序更加容易。

4. 高级数据库阶段

在计算机技术、网络技术实际应用中新问题和新需求的刺激下，产生了分布式数据库、面向对象数据库、网络数据库。分布式数据库，可以解决集中式带来的过度复杂、拥挤的问题；面向对象数据库解决了多媒体数据、多维表格数据、CAD 数据的表达问题，并且具有封装性。网络数据库扩大了数据资源共享范围，易于进行分布式处理，数据资源使用形式灵活，便于数据传输交流，降低了系统的使用费用，提高了计算机可用性，但是降低了数据的保密性和安全性。

高级数据库阶段研发的数据库管理系统软件主要包括 DBMS 本身以及 DBMS 为核心的一组相互联系的软件系统，包括工具软件和中间件。最终目的是提高系统的可用性、可靠性、可伸缩性，从而提高性能和提高用户的生产率。

数据库设计研究的主要方向是数据库设计方法学和设计工具，包括数据库设计方法、设计工具、设计理论的研究。如分布式数据库系统、并行数据库系统、知识库系统、多媒体数据库系统等。

数据库理论的研究方向主要集中于关系的规范化理论、关系数据理论等，另外还有近几年来计算机网络技术、人工智能技术、并行计算技术、分布式计算技术、多媒体技术等领域的高速发展对数据库技术产生了巨大影响。数据库技术和其他计算机技术互相结合、互相渗透，从而产生了很多新的技术。

数据库的发展特点及其代表见表 4-1。

表 4-1 数据库的发展

时期	特点	代表
早期阶段	层次和网状模型	IMS、IDMS、ADABAS、Total、System2000
发展中期	关系模型	SystemR Oracle、IBMDB2、SQLServer dBase、R:base、Paradox、Access
后关系时代	面向对象的程序设计	xml

4.1.2 数据库系统的组成

数据库系统是由数据、数据库、数据库管理系统、操作数据库的应用程序以及它们运行软硬件平台和相关人员组成。数据库系统组成如图 4-5 所示。

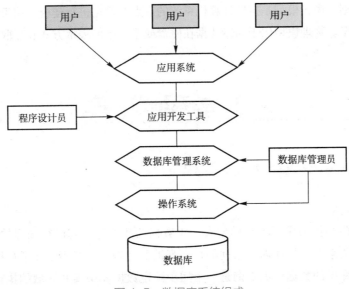

图 4-5　数据库系统组成

4.1.3　数据模型

通俗地讲，数据模型就是对现实世界的模拟，是对现实世界数据特征的抽象。这个抽象的过程并不是一蹴而就的，事物的抽象存在多个层次，需要用到不同的模型来进行描述。在前辈们的不断探索中，数据模型被划分为三个层次，第一个层次为概念模型（又称信息模型），第二个层次为逻辑模型，第三个层次为物理模型。

（1）概念模型。概念模型即从现实世界中抽取出事物、事物特征、事物间的联系等信息，并通过概念精确地加以描述。在这个层次进行数据建模时，有一些概念必须要知道，分别是实体、属性和联系。在现实世界中客观存在的事物或事件被称为实体，例如一只猫、一名学生、一张电影票，甚至一份"体检报告"等。实体具有的某方面特性叫作属性，例如学生的属性有姓名、年龄等。现实世界中事物彼此的联系在概念模型中反映为实体间的联系。联系有 3 种，如图 4-6 所示。

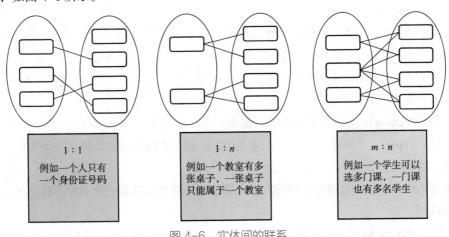

图 4-6　实体间的联系

（2）逻辑模型。逻辑模型是按照计算机系统的观点对数据进行建模，用于 DBMS 的实现。

（3）物理模型。物理模型用于描述数据在磁盘或系统中的表示方式和存取方法。

4.2　关系型数据库

4.2.1　关系型数据库定义及模型

1. 关系型数据库定义

关系型数据库是指采用了关系模型来组织数据的数据库，其以行和列的形式存储数据，便于用户理解。关系型数据库内一系列的行和列被称为表，一组表组成了数据库。用户通过查询来检索数据库中的数据，而查询是一个用于限定数据库中某些区域的执行代码。关系模型可以简单理解为二维表格模型，而一个关系型数据库就是由众多二维表及其之间的关系组成的一个数据组织，关系型数据库中的表见表 4-2。

表 4-2　关系型数据库中的表

学号	姓名	年龄	性别	系别
20230101	张小宏	18	男	计算机
20230102	赵刚	19	男	计算机
20230103	李晓明	19	男	计算机
20230104	王莉莉	18	女	计算机

2. 关系型数据模型

一个关系型数据模型是若干个关系模式的集合。在关系型数据模型中，实体以及实体间的联系都是用关系来表示的。例如学生、课程、学生与课程之间的多对多联系在关系型数据模型中可以表示如下。

学生（学号，姓名，年龄，性别，系别）

课程（课程号，课程名，学分）

选修（学号，课程号，成绩）

关系型数据模型相关术语如下。

● 关系（Relation）：对应通常所说的一张表。

● 元组（Tuple）：表中的一行即为一个元组，可以用来标识实体集中的一个实体，表中任意两行（元组）不能相同。

● 属性（Attribute）：表中的一列即为一个属性，给每个属性起一个名称即属性名，表中的属性名不能相同。

● 主码（Primary Key）：表中的某个属性组，它可以唯一确定一个元组。

- 域（Domain）：列的取值范围称为域，同列具有相同的域，不同的列也可以有相同的域。
- 分量（Component）：元组中的一个属性值。
- 关系模式（Relation Schema）：对关系的描述。可表示为：关系名（属性1，属性2，…，属性n）。例如上面的关系可以描述为：学生（学号，姓名，年龄，性别，系别）。

在关系型数据库中，主码是关系型数据模型的一个重要概念，用来标识行（元组）的一个或几个列（属性）。如果码是唯一的属性，则称为唯一码；反之由多个属性组成的码，则称为复合码。

4.2.2 关系的性质、码与关系的完整性

1．关系的性质

关系是一种规范化的二维表中行的集合。每一列中的分量必须来自同一个域，必须是同一类型的数据。不同的列可来自同一个域，每一列称为属性，不同的属性必须有不同的名字。

关系与常见的二维表格数据文件既有类似之处，又有区别，它具有如下性质。

- 属性值具有原子性，不可分解。
- 没有重复的元组。
- 理论上没有行序，但是使用时有时可以有行序。
- 列的顺序可以任意交换。

2．关系的码

除了上面提到的主码外，还有超码、候选码和外码，它们的概念如下。

- 超码（Super Key）：在一个关系中，能唯一标识元组的属性或属性集称为关系的超码。
- 候选码（Candidate Key）：如果一个属性集能唯一标识元组，且又不含有多余的属性，那么这个属性集称为关系的候选码。
- 外码（Foreign key）：如果一个关系 R 中包含另一个关系 S 的主码所对应的属性组 F，则称此属性组 F 为关系 R 的外码，并称关系 S 为参照关系，关系 R 是依赖关系。为了表示关联，可以将一个关系的主码作为属性放入另外一个关系中，第二个关系中的相关属性就称为外码。

3．关系的完整性

关系的完整性指的是关系的正确性、相容性和有效性。它是给定的关系模型中数据及其联系的所有制约和依存规则，用以限定数据库状态及状态变化，从而保证数据的正确、相容和有效。

关系模型的完整性有三类：实体完整性、参照完整性和用户自定义的完整性。其中，实体完整性和参照完整性是关系模型必须满足的完整性约束条件，如图 4-7 所示。

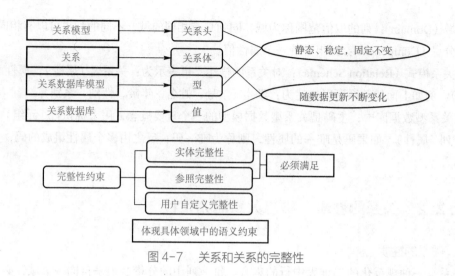

图 4-7　关系和关系的完整性

4.3　SQL 基础

4.3.1　SQL 的基本概念

结构化查询语言（SQL），它被美国国家标准协会（American National Standards Institute，ANSI）确定为关系型数据库语言的美国标准，后被国际标准化组织（International Organization for Standardization，ISO）采纳为关系数据库语言的国际标准。数据库管理系统可以通过 SQL 管理数据库，定义和操作数据，维护数据的完整性和安全性。

SQL 的功能包括：使用户有能力访问数据库，面向数据库执行查询，可从数据库取回数据及插入新的记录，可更新数据库中的数据，可从数据库删除记录，可创建新数据库，可在数据库中创建新表，可在数据库中创建存储过程，可在数据库中创建视图，可以设置表、存储过程和视图的权限等。

4.3.2　常用数据库简介

主流的关系型数据库有 Oracle、DB2、MySQL、Microsoft SQL Server、Microsoft Access 等多个品种，每种数据库的语法、功能和特性也各具特色。

（1）Oracle 数据库，Oracle 数据库是由甲骨文公司开发，并于 1989 年正式进入中国市场。虽然当时的 Oracle 尚名不见经传，通过多年的发展积聚了众多领先性的数据库系统开发经验，在集群技术、高可用性、安全性、系统管理等方面都取得了较好的成绩。Oracle 产品除了数据库系统外，还有应用系统、开发工具等。在数据库可操作平台上，Oracle 可在所有主流平台上运行，因而可通过运行于较高稳定性的操作系统平台，提高整个数据库系统的稳定性。

（2）MySQL 数据库。MySQL 数据库是一种开放源代码的关系型数据库管理系统（Relational Database Mangement System，RDBMS），可以使用最常用结构化查询语言进行数据库操作。也因为其开源的特性，可以在 General Public License 的许可下下载并根据个性化的需要对其进行修改。MySQL 数据库因其体积小、速度快、总体拥有成本低而受到中小企业的热捧，虽然其功能的多样性和性能的稳定性差强人意，但是在不需要大规模事务化处理的情况下，MySQL 也是管理数据内容的好选择之一。

（3）Microsoft SQL Server 数据库。Microsoft SQL Server 数据库最初是由 Microsoft、Sybase 和 Ashton-Tate 三家公司共同开发的，于 1988 年推出了第一个操作系统版本。在 Windows NT 推出后，Microsoft 将 SQL Server 移植到 Windows NT 系统上，因而 SQL Server 数据库伴随着 Windows 操作系统发展壮大，其用户界面的友好和部署的简捷，都与其运行平台息息相关，通过 Microsoft 的不断推广，SQL Server 数据库的占有率随着 Windows 操作系统的推广不断攀升。

4.3.3 SQL 语法及常用命令

1．数据库中的数据类型
数据库中常用数据类型，见表 4-3。

表 4-3 数据库中常用数据类型

名称	类型	说明
INT	整型	4 字节整数类型
BIGINT	长整型	8 字节整数类型
REAL	浮点型	4 字节浮点数
DOUBLE	浮点型	8 字节浮点数
DECIMAL(M,N)	高精度小数	由用户指定精读的小数，如 DECIMAL（10，5）表示一共 10 位，其中小数 5 位
CHAR（N）	定长字符串	存储指定长度的字符串，如 CHAR（20）是存储 20 个字符的字符串
VARCHAR（N）	变长字符串	存储可变长度的字符串，如 VARCHAR（50）是可以存储 0～50 个字符的字符串
BOOLEAN	布尔类型	True 或者 False
DATE	日期类型	存储日期，如 2023-01-01
TIME	时间类型	存储时间，如 10：28：30
DATETIME	日期和时间类型	存储日期和时间，如 2023-01-01 10：28：30

2．SQL 语言的分类
SQL 语言通常分为以下五类，见表 4-4。

表 4-4　SQL 语言分类

分类	说明	举例
DDL 数据定义语言	是 SQL 语言集中负责数据结构定义与数据库对象定义的语言	create、alter、drop 等
DQL 数据查询语言	是 SQL 语言中，负责进行数据查询而不会对数据本身进行修改的语句，这是最基本的 SQL 语句	select、from、where、group by、having、order by 等
DML 数据操纵语言	它可以实现对数据库的基本操作，对数据库其中的对象和数据运行访问工作的语言	insert、delete、update 等
TCL 事务控制语言	用于管理数据库中的事务。这些用于管理由 DML 语句所做的更改。它还允许将语句分组为逻辑事务	commit、rollback 等
DCL 数据控制语言	是一种可对数据访问权进行控制的指令，它可以控制特定用户账户对数据表、查看表、预存程序、用户自定义函数等数据库对象的控制权	grant、revoke 等

3. 常用 SQL 命令

常用 SQL 命令包括以下几种。

（1）SELECT：从数据库表中获取数据。

（2）UPDATE：更新数据库表中的数据。

（3）DELETE：从数据库表中删除数据。

（4）INSERTINTO：向数据库表中插入数据。

SQL 的数据定义语言（Data Definition Language，DDL）部分使用户有能力创建或删除表格。用户也可以定义索引（键），规定表之间的链接，以及施加表间的约束。

SQL 中最重要的 DDL 语句包括以下几种。

（1）CREATEDATABASE：创建新数据库。

（2）ALTERDATABASE：修改数据库。

（3）CREATETABLE：创建新表。

（4）ALTERTABLE：变更（改变）数据库表。

（5）DROPTABLE：删除表。

（6）CREATEINDEX：创建索引（搜索键）。

（7）DROPINDEX：删除索引。

查询语句示例：

```
desc 表名；
-- 查看表结构
Select ［列名1］，［列名2］，…from 表名 where 条件；
-- 基本查询
delete from 表名 where 字段名 is null；
-- 删除字段为空的数据
```

4.4 数据库安全管理

数据库安全包含两层含义。第一层是指系统运行安全，系统运行安全通常受到的威胁包括：一些网络不法分子通过网络、局域网等途径入侵电脑使系统无法正常启动，或超负荷让机器运行大量算法，并关闭 CPU 风扇，使 CPU 过热烧坏等破坏性活动。第二层是指系统信息安全，系统安全通常受到的威胁包括黑客对数据库入侵并盗取资料。

数据库系统的安全特性主要是针对数据而言的，包括数据独立性、数据安全性、数据完整性、并发控制、故障恢复等方面。要注意的安全威胁有内部人员错误、社交工程（钓鱼网站）、内部人员攻击、错误配置、未打补丁的漏洞以及不法分子窃取信息等。

4.4.1 数据管理安全

1. 数据库安全验证
为了保护数据库安全，需要进行数据库安全验证。数据库安全验证过程如图 4-8 所示。

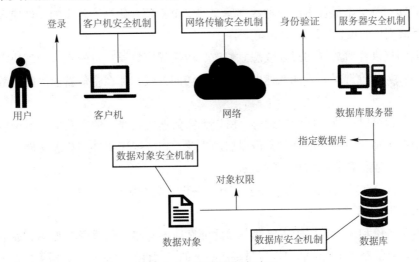

图 4-8　数据库安全验证

2. 用户管理
用户也叫作账户，它是数据库使用者的身份证明。用户需要使用正确的用户名和密码才能连接数据库。用户权限不同，允许访问的对象和执行的操作也不同。

3. 权限管理
数据库中的权限指执行特定类型的 SQL 语句或者访问一个用户的对象的权利。数据库使用权限来控制用户对数据的访问和用户所能执行的操作。

权限管理包含系统权限管理、对象权限管理和查询权限管理。

4．角色管理

角色是某一组权限的集合，使用角色可以简化对权限的管理。如果将一组相关权限授予某个角色，然后将这个角色授予需要的用户，拥有该角色的用户将拥有该角色包含的所有权限。

多个用户可以属于同一角色，一个权限也可以赋予多个角色。

5．事务管理

事务指的是一系列语句构成的逻辑单元，用于保证数据的一致性，由一组相关的 DML 语句组成，该组的 DML（增删改，没有查询）语句要么全部成功，要么全部失败。

当执行事务操作时，数据库会在被作用的表上加锁，防止其他用户修改表的结构，也会在数据行上加锁，防止其他用户修改数据。

回滚事务是指撤销对数据库进行的全部操作。保存点（回退点）是指在含有较多 SQL 语句的事务中间设定的回滚标记。利用保存点可以将事务划分成若干部分，这样回滚时就不必回滚整个事务，而可以回滚到指定的保存点，有更大的灵活性。

4.4.2 数据文件安全

1．数据库备份及分类

对数据库的备份是最基本的一种数据库文件安全管理。数据库备份的文件应该存在于一个独立的远离现场的位置，以确保其安全。

备份能够提供针对数据的意外或恶意修改、应用程序错误、自然灾害的解决方案。如果以牺牲容错性为代价选择尽可能快速的数据文件访问方式，那么备份就能为防止数据损坏而提供保障。

数据库备份可以在线上环境中运行，所以无需数据库离线。使用数据库备份能够将数据恢复到备份时的那一时刻，但是对备份以后的更改，在数据库文件和日志文件损坏的情况下将无法找回，这是数据库备份的主要缺点。

数据库的备份有完整备份、增量备份、日志备份、文件和文件组备份。

2．备份和还原策略

正是由于备份和还原数据的重要性，因此可靠的备份和还原数据需要一个备份和还原策略。设计良好的备份和还原策略可以尽量提高数据的可用性及尽量减少数据丢失。

（1）备份策略：包括定义备份类型和频率、备份所需硬件和环境、测试备份的方法以及存储备份媒体的位置和方法。

（2）还原策略：包括负责执行还原的人员以及执行还原来满足数据库可用性和尽量减少数据丢失的方法。

良好的备份和还原策略也需要相当的软硬件支持，所以备份还原策略应当根据实际的技术和财力之间进行权衡。

3．数据还原

数据还原是指当数据库出现故障变得不可用时，将备份的数据导入到系统，使数据库恢复到备份时的正确状态。

在数据库中恢复有三种类型或方法，分别为应急恢复、版本恢复和前滚恢复。

4.4.3 网络安全

数据库防火墙系统，串联部署在数据库服务器之前，解决数据库应用侧和运维侧两方面的问题，是一款基于数据库协议分析与控制技术的数据库安全防护系统。

数据库防火墙基于主动防御机制，实现数据库的访问行为控制、危险操作阻断、可疑行为审计。它的核心功能包括屏蔽直接访问数据库的通道、二次认证、攻击保护、连接监控、安全审计、审计探针、细粒度权限控制、精准 SQL 语法分析、自动 SQL 学习和透明部署等。数据库防火墙的防护能力见表 4-5。

表 4-5 数据库防火墙的防护能力

威胁	问题描述	防护
外部黑客攻击	黑客利用 Web 应用漏洞，进行 SQL 注入以 Web 应用服务器为跳板，利用数据库自身漏洞攻击和侵入	通过虚拟补丁技术捕获和阻断漏洞攻击行为，通过 SQL 注入特征库捕获和阻断 SQL 注入行为
内部高危操作	系统维护人员、外包人员、开发人员等拥有直接访问数据库的权限，有意无意地高危操作对数据造成破坏	通过限定更新和删除影响行，限定无 Where 的更新和删除操作，限定 drop、truncate 等高危操作避免大规模损失
敏感数据泄漏	黑客、开发人员可以通过应用批量下载敏感数据，内部维护人员远程或本地批量导出敏感数据	限定数据查询和下载数量，限定敏感数据访问的用户、地点和时间
审计追踪非法行为	业务人员在利益诱惑下，通过业务系统提供的功能完成对敏感信息的访问，进行信息的售卖和数据篡改	提供对所有数据访问行为的记录，对风险行为进行 SysLog、邮件、短信等方式的告警，提供事后追踪分析工具

🖥 在线测试

扫一扫 测一测

第5章 计算机网络及安全

内容导读

现如今，计算机网络已经跟人们的工作、生活紧密结合，自20世纪50年代开始，近70年来人们从接触网络，到网络彻底改变人们的生活，社会各领域的活动都离不开网络，甚至有些人变得很依赖网络。那么什么是计算机网络，它又是如何发展的？它有哪些需要人们了解和掌握的呢？本章将介绍计算机网络的基础知识。

学习目标

○ 了解计算机网络的发展史及现状
○ 理解计算机网络的拓扑结构
○ 掌握计算机网络的组成和分类
○ 了解计算机网络体系结构
○ 掌握 OSI 和 TCP/IP 参考模型的体系结构和各层次功能
○ 理解网络安全的概念
○ 了解网络安全技术

学习要求

★ 计算机网络的拓扑结构
★ 计算机网络的组成和分类
★ OSI 和 TCP/IP 参考模型

拓展阅读

掺铒光纤放大器：传递信号不衰减

铒的发现充满曲折。1787年，在距瑞典斯德哥尔摩1.6公里的伊特比小镇，人们在一块黑色石头中发现了一种新的稀土，根据发现地将其命名为钇土。……

5.1 计算机网络基础知识

5.1.1 计算机网络的定义和发展

1．计算机网络的定义

计算机网络是在网络通信协议、网络操作系统及网络管理软件的管理和协调下，利用通信设备和传输介质，将分散于不同地理位置的多台具有独立功能的计算机连接起来，实现共享资源和传输数据信息的计算机系统。

计算机网络是结合了计算机技术、网络技术和通信技术等多种技术的产物，它推动了信息化、数字化及全球化，实现了存储资源、数据资源和计算资源等各种资源等的共享。计算机网络的主要功能如图 5-1 所示。

资源共享	数据通信	分布式处理	负载均衡	安全控制
•硬件资源 •软件资源 •数据资源 •提高资源利用率	•传输文件 •电子邮件 •发布消息 •通信和交流更加快捷、方便	•合理选择资源，快速解决问题 •网上多个节点机共同完成，协调完成大规模任务	•工作被均匀的分配，提高资源利用率	•网络中某台机器故障或某条通信线路有问题，可以更换机器或线路，以提高可靠性

图 5-1　计算机网络的主要功能

2．计算机网络的发展

计算机网络的发展如图 5-2 所示。

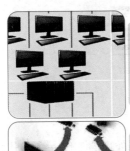

第一阶段 面向终端（20世纪50—60年代）
•以单个主机为中心
•主机负责数据处理和通信处理，终端只接收显示数据或为主机提供数据
•便于维护和管理，数据一致性好
•主机负荷大，可靠性差，数据传输速率低

第二阶段 分组交换（20世纪60年代中期）
•ARPANET出现
•多个计算机互联
•主机负责商数据处理
•数据通信由分组交换网完成
•提高了通信线路的利用率，适合突发方式发送计算机数据

第三阶段 网络体系结构标准化（20世纪70年代末—20世纪80年代中期）
•几十万～几百万计算机
•操作系统
•文字和图形图像处理
•体积和功耗进一步减小，速度和存储容量提高，外设种类繁多

第四阶段 全球互联高速网络（20世纪90年代后）
· 数据库、网络等
· 社会各领域
· 体积小，价格低，速度快，存储容量大，性能高

图 5-2　计算机网络的发展

（1）第一阶段：面向终端的计算机网络。20 世纪 50—60 年代，计算机网络进入到面向终端的阶段，以单个主机为中心，通过通信线路将计算机与远程终端连接起来，各终端可以共享主机的软硬件资源。如图 5-3 所示。

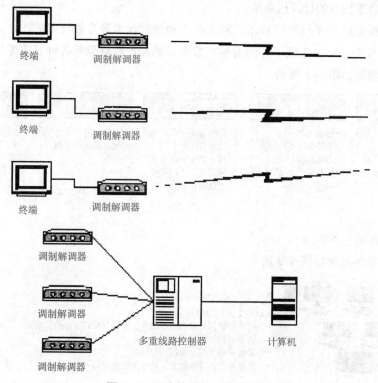

图 5-3　面向终端的计算机网络

在这种网络系统中，主机既要负责数据处理又要负责通信处理的工作，终端只需要接收显示数据或者为主机提供数据。这样的好处是便于维护和管理，数据一致性好。但是数据传输速率低，一旦终端变多，主机负荷变大，网络可靠性就会变差。

（2）第二阶段：分组交换网。20 世纪 60 年代中期，为了解决第一代计算机网络的问题，人们利用通信线路将多台具有独立功能的计算机连接成一个系统，并实现了计算机与计算机之间的通信。这是计算机网络发展的第二个阶段，它与面向终端的计算机网络的不同在于，分组交换网的中心是通信子网，网络的外层是包含主机和终端的资源子网。

这一阶段的标志是计算机分组交换网（Advanced Research Pro Jects Agency Network，ARPANET）出现和数据通信的部分由通信子网完成。

现在的计算机网络仍在使用这种网络划分方式,将网络划分为通信子网和资源子网。计算机互联网络的逻辑结构如图 5-4 所示。

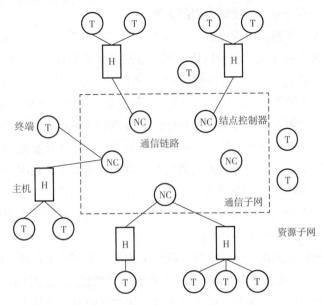

图 5-4　计算机互联网络的逻辑结构

通信子网负责资源子网的数据传输和数据转发等通信处理工作,它由通信设备和通信线路组成。

资源子网负责全网数据处理和向网络中的主机或者终端提供网络资源和服务,它由网络中所有主机、终端、外部设备等各种硬件资源和各种软件资源组成。

(3)第三阶段:网络体系结构标准化。20 世纪 70 年代末至 20 世纪 80 年代中期,计算机在各领域得到了广泛的应用,但是各厂家生产的计算机和网络设备存在很大的差异,想组网互联只能是同一网络中使用同一厂家的计算机。为了使不同体系结构的计算机能够组网互联,计算机网络朝着标准化的方向发展。

目前存在着两种占主导地位的网络体系结构,一种是 ISO 提出的开放式系统互连基本参考模型(OSI/RM),另一种是 Internet 所使用的 TCP/IP 参考模型(TCP/IPRM)。

(4)第四阶段:全球互联高速网络。20 世纪 90 年代以后,网络已经融入到政府、科研、教育、商业等各大领域,人们的生活已经离不开网络,此时计算机网络技术也在不断发展、逐渐完善,网络传输速度不断提升,进入到第四个发展阶段,网络朝着综合化、高速化、智能化和全球化的方向发展。

3.计算机网络的发展趋势

(1)运营产业化。计算机网络发展初期,Internet 是由美国国家科学基金会(National Science Foundation,NSF)运营的。当 NSF 把 NFSnet 的经营权转交给 Sprint、MCI 和 ANS 这三家美国最大的私营电信公司,计算机网络发生了重大转折,以 Internet 运营为产业的企业迅速崛起。

(2)应用商业化,全球产业转型。随着计算机网络融入商业应用,网络便成了电子化商业的最佳媒介。许多公司、企业利用网络在全球范围内来销售商品、提供客户服务，其便捷、迅速、成本低等明显优势，让传统的通信手段望尘莫及。网络使得如电子邮件、IP 电话、网络传真、VPN 和电子商务等日益受到人们的重视。

互联网推动产业组织模式、服务模式和商业模式全面创新，加速产业转型升级。众包众筹等新的产业组织模式将让全球各种资源得到有效调配，跨境电商、个性定制、线上线下融合、精准营销等服务将让供需信息得到及时有效的匹配，按需定制、人人参与、体验制造、产销一体、协作分享等新商业模式将促使产业运行模式变革，改变产业发展方式。

（3）互联全球化。随着全球各国接入 Internet，互联网服务已经成为国际交流合作的重要桥梁。一方面，不同国家、区域、民族、种族和宗教等的人群文化交流和业务活跃起来，开启了互联网服务外交、互联网企业家外交的时代，世界交流合作正在因为互联网而变得紧密而和谐。另一方面，网络空间逐渐成为各国政治、经济、文化等社会活动的新空间，世界许多国家都将网络空间视为新的战略空间，各国围绕网络空间资源的争抢变得日益激烈，全球化的互联网服务也将成为国际竞争的重要手段。

研究和制定全球互联网规则，使全球互联网成为一个更加公正合理、能反映大多数国家意愿和利益的平台，才能促进各国正向的竞争与合作，才能促进全球共同发展和共同繁荣。

（4）互联宽带化。随着网络接入技术的发展，用户对网速要求的提高，带宽也在不断增长。从开始的电话拨号上网，然后渐渐提速到现在的光纤上网，网速有了质的飞跃，互联开始宽带化，更多的网络应用和用户需求得到实现。

（5）多业务综合平台化、智能化。随着信息技术的发展，互联网在信息服务、政务服务、电子教学、电子医务、电子银行和电子商务等领域相互交融，成为多网合一的多业务综合平台。计算机网络应用在社会各领域的广度不断扩大、深度不断加深，其社会影响力已经开始逐渐超过了广播、报刊和电视，成为"第四媒体"。"第四媒体"能迅速、智能、精准地投放信息，使人足不出户便知天下大事，给人类的生活带来了更多的便利。

（6）接入设备多元化。科技的飞速发展，使得互联网融入人们生活的方式也随之发生了变化，不再是单一的用传统计算机（如 PC、工作站、笔记本电脑等）才能上网，现在的各种智能设备如移动电话、电视、平板电脑等都能接入 Internet，甚至家里的家电，可穿戴的智能眼镜、智能手表也都能接入 Internet。

（7）网络安全将成为人类面临的共同挑战。互联网为人类社会带来了便利的同时，也带来了新的问题。网络攻击、网络黑客频繁给人们带来各种损失，网络犯罪越来越专业，重大网络数据泄漏事件频繁发生，网络恐怖主义无孔不入，保护个人隐私、商业机密、国家安全、个人和国家财产等全球性的网络安全问题，需要全球人民共同解决，加强网络安全意识，加强网络安全治理，打击网络犯罪和网络恐怖主义，将成为人类面临的共同挑战。

5.1.2　计算机网络的组成

1. 物理组成

从物理结构角度看，计算机网络由网络硬件和网络软件两大部分组成。

（1）网络硬件。网络硬件主要由计算机系统、网络传输介质和网络连接设备组成。在计算机网络中，网络硬件对网络的性能起着决定性作用，它是网络运行的实体。

①计算机系统。网络中的计算机通常称为主机（Host），它是网络中的主要资源，主要负责数据处理和网络控制。在局域网中，主机称为服务器。根据其为网络提供的功能可分为两类：服务器和工作站。

a．服务器。服务器是通过网络操作系统为网上工作站提供服务及共享资源的计算机设备，是整个局域网络系统的核心，配置要求较高。根据服务器在网络中用途的不同可分为文件服务器、数据库服务器、邮件服务器、打印服务器等。

b．工作站。工作站是网络中用户使用的计算机设备，又称客户机。当一台独立的计算机连接到局域网时，这台计算机就成为局域网的一个客户机。

终端不具备本地处理能力，不能直接连接到网络上，只能通过网络上的主机或终端控制器联网工作。常见的终端有显示终端，打印终端，图形终端等。终端是网络中数量大分布广的设备，是用户进行网络操作，实现人机对话的工具。在局域网中个人计算机代替了终端，既能作为终端使用又可作为独立的计算机使用，被称为工作站。

②网络传输介质。网络传输介质也称为网络传输媒体，是网络中传输信息的载体，也是信号传输的媒体，包括有线传输介质和无线传输介质两大类，见表5-1。

表5-1 网络传输介质

介质类型	介质名称	通信距离	用途	特点
有线传输介质	双绞线	一百到一千米	短距离通信	可以传送数字信号和模拟信号；费用低
	同轴电缆	几百米到几千米	高速率数据传输；有线电视、长途电话、计算机短期连接和局域网	体积大、不能随意弯曲、成本高
	光纤	二十千米到一百二十千米	计算机网络主干线	体积小、重量轻、传输频带宽、通信容量大、传输损耗小、误码率低；费用高
	USB数据线	几米到几十米	连接计算机和智能手机、摄影器材、游戏机等外部设备	电话、电报、数据、传真以及彩色电视等
无线传输介质	无线电波	无限远	无线电广播、蓝牙、Wi-Fi	距离远、不依赖基础设施；开放性，保密性差，易受干扰
	微波	可视范围内，大约一百米到一百千米	蜂窝系统（移动电话）	抗灾性良好、频带宽、容量大；超过视距以后需要中继转发；易受干扰，易受高楼阻隔
	红外线	十米左右	短距离通信，如电视遥控器	收发信机体积小、重量轻、价格低，安全易管理；容易受障碍物和太阳光的影响。

续表

介质类型	介质名称	通信距离	用途	特点
无线传输介质	激光	几千米到几十千米	地面间短距离通信；短距离内传送传真和电视；导弹靶场的数据传输和地面间的多路通信；通过卫星全反射的全球通信和星际通信，以及水下潜艇间的通信	智能传输数字信号，不能传播模拟信号；难于窃听、插入数据和被干扰；易受环境影响，传输距离不会很远；会发出少量射线污染环境
	卫星	电波覆盖范围内	远程通信，如 GPS	电波覆盖面积大，通信距离远，可实现多址通信；传输频带宽，通信容量大；通信稳定性好、质量高；延时大、回声效应、有通信盲区

a．有线传输介质。有线传输介质指的是在两个通信设备之间的物理连接部分，它能将信号从一方传输到另一方。有线传输介质主要有双绞线、同轴电缆、USB 数据线和光纤，如图 5-5 所示。双绞线和同轴电缆传输电信号，光纤传输光信号。

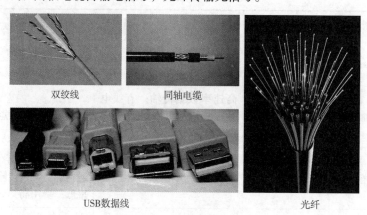

双绞线　　　　　　同轴电缆

USB数据线　　　　　　　　　　光纤

图 5-5　有线传输介质

如图 5-5 中的 USB 数据线所示，从左往右依次为：miniUSB 公口（A 型插头）、miniUSB 公口（B 型插头）、USB 公口（B 型插口）、USB 母口（A 型插头）、USB 公口（A 型插头）。

b．无线传输介质。无线传输介质指的是周围的自由空间。无线通信是将信息加载到电磁波上，利用无线电波在自由空间的传播来传输信息。在自由空间传输的电磁波根据频谱可将其分为无线电波、微波、红外线、激光等。

③网络连接设备。网络连接设备包括网卡、集线器、交换机、路由器等。

a．网卡。网卡（Netuork Interface Card，NIC）又称网络适配器或网络接口卡，是计算机连接局域网的必备网络设备。它提供的传输介质类型是同轴电缆、双绞线和光纤。

b．集线器。集线器（Hub）工作在小型局域网环境中，是计算机网络中连接多个计算机或其他设备的连接设备，是对网络进行集中管理的最小单元。集线器的主要功能是放大和中转信号，将一个端口接收的全部信号向所有端口分发出去。

c. 交换机。交换机（Switch）是一种在通信系统中完成信息交换功能的设备，用来提高网络性能的数据链路层设备，是一个由许多高速端口组成的，连接局域网网段或连接基于端到端的独立设备。

d. 路由器。路由器（Router）是一种连接多个网络或网段的网络设备，在运行多种网络协议的大型网络或异种网络之间起到连接桥梁作用。它是网络层的互联设备，路由器可以实现不同子网之间的通信，是大型网络提高效率、增加灵活性的关键设备。

（2）网络软件。网络软件通常是由网络操作系统、网络协议、网络管理软件、网络应用软件等组成，它的主要作用为授权用户对网络资源的访问，使用户能方便安全地使用网络，管理和调度网络资源，提供网络通信和用户所需的各种网络服务，是支持网络运行、提高效益和开发网络资源的工具。

①网络操作系统。网络操作系统（Netwovk Operating System，NOS）是具备管理网络资源的系统软件，它负责管理整个网络的软硬件资源，调度网络通信和任务，并提供用户与网络之间的接口。任何一个网络在完成了硬件连接之后，需要继续安装网络操作系统软件，这个网络系统才能运行。比较有名的计算机网络操作系统有 WindowsNT、WindowsServer 系列、NetWare 和 Linux 等。

网络操作系统的主要功能是：管理网络用户，控制用户对网络的访问；提供多种网络服务，或对多种网络应用提供支持；提供网络通信服务，支持网络协议；进行系统管理，建立和控制网络服务进程，监控网络活动。

②网络协议。网络协议是实现网络计算机和设备间相互识别并正确进行通信的一组标准和规则，它是计算机网络工作的基础，计算机通过使用通信协议访问网络。

常见的网络协议有 Microsoft 的 NetBEUI（NetBios 增强用户接口）、Novell 的 IPX/SPX（Internet 分组交换 / 顺序分组交换）、TCP/IP（传输控制协议 /Internet 协议）等。在局域网中用得比较多的是 IPX/SPX（互联网络数据包交换 / 序列分组交换协议）。用户如果访问 Internet，则必须在网络协议中添加 TCP/IP 协议。

③网络管理和网络应用软件。任何一个网络中都需要多种网络管理和网络应用软件。网络管理软件是用来对网络资源进行管理及对网络进行维护的软件，而网络应用软件为用户提供丰富简便的应用服务，是网络用户在网络上解决实际问题的软件。

网络管理和网络应用软件包括以下几种。

a. 设备驱动程序：计算机系统专门用于控制特定外部设备的软件，它是操作系统与外部设备之间的接口。

b. 网络管理系统软件：简称网管软件，是对网络运行状况进行信息统计、报告、警告、监控的软件系统。

c. 网络安全软件：如防火墙软件。

d. 网络应用软件：指在网络环境下开发出来的供用户在网络上使用的应用软件。如 IE 浏览器以及用户基于本地网络开发的应用软件。

2．逻辑组成

计算机网络要完成数据处理和数据通信两大功能，故在结构上也分成两个组成部分：负责数据处理的计算机与终端，负责数据通信的通信控制处理机与通信线路。从计算机网络系统组成的角度看，典型的计算机网络从逻辑功能上可以分为资源子网和通信子网两部分，如图 5-6 所示。

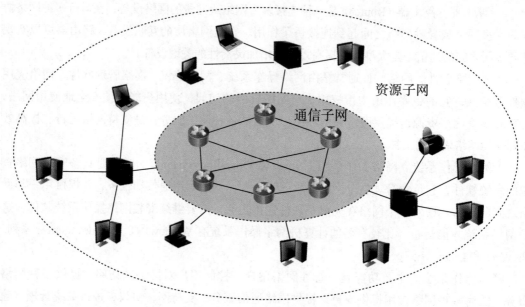

图 5-6　资源子网和通信子网

（1）资源子网。资源子网由网络中的所有主机、终端、终端控制器、外设（如网络打印机、磁盘阵列等）和各种软件资源组成，负责全网的数据处理和向网络用户（工作站或终端）提供网络资源和服务。

（2）通信子网。通信子网提供网络的通信功能，主要负责数据的传输、交换以及通信控制等工作。通信子网由通信控制处理机（Communication Control Processor，CCP）或通信控制器、通信线路和通信设备等组成。

网络用户对网络的访问可分为本地访问、网络访问两类。

● 本地访问：对本地主机访问，不经过通信子网，只在资源子网内部进行。

● 网络访问：通过通信子网访问远地主机上的资源。通信子网有两种类型：公用型（如公共计算机互联网 CHINANET）和专用型（如各类银行网、证券网等）。

5.1.3　计算机网络的拓扑结构

计算机网络的拓扑结构，是指网络中传输介质和设备的分布情况，以及连接状态所形成的物理布局，将这个物理布局用抽象的图表示出来就是拓扑图。拓扑图由线和点组成，线代表的是各种有形的或无形的传输介质，点表示的是与大小和形状无关的网络设备。相关术语说明见表 5-2。

表 5-2　网络拓扑结构术语

术语	说明
节点	即网络端口。"转节点"的作用是支持网络的连接，它通过通信线路转接和传递信息，如交换机、网关、路由器、防火墙设备的各个网络端口等；而"访问节点"是信息交换的源点和目标点，通常是用户计算机上的网卡接口。如在设计一个网络系统时，通常所说的共有多少个节点，其实就是在网络中有多少个要配置 IP 地址的网络端口
结点	即网络设备。它们通常连接了多个"节点"，所以称为"结点"。在计算机网络中的结点又分为链路结点和路由结点，分别对应网络中的交换机和路由器。从网络中的结点数量就可以大概知道计算机网络的规模和基本结构
链路	链路是两个节点间的线路。链路分物理链路和逻辑链路（或称数据链路）两种，前者是指实际存在的通信线路，由设备网络端口和传输介质连接实现；后者是指在逻辑上起作用的网络通路，由计算机网络体系结构中的数据链路层标准和协议来实现。如果链路层协议没有起作用，数据链路也就无法建立起来
通路	通路指从发出信息的节点到接收信息的节点之间的一串节点和链路的组合。也就是说，它是一系列穿越通信网络而建立起来的节点到节点的链路串连。它与链路的区别主要在于一条通路中可能包括多条链路

常见的计算机网络拓扑结构有总线型拓扑结构、环型拓扑结构、星型拓扑结构、树型拓扑结构、网状拓扑结构和混合型拓扑结构。

1. 总线型拓扑结构

总线型拓扑结构（图 5-7）是由一条公共总线将所有站点连接起来，所有节点连接到一条传输介质上。所有节点通过相应的硬件接口连接至总线，每一个节点发送的信息都沿着总线向两个方向传输，该节点发送的信息可以被总线上的所有节点接收，每个节点上的网络接口板硬件都具有接收信息和发送信息的功能。

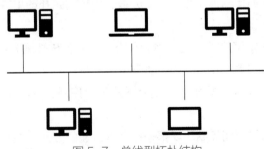

图 5-7　总线型拓扑结构

总线拓扑结构的优点如下。

- 总线结构所需要的电缆数量少，线缆长度短，易于布线和维护。
- 总线结构简单，又是无源工作，有较高的可靠性；传输速率高，可达 1 ～ 100Mbps。
- 易于扩充，增加或减少用户比较方便，结构简单，组网容易，网络扩展方便。
- 多个节点共用一条传输信道，信道利用率高。

总线拓扑的缺点如下。

- 总线的传输距离有限，通信范围受到限制。

● 故障诊断和隔离较困难。

● 分布式协议不能保证信息的及时传送,不具有实时功能;站点必须是智能的,要有媒体访问控制功能,从而增加了站点的硬件和软件开销。

2. 环型拓扑结构

在环型拓扑结构(图 5-8)中,各节点通过环路接口连在一条首尾相连的闭合环型通信线路中,环路上任何节点均可以请求发送信息。请求一旦被批准,便可以向环路发送信息。

环型网中的数据可以是单向传输,也可以是双向传输。由于环线是公用的,一个节点发出的信息必须穿越环中所有的环路接口,信息流中目的地址与环上某节点地址相符时,信息被该节点的环路接口所接收,而后信息继续流向下一个环路接口,一直流回到发送该信息的环路接口节点为止。

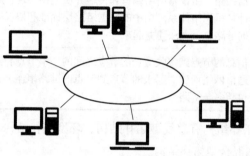

图 5-8　环型拓扑结构

环型拓扑的优点如下。

● 电缆长度短。环型拓扑网络所需的电缆长度和总线拓扑网络相似,但比星型拓扑网络要短得多。

● 增加或减少工作站时,仅需简单的连接操作。

● 可使用光纤。光纤的传输速率很高,十分适合于环型拓扑的单方向传输。

环型拓扑的缺点如下。

● 节点的故障会引起全网故障。这是因为环上的数据传输要通过接在环上的每一个节点,一旦环中某一节点发生故障就会引起全网的故障。

● 故障检测困难。与总线拓扑相似,因为不是集中控制,故障检测需在网上各个节点进行,因此较困难。

● 环型拓扑结构的媒体访问控制协议都采用令牌传递的方式,在负载很轻时,信道利用率相对来说就比较低。

3. 星型拓扑结构

星型拓扑结构(图 5-9)的网络属于集中控制型网络,整个网络由中心节点集中控制管理,任何两个节点要进行通信都必须经过中央节点控制。也就是说,每一个要发送数据的节点都需要将数据先发送到中心节点,再由中心节点负责将数据送到目的节点。

中央节点相当复杂,需要与多台设备连接,并且线路较多,经常使用集线器或者交换机这样的硬件设备作为中央节点;而各个节点的通信处理负担都很小,只需要满足链路的简单通信要求。因此,星型网络拓扑结构是应用最广泛的网络拓扑结构之一。

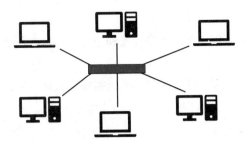

图 5-9　星型拓扑结构

星型拓扑结构的优点如下。

● 结构简单，连接方便，管理和维护都相对容易，而且扩展性强。

● 网络延迟时间较小，传输误差低。

● 在同一网段内支持多种传输介质，除非中央节点故障，否则网络不会轻易瘫痪。

● 每个节点直接连到中央节点，故障容易检测和隔离，可以很方便地排除有故障的节点。

星型拓扑结构的缺点如下。

● 安装和维护的费用较高。

● 共享资源的能力较差。

● 一条通信线路只被该线路上的中央节点和边缘节点使用，通信线路利用率不高。

● 对中央节点要求较高，一旦中央节点出现故障，则整个网络将瘫痪。

4．树型拓扑结构

树型拓扑结构（图 5-10）是分层结构，具有一个根节点和多个分支节点。它可以被认为是由自上而下呈三角形分布的多级星型结构组成的，就像一棵树一样，最顶端的枝叶少些，中间的多些，而最下面的枝叶最多。

树型拓扑结构采用分级的集中控制方式，其传输介质可有多条分支，但不形成闭合回路，每条通信线路都必须支持双向传输，信息交换主要是在上下节点之间进行，相邻及同层节点间一般不进行数据交换或数据交换量小。

树型拓扑结构的网络一般采用光纤作为网络主干，用于军事单位、政府单位等上下界限严格和层次分明的网络结构。

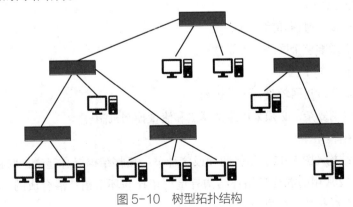

图 5-10　树型拓扑结构

树型拓扑结构的优点如下。

● 易于扩展。这种结构可以延伸出很多分支和子分支，这些新节点和新分支都能容易地加入网内。

● 故障隔离较容易。如果某一分支的节点或线路发生故障，则很容易将故障分支与整个系统隔离开来。

树型拓扑结构的缺点如下。

● 各个节点对根的依赖性过大，如果根发生故障，则全网不能正常工作。从这一点来看，树型拓扑结构的可靠性有点类似于星型拓扑结构。

5．网状拓扑结构

网状拓扑结构（图 5-11）是一种复杂的网络形式，指网络中任何一个节点都会连接着两条或者两条以上线路，从而保持与两个或者更多的节点相连。网状拓扑结构的每个节点与许多条线路连接着，可以为数据流的传输选择适当的路由，从而绕过失效的部件或过忙的节点，因此，它的可靠性和稳定性都比较强，比较适用于广域网。

网状拓扑结构虽然比较复杂，成本也比较高，提供上述功能的网络协议也较复杂，但由于它的可靠性高，仍然受到人们的欢迎。

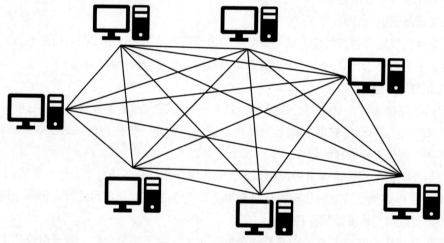

图 5-11　网状拓扑结构

网型拓扑的优点如下。

● 节点间路径多，碰撞和阻塞减少。

● 局部故障不影响整个网络，可靠性高。

网型拓扑的缺点如下。

● 网络关系复杂，建网较难，不易扩充。

● 网络控制机制复杂，必须采用路由算法和流量控制机制。

6．混合型拓扑结构

混合型拓扑结构（图 5-12）是将两种或多种单一拓扑结构混合起来，取它们的优点构成的拓扑结构。比较常用的混合型拓扑结构有星型拓扑和环型拓扑混合成的"星—环"拓扑，以及星型拓扑和总线拓扑混合成的"星—总"拓扑。

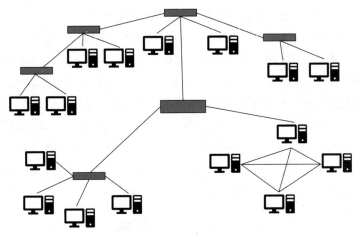

图 5-12 混合型拓扑结构

混合型拓扑结构的优点如下。

● 故障诊断和隔离较为方便。一旦网络发生故障，只要诊断出哪个网络设备有故障，将该网络设备和全网隔离即可。

● 易于扩展。要扩展用户时，可以加入新的网络设备，也可在设计时，在每个网络设备中留出一些备用的可插入新站点的连接口。

● 安装方便。网络的主链路只要连通汇聚层设备，然后再通过分支链路连通汇聚层设备和接入层设备。

混合型拓扑结构的缺点如下。

● 需要选用智能网络设备，实现网络故障自动诊断和故障节点的隔离，网络建设成本比较高。

● 像星型拓扑结构一样，汇聚层设备到接入层设备的线缆安装长度会增加较多。

5.2 网络类型与网络技术

5.2.1 计算机网络的类型

1．按地域范围

计算机网络按地域范围可划分为局域网、城域网和广域网。

（1）局域网（LAN）。局域网，是最常见、应用最广的一种网络。局域网随着整个计算机网络技术的发展和提高得到充分的应用和普及，几乎每个单位都有自己的局域网，甚至有的家庭中都有自己的小型局域网。

局域网的特点如下。

● 属于一个组织，一个单位或一个部门所有。

- 网络一般不对外提供公共服务，管理方便，安全保密性高。
  - 组建方便，投资少，见效快，使用灵活，是应用最普遍的计算机网络。

（2）城域网（MAN）。这种网络一般来说是在一个城市，但不在同一地理小区范围内的计算机互联。这种网络的连接距离可以在 10 ~ 100 千米，它采用的是 IEEE 802.6 标准。MAN 与 LAN 相比扩展的距离更长，连接的计算机数量更多，在地理范围上可以说是 LAN 网络的延伸。

（3）广域网（WAN）。广域网也称为外网、公网或者远程网，所覆盖的范围比城域网更广，它是连接不同地区局域网或城域网通信的远程网，地理范围可从几百千米到几千千米。因为距离较远，信息衰减比较严重，所以这种网络一般是要租用专线，通过 IMP（接口信息处理机）协议和线路连接起来，构成网状结构，解决循径问题。

广域网的特点如下。

- 小到一个地区、一个城市，大到一个国家、几个国家乃至全世界。
- 提供大范围的公共服务。因特网就是典型的广域网。
- 与局域网相比，广域网投资大，安全保密性差，传输速率慢。

（4）三种类型网络之间的比较。局域网、城域网和广域网之间的比较见表 5-3。

表 5-3　局域网、城域网和广域网之间的比较

类型	范围	传输技术	拓扑结构
局域网	小，<20km	基带，10Mb/s ~ 1 000Mb/s，延迟低，出错率低	总线型，环型
城域网	中，<100km	宽带 / 基带	总线型
广域网	大，>100km	宽带，延迟大，出错率高	不规则，点到点

2．按通信方式

计算机网络按通信方式可划分为点对点传输网络和广播式传输网络。

（1）点对点传输网络。点对点传输网络指数据以点到点的方式在计算机或通信设备中传输，是无中心服务器、依靠用户群（Peers）交换信息的互联网体系，它的作用在于，减低以往网络传输中的节点以降低资料遗失的风险。

（2）广播式传播网络。广播式传输网络指利用一个共同的传输介质把各个站点连接起来，使网上站点共享一条信道，其中任意一个站点输出，其他站点均可接收。适宜范围较小或保密性要求低的网络。

3．按通信介质

计算机网络按通信介质可划分为有线网络和无线网络。

（1）有线网络。有线网络指采用双绞线来连接的计算机网络。

（2）无线网络。无线网络指无须布线就能实现各种通信设备互联的网络。

4．按传输速率、带宽

传输速率是衡量系统传输能力的主要指标。传输速率又称为比特率，是指每秒钟传送的信息量，单位为比特 / 秒（bit/s）。按传输速率的快慢，计算机网络可以分为低速网、中速网和高速网。这三种类型网络的比较见表 5-4。

表5-4 低、中、高速网比较

名称	数据传输速率	说明
低速网	300bit/s ～ 1.4Mbit/s	通常借助调制解调器，利用电话线路来实现
中速网	1.5Mbit/s ～ 45Mbit/s	传统的数字式公用数据网
高速网	50Mbit/s ～ 1000Mbit/s	信息高速公路的数据传输速率会更高

网络的传输速率与网络的带宽有直接关系。带宽是指传输信道的宽度，带宽的单位是赫兹（Hz）。计算机网络按照传输信道的宽度可分为窄带网和宽带网。一般将 KHz—MHz 带宽的网称为窄带网，将 MHz—GHz 的网称为宽带网，也可以将 kHz 带宽的网称窄带网，将 MHz 带宽的网称中带网，将 GHz 带宽的网称宽带网。通常情况下，高速网就是宽带网，低速网就是窄带网。

5．按用户范围

计算机网络按用户范围可划分为公用网和专用网。

（1）公用网。公用网由电信部门或其他提供通信服务的经营部门组建、管理和控制，网络内的传输和转接装置可供任何部门和个人使用。公用网常用于广域网络的构造，支持用户的远程通信，如我国的电信网、广电网、联通网等。

（2）专用网。专用网是由用户部门组建经营的网络，不允许其他用户和部门使用。由于投资的因素，专用网常为局域网或者是通过租借电信部门的线路而组建的广域网络，如由学校组建的校园网、由企业组建的企业网等。

使用专用网是因为这种网络是为本机构的主机用于机构内部的通信，而不是用于和网络外非本机构的主机通信。如果专用网不同网点之间的通信必须经过公用的因特网，但又有保密的要求，那么所有通过因特网传送的数据都必须加密。

6．按数据交换方式

数据交换是指在多个数据终端设备之间，为任意两个终端设备建立数据通信的过程。数据交换可以分为：电路交换、报文交换和分组交换。三种交换方式示意图如图5-13所示。

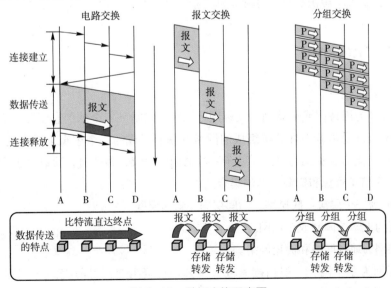

图5-13 数据交换示意图

计算机网络按数据交换方式可分为电路交换网、报文交换网、分组交换网。

（1）电路交换网。电路交换是指按照需求建立连接并允许专用这些连接直至它们被释放这样一个过程。电路交换网络包含一条物理路径，并支持网络连接过程中两个终点间的单连接方式。电路交换网主要有两种，公共交换电话网（PSTN）和综合业务数字网（ISDN）。

（2）报文交换网。报文交换网是发送站以报文为单位进行发送，而交换点按报文储存转发，每次转发一个相邻链路，直到目标链路收到为止的网络。报文携带有目标地址、源地址等信息。

（3）分组交换网。分组交换网兼有电路交换网和报文交换网的优点，它是将长报文分割为若干个较短的分组，以分组为单位采用存储转发方式传输信息的网络。分组携带源地址、目标地址和编号信息。

7. 按网络协议

计算机网络按网络协议可划分为使用 IEEE 802.3 标准协议的以太网（Ethernet），使用 IEEE 802.5 标准协议的令牌环网（TokenRing），以及 FDDI 网、ATM 网、X.25 网、TCP/IP 网等。

5.2.2　网络技术

计算机网络技术主要包含计算机网络组网技术、计算机网络管理技术和计算机网络应用技术。其中，与组网技术相关的技术有传输技术、承载技术和路由技术。计算机网络管理技术主要有网络安全、网络管理和维护。

计算机网络技术主要研究计算机网络和网络工程等方面的基本知识和技能，进行网络管理、网络软件部署、系统集成、网络安全与维护、计算机软硬件方面的维护与营销、数据库管理等。如电脑等设备的安装与调试，计算机系统的测试、维护和维修，网页图形、图像、动画、视频、声音等多媒体的设计及制作等。

5.2.3　Internet

1. 概念

Internet 翻译为因特网或英特网，又称网际网络，它是一组全球信息资源的汇总。有一种说法认为，Internet 是由若干计算机组成的网络互联而形成的一个逻辑上巨大的国际性网络。Internet 以相互交流信息资源为目的，基于一组通用的协议，并通过许多路由器和公共互联网而成，它是一个信息资源和资源共享的集合。

Internet 分为三个层次：底层网、中间层网、最高层网。

● 底层网为大学校园网或企业网。

● 中间层网为地区网络和商用网络。

● 最高层网为主干网，一般由国家或大型公司投资组建，目前美国 ANS 公司所建设的 ANSNET 为因特网的主干网。

2．特点

Internet 之所以能飞速发展是因为它有以下的特点。

● 互联网不受时空和地域的限制，信息交换实时更新，互动性强。
● 信息交换的使用成本低，通过信息交换，代替实物交换。
● 信息交换的发展趋向于个性化（容易满足每个人的个性化需求）。
● 使用者众多，全球变成一个大家庭，共同享用着人类自己创造的资源。
● 有价值的信息资源被整合，信息储存量大、高效、快速。
● 信息以多种形式和渠道展现，形式丰富、生动有趣。

Internet 存在的一些问题如下。

● 信息缺乏可靠性，信息内容和来源不可控。
● 网络信用问题。
● 网络安全问题。
● 网络犯罪问题。

3．功能

Internet 的功能有以下几种。

（1）即时通信。即时通信是一个终端服务，允许两人或多人使用网络即时的传递文字讯息、档案、语音与视频交流。常见的通信软件有 QQ、微信、Gtalk、MSN、钉钉、飞书等，常见的可视电话或视频会议软件有腾讯视频、ClassIn、Skype 等。

（2）电子邮箱（E-mail）。电子邮箱是 Internet 的一个基本服务。通过电子邮箱，用户可以方便、快捷地交换电子信件，提取信息，加入有关的公告、讨论等。

（3）大众论坛（News group）。大众论坛是一个交流信息的场所，人们可以根据各自的兴趣爱好参加不同的小组讨论，提出问题或解答问题。常见的论坛有 Facebook、微博、人人、QQ 空间、博客、论坛、朋友圈等。

（4）信息服务。信息服务指政府、企业、工厂和商家等单位、部门接入国际计算机互联网发布信息的服务。如网上学校信息、科技资料、网上书店信息、各高校网站信息、科研机构信息、生活缴费、餐饮旅游信息、网络技术信息、网络游戏信息、天气预报等。

（5）云端化服务。如网盘、网上笔记、云计算服务等。

（6）浏览检索、资源共享。利用检索网站或者相应的软件，通过网络可以获取各种资源，内容涉及教育、科研、军事、医学、体育、音乐、美术、摄影、音像、旅游、烹饪、时装、游戏等，包罗万象。应用此项服务时，不但可以浏览文字内容，还可按需提取图像和声音。

（7）电子商务、电子政务。如网上交易买卖，办理社会事务。

4．接入方式

Internet 接入方式见表 5-5。

表 5-5　Internet 接入方式

接入方式		特点
ISP 接入方式	帧中继方式	低网络时延、高传输速率以及在星形和网状网上的高可靠性连接；不适用于传送大量的大容量（100MB）文件、多媒体部件或连续型业务量的应用
	专线方式（DDN）	DDN 具有速度快、质量高的特点，但使用上不及模拟方式灵活，且投资成本较大
	ISDN 方式	为用户提供高速、可靠的数字连接，并使主机或网络端口分享多个远程设备的接入
用户接入方式	仿真终端方式	简单、经济，且对用户计算机无特殊要求；用户端没有 IP 地址，无法运行高级接口软件；各类文件和电子邮件均存放在 ISP 主机上，影响上网速度和时间
	拨号 IP 方式	用户端有独立的 IP 地址，用户可以使用自己的环境和用户界面；各类文件和电子邮件均可直接传送到用户计算机上
	局域网连接方式	通过局域网服务器上网，所有的工作站共享服务器的一个 IP 地址；通过路由器上网，所有工作站都可以有自己的 IP 地址
无线接入	GPRS 接入（中国移动）	覆盖面广、使用便捷；速度慢且不稳定，适合网络速度要求不高，但随时随地都有上网要求的用户
	CDMA 接入（中国联通）	传输速率依赖无线环境程度不大，CDMA 无线上网在速度和稳定性等方面优于 GPRS
	无线局域网	有线局域网的一种延伸，没有线缆限制网络连接，但 WLAN 上网只能在一个特定的拥有无线节点的区域实现

5. 关键技术

（1）万维网。万维网（World Wide Web，简称"WWW"）是 Internet 上集文本、声音、图像、视频等多媒体信息于一身的全球信息资源网络，是 Internet 上的重要组成部分。浏览器（Browser）是用户通向 WWW 的桥梁和获取 WWW 信息的窗口，通过浏览器，用户可以在浩瀚的 Internet 海洋中漫游，搜索和浏览自己感兴趣的所有信息。

（2）电子邮件。电子邮件（E-mail）是 Internet 上使用最广泛的一种服务。用户只要能与 Internet 连接，具有能收发电子邮件的程序及个人的 E-mail 地址，就可以与 Internet 上具有 E-mail 的所有用户方便、快速、经济地交换。电子邮件可以在两个用户间交换，也可以向多个用户发送同一封邮件，或将收到的邮件转发给其他用户。电子邮件中除文本外，还可包含声音、图像、应用程序等各类计算机文件。此外，用户还可以邮件方式在网上订阅电子杂志、获取所需文件、参与有关的公告和讨论组，甚至还可浏览 WWW 资源。

（3）Usenet。Usenet 是一个由众多趣味相投的用户共同组织起来的各种专题讨论组的集合服务器网络。通常被称为全球性的电子公告板系统（BBS）。Usenet 用于发布公告、新闻、评论及各种文章供网上用户使用和讨论。讨论内容按不同的专题分类组织，每一类为一个专题组，称为"新闻组"，其内部还可以分出更多的子专题。

（4）文件传输。文件传输（File Transfer Protocol，FTP）协议是 Internet 上文件传输的基础，通常所说的 FTP 是基于该协议的一种服务。FTP 文件传输服务允许 Internet 上的用户将一台计算机上的文件传输到另一台上，几乎所有类型的文件，包括文本文件、二进制可执行文件、声音文件、图像文件、数据压缩文件等，都可以用 FTP 传送。

（5）远程登录。远程登录（Telnet）是 Internet 远程登录服务的一个协议，该协议定义了远程登录用户与服务器交互的方式。Telnet 允许用户在一台联网的计算机上登录到一个远程分时系统中，然后如同使用自己的计算机一样使用该远程系统。

5.2.4 移动互联网

1．移动互联网概述

移动互联网是指移动通信终端与互联网相结合成为一体，用户可使用手机、平板电脑或其他无线终端设备，通过速率较高的移动网络，在移动状态下（如在地铁、公交车等）随时、随地访问 Internet 以获取信息，使用商务、娱乐等各种网络服务。

移动互联网是 PC 互联网发展的必然产物，能够将移动通信和互联网二者结合起来，成为一体。它是互联网的技术、平台、商业模式和应用与移动通信技术结合并实践的活动的总称。

移动互联网是移动和互联网融合的产物，继承了移动随时、随地、随身和互联网开放、分享、互动的优势，是一个全国性的、以宽带 IP 为技术核心的，可同时提供话音、传真、数据、图像、多媒体等高品质电信服务的新一代开放的电信基础网络，由运营商提供无线接入，互联网企业提供各种成熟的应用。

2．移动互联网的应用

通过移动互联网，人们可以使用手机、平板电脑等移动终端设备浏览新闻，还可以使用各种移动互联网应用，如在线搜索、在线聊天、移动网游、手机电视、在线阅读、网络社区、收听及下载音乐等。其中，移动环境下的网页浏览、文件下载、位置服务、在线游戏、视频浏览和下载等是其主流应用。同时，绝大多数的市场咨询机构和专家都认为，移动互联网是未来十年内最有创新活力和最具市场潜力的新领域，这一产业已获得全球资金包括各类天使投资的强烈关注。

目前，移动互联网正逐渐渗透到人们生活、工作的各个领域，微信、支付宝、位置服务等丰富多彩的移动互联网应用迅猛发展，正在深刻改变信息时代的社会生活，近几年，更是实现了"3G—4G—5G"的跨越式发展。全球覆盖的网络信号，使得身处大洋和沙漠中的用户，仍可随时随地保持与世界的联系。

移动互联网技术发展结构图如图 5-14 所示。

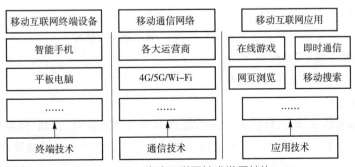

图 5-14　移动互联网技术发展结构

5.2.5　5G

1．5G 简介

第五代移动通信技术（简称"5G"）是具有高速率、低时延和大连接特点的新一代宽带移动通信技术，5G 通信设施是实现人、机、物互联的网络基础设施。移动通信技术的发展如图 5-15 所示。

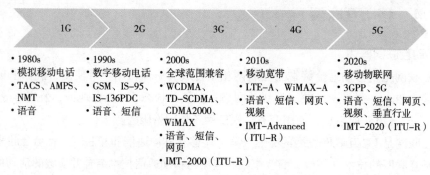

图 5-15　移动通信技术发展

国际电信联盟（International Telecommunication Onion，ITU）定义了 5G 的三大类应用场景，即增强移动宽带（eMBB）、超高可靠低时延通信（uRLLC）和海量机器类通信（mMTC）。eMBB 主要面向移动互联网流量爆炸式增长，为移动互联网用户提供更加极致的应用体验；uRLLC 主要面向工业控制、远程医疗、自动驾驶等对时延和可靠性具有极高要求的垂直行业应用需求；mMTC 主要面向智慧城市、智能家居、环境监测等以传感和数据采集为目标的应用需求。

为满足 5G 多样化的应用场景需求，5G 的关键性能指标更加多元化。ITU 定义了 5G 八大关键性能指标，其中高速率、低时延、大连接成为 5G 最突出的特征，用户体验速率达 1Gbps，时延低至 1ms，用户连接能力达 100 万连接每平方千米。

2．5G 性能指标

5G 性能指标如下。

（1）峰值速率需要达到 10 ～ 20Gbit/s，以满足高清视频、虚拟现实等大数据量传输。

（2）空中接口时延低至 1ms，满足自动驾驶、远程医疗等实时应用。

（3）具备百万连接 / 平方千米的设备连接能力，满足物联网通信。

（4）频谱效率要比 LTE 提升 3 倍以上。

（5）连续广域覆盖和高移动性下，用户体验速率达到 100Mbit/s。

（6）流量密度达到 $10Mbps/m^2$ 以上。

（7）移动性支持 500km/h 的高速移动。

3．5G 关键技术

（1）5G 无线关键技术。5G 国际技术标准重点满足灵活多样的物联网需要。在 OFDMA 和 MIMO 基础技术上，5G 为支持三大应用场景，采用了灵活的全新系统设计。在频段方面，与 4G 支持中低频不同，考虑到中低频资源有限，5G 同时支持中低频和高频频段，其中中低频满足覆盖和容量需求，高频满足在热点区域提升容量的需求，5G 针对中低频和高频设计了统一的技术方案，并支持百 MHz 的基础带宽。为了支持高速率传输和更优覆盖，5G 采用 LDPC、Polar 新型信道编码方案、性能更强的大规模天线技术等。为了支持低时延、高可靠，5G 采用短帧、快速反馈、多层 / 多站数据重传等技术。

（2）5G 网络关键技术。

①采用全新的服务化架构，支持灵活部署和差异化业务场景。

②采用全服务化设计，模块化网络功能，支持按需调用，实现功能重构。

③采用服务化描述，易于实现能力开放，有利于引入 IT 开发实力，发挥网络潜力。

④ 5G 支持灵活部署，基于 NFV/SDN，实现硬件和软件解耦，实现控制和转发分离。

⑤采用通用数据中心的云化组网，网络功能部署灵活，资源调度高效。

⑥支持边缘计算，云计算平台下沉到网络边缘，支持基于应用的网关灵活选择和边缘分流。

⑦通过网络切片满足 5G 差异化需求。网络切片是指从一个网络中选取特定的特性和功能，定制出的一个逻辑上独立的网络。它使得运营商可以部署功能、特性服务各不相同的多个逻辑网络，分别为各自的目标用户服务。5G 定义了三种网络切片类型，即增强移动宽带、低时延高可靠、大连接物联网。

4．5G 的应用

（1）工业领域。以 5G 为代表的新一代信息通信技术与工业经济深度融合，为工业乃至产业数字化、网络化、智能化发展提供了新的实现途径。5G 在工业领域的应用涵盖研发设计、生产制造、运营管理及产品服务四大工业环节，主要包括 16 类应用场景，分别为：AR/VR 研发实验协同、AR/VR 远程协同设计、远程控制、AR 辅助装配、机器视觉、AGV 物流、自动驾驶、超高清视频、设备感知、物料信息采集、环境信息采集、AR 产品需求导入、远程售后、产品状态监测、设备预测性维护、AR/VR 远程培训等。当前，机器视觉、AGV 物流、超高清视频等场景已取得了规模化复制的效果，实现"机器换人"，大幅降低人工成本，有效提高产品检测准确率，达到了生产效率提升的目的。未来，远程控制、设备预测性维护等场景预计将会产生较高的商业价值。

以钢铁行业为例，5G 技术赋能钢铁制造，实现钢铁行业智能化生产、智慧化运营及绿色发展。在智能化生产方面，5G 网络低时延特性可实现远程实时控制机械设备，提高运维效率的同时，促进厂区无人化转型；借助 5G+AR 眼镜，专家可在后台对传回的 AR 图像进行文字、图片等多种形式的标注，实现对现场运维人员实时指导，提高运维效率；5G+ 大数据，可对钢铁生产过程的数据进行采集，实现钢铁制造主要工艺参数在线监控、在线自动质量判定，实现生产工艺质量的实时掌控。在智慧化运营方面，5G+ 超高清视频可实现钢铁生产流程及人员生产行为的智能监管，及时判断生产环境及人员操作是否存在异常，提高生产安全性。在绿色发展方面，5G 大连接特性采集钢铁各生产环节的能源消耗和污染物排放数据，可协助钢铁企业找出问题严重的环节并进行工艺优化和设备升级，降低能耗成本和环保成本，实现清洁低碳的绿色化生产。

5G 在工业领域丰富的融合应用场景将为工业体系变革带来极大潜力，使工业向智能化、绿色化发展。"5G+工业互联网"512工程实施以来,行业应用水平不断提升,从生产外围环节逐步延伸至研发设计、生产制造、质量检测、故障运维、物流运输、安全管理等核心环节,在电子设备制造、装备制造、钢铁、采矿、电力等五个行业率先发展,培育形成协同研发设计、远程设备操控、设备协同作业、柔性生产制造、现场辅助装配、机器视觉质检、设备故障诊断、厂区智能物流、无人智能巡检、生产现场监测等十大典型应用场景,助力企业降本提质和安全生产。

(2)车联网与自动驾驶。5G车联网助力汽车、交通应用服务的智能化升级。5G网络的大带宽、低时延等特性,支持实现车载VR视频通话、实景导航等实时业务。借助于车联网C-V2X(包含直连通信和5G网络通信)的低时延、高可靠和广播传输特性,车辆可实时对外广播自身定位、运行状态等基本安全消息,交通灯或电子标志标识等可广播交通管理与指示信息,支持实现路口碰撞预警、红绿灯诱导通行等应用,显著提升车辆行驶安全和出行效率,后续还将支持实现更高等级、复杂场景的自动驾驶服务,如远程遥控驾驶、车辆编队行驶等。5G网络可支持港口岸桥区的自动远程控制、装卸区的自动码货以及港区的车辆无人驾驶应用,显著降低自动导引运输车控制信号的时延以保障无线通信质量与作业可靠性,可使智能理货数据传输系统实现全天候、全流程的实时在线监控。

(3)能源领域。在电力领域,能源电力生产包括发电、输电、变电、配电、用电五个环节,5G在电力领域的应用主要面向输电、变电、配电、用电四个环节开展,应用场景主要涵盖了采集监控类业务及实时控制类业务,包括输电线无人机巡检、变电站机器人巡检、电能质量监测、配电自动化、配网差动保护、分布式能源控制、高级计量、精准负荷控制、电力充电桩等。当前,基于5G大带宽特性的移动巡检业务较为成熟,可实现应用复制推广,通过无人机巡检、机器人巡检等新型运维业务的应用,促进监控、作业、安防向智能化、可视化、高清化升级,大幅提升输电线路与变电站的巡检效率;配网差动保护、配电自动化等控制类业务现处于探索验证阶段,未来随着网络安全架构、终端模组等问题的逐渐成熟,控制类业务将会进入高速发展期,提升配电环节故障定位精准度和处理效率。

在煤矿领域,5G应用涉及井下生产与安全保障两大部分,应用场景主要包括作业场所视频监控、环境信息采集、设备数据传输、移动巡检、作业设备远程控制等。当前,煤矿利用5G技术实现地面操作中心对井下综采面采煤机、液压支架、掘进机等设备的远程控制,大幅减少了原有线缆维护量及井下作业人员;在井下机电硐室等场景部署5G智能巡检机器人,实现机房硐室自动巡检,极大提高检修效率;在井下关键场所部署5G超高清摄像头,实现环境与人员的精准实时管控。煤矿利用5G技术的智能化改造能够有效减少井下作业人员,降低井下事故发生率,遏制重特大事故,实现煤矿的安全生产。当前取得的应用实践经验已逐步开始规模推广。

(4)教育领域。5G在教育领域的应用主要围绕智慧课堂及智慧校园两方面开展。5G+智慧课堂,凭借5G低时延、高速率特性,结合VR/AR/全息影像等技术,可实现实时传输影像信息,为两地提供全息、互动的教学服务,提升教学体验;5G智能终端可通过5G

网络收集教学过程中的全场景数据，结合大数据及人工智能技术，可构建学生的学情画像，为教学等提供全面、客观的数据分析，提升教育教学精准度。5G+ 智慧校园，基于超高清视频的安防监控可为校园提供远程巡考、校园人员管理、学生作息管理、门禁管理等应用，解决校园陌生人进校、危险探测不及时等安全问题，提高校园管理效率和水平；基于 AI 图像分析、GIS（地理信息系统）等技术，可对学生出行、活动、饮食安全等环节提供全面的安全保障服务，让家长及时了解学生的在校位置及表现，打造安全的学习环境。

2022 年 2 月，工业和信息化部、教育部公布 2021 年"5G+ 智慧教育"应用试点项目入围名单，一批 5G 与教育教学融合创新的典型应用亮相。据悉，下一步，有关部门将及时总结经验、做法、成效，努力推动"5G+ 智慧教育"应用从小范围探索走向大规模落地。

（5）医疗领域。5G 通过赋能现有智慧医疗服务体系，提升远程医疗、应急救护等服务能力和管理效率，并催生 5G+ 远程超声检查、重症监护等新型应用场景。

5G+ 超高清远程会诊、远程影像诊断、移动医护等应用，在现有智慧医疗服务体系上，叠加 5G 网络能力，极大提升远程会诊、医学影像、电子病历等数据传输速度和服务保障能力。

5G+ 应急救护等应用，在急救人员、救护车、应急指挥中心、医院之间快速构建 5G 应急救援网络，在救护车接到患者的第一时间，将病患体征数据、病情图像、急症病情记录等以毫秒级速度、无损实时传输到医院，帮助院内医生做出正确指导并提前制订抢救方案，实现患者"上车即入院"的愿景。

5G+ 远程手术、重症监护等治疗类应用，由于其容错率极低，并涉及医疗质量、患者安全、社会伦理等复杂问题，其技术应用的安全性、可靠性需进一步研究和验证，预计短期内难以在医疗领域实际应用。

（6）文旅领域。5G 在文旅领域的创新应用将助力文化和旅游行业步入数字化转型的快车道。5G 智慧文旅应用场景主要包括景区管理、游客服务、文博展览、线上演播等环节。5G 智慧景区可实现景区实时监控、安防巡检和应急救援，同时可提供 VR 直播观景、沉浸式导览及 AI 智慧游记等创新体验，大幅提升了景区管理和服务水平，解决了景区同质化发展等痛点问题；5G 智慧文博可支持文物全息展示、5G+VR 文物修复、沉浸式教学等应用，赋能文物数字化发展，深刻阐释文物的多元价值，推动人才团队建设；5G 云演播融合 4K/8K、VR/AR 等技术，实现传统曲目线上线下高清直播，支持多屏多角度沉浸式观赏体验，打破了传统艺术演艺方式，让传统演艺产业焕发了新生。

（7）智慧城市领域。5G 助力智慧城市在安防、巡检、救援等方面提升管理与服务水平。在城市安防监控方面，结合大数据及人工智能技术，5G+ 超高清视频监控可实现对人脸、行为、特殊物品、车等精确识别，形成对潜在危险的预判能力和紧急事件的快速响应能力；在城市安全巡检方面，5G 结合无人机、无人车、机器人等安防巡检终端，可实现城市立体化智能巡检，提高城市日常巡查的效率；在城市应急救援方面，5G 通信保障车与卫星回传技术可实现建立救援区域海陆空一体化的 5G 网络覆盖；5G+VR/AR 可协助中台应急调度指挥人员能够直观、及时了解现场情况，更快速、更科学地制订应急救援方案，提高应急救援效率。公共安全和社区治安成为城市治理的热点领域，以远程巡检应用为代表的环境监测也将成为城市发展的关注重点。未来，城市全域感知和精细管理成为必然发展趋势，仍需长期持续探索。

在生活方面，据通信部测试，5G 通信技术在提高数据传输速率的同时还能够大幅降低能耗，可使低功率电池续航时间提高 10 倍以上，也就是真正意义上可以实现"万物互联"。随着传输速度的提高，物联网的概念会渐渐进入到各个家庭。到时候，一个手机控制家里所有的物品也变得越来越普遍。实现万物互联以后，人们的生活和办公效率将会有着质的提高。

在交通方面，5G 通信技术可实现对海量数据的超高速处理，大大促进智能技术的深度应用。这也同样应用于交通方面。在 4G 时代已经出现无人驾驶技术这一概念。但是由于 4G 处理数据的效率有限，无人驾驶技术没有真正地应用起来。而到了 5G 时代，通过高效率的信息传输，未来很有可能出现路上的无人汽车越来越多的现象，而且交通事故的发生率会直线下降。

（8）信息消费领域。5G 给垂直行业带来变革与创新的同时，也孕育了新兴信息产品和服务，改变人们的生活方式。在 5G+ 云游戏方面，5G 可实现将云端服务器上渲染压缩后的视频和音频传送至用户终端，解决了云端算力下发与本地计算力不足的问题，解除了游戏优质内容对终端硬件的束缚和依赖，对于消费端成本控制和产业链降本增效起到了积极的推动作用。在 5G+4K/8KVR 直播方面，5G 技术可解决网线组网烦琐、传统无线网络带宽不足、专线开通成本高等问题，可满足大型活动现场海量终端的连接需求，并带给观众超高清、沉浸式的视听体验；5G+ 多视角视频，可同时向用户推送多个独立的视角画面，用户可自行选择视角观看，享受更自由的观看体验。在智慧商业综合体领域，5G+AI 智慧导航、5G+AR 数字景观、5G+VR 电竞娱乐空间、5G+VR/AR 全景直播、5G+VR/AR 导购及互动营销等应用已开始在商圈及购物中心落地应用，并逐步规模化推广。未来随着 5G 网络的全面覆盖以及网络能力的提升，5G+ 沉浸式云 XR、5G+ 数字孪生等应用场景也将实现，让购物消费更具活力。

（9）金融领域。金融科技相关机构正积极推进 5G 在金融领域的应用探索，应用场景多样化。银行业是 5G 在金融领域落地应用的先行军，5G 可为银行提供整体的改造。前台方面，综合运用 5G 及多种新技术，实现了智慧网点建设、机器人全程服务客户、远程业务办理等；中后台方面，通过 5G 可实现"万物互联"，从而为数据分析和决策提供辅助。除银行业外，证券、保险和其他金融领域也在积极推动"5G+"发展，5G 开创的远程服务等新交互方式为客户带来全方位数字化体验，线上即可完成证券开户核审、保险查勘定损和理赔，使金融服务不断走向便捷化、多元化，带动了金融行业的创新变革。

（10）军事方面。据有关军事专家称，5G 通信技术将可能使军队拥有专用频率。由于 5G 通信技术不但充分利用了现有的通信资源，而且还在向毫米波通信资源扩展，从而使军队拥有专门频率成为可能。这将有效解决当前存在的军用移动通信系统与民用移动通信系统频段重叠共用、互相干扰的问题。更重要的是，5G 将推动战场全域武器平台互联。5G 通信技术能够使更多的用户利用同一频率资源进行通信，从而在不增加基站密度的情况下大幅提高频率应用效率。

5.3 计算机网络体系结构

5.3.1 计算机网络体系结构概述

计算机网络体系结构是指计算机网络层次结构模型，它是各层的协议以及层次之间的端口的集合。

计算机网络结构可以从网络体系结构（Network Architecture）、网络组织和网络配置三个方面来描述。网络体系结构是从功能上来描述，指计算机网络层次结构模型和各层协议的集合；网络组织是从网络的物理结构和网络的实现两方面来描述；网络配置是从网络应用方面来描述计算机网络的布局、硬件、软件和通信线路。

计算机网络体系结构是计算机网络及其部件所应该完成功能的精确定义。这些功能究竟由何种硬件或软件完成，是遵循这种体系结构的。体系结构是抽象的，而实现是具体的，是运行在计算机软件和硬件之上的。

5.3.2 OSI 参考模型

开放系统互连参考模型（Open System Interconnect，OSI）是国际标准化组织（ISO）和国际电报电话咨询委员会（CCITT）联合制定的开放系统互连参考模型，为开放式互连信息系统提供了一种功能结构的框架。

1. OSI 参考模型的结构

OSI 参考模型采用了分层结构技术，它将整个网络的功能划分为七层，如图 5-16 所示。每一层都去实现不同的功能，每一层的功能都以协议形式正规描述。此外，每一层向相邻上层提供一套确定的服务，并且使用与之相邻的下层所提供的服务。

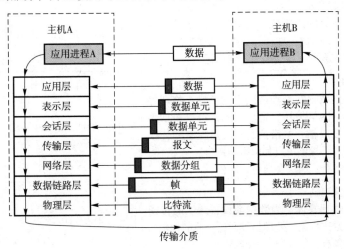

图 5-16 OSI 参考模型结构

OSI 参考模型的每一层都包含多个实体，处于同一层的实体称为对等实体。协议定义了某层同远方一个对等层通信所使用的一套规则和约定。从概念上来讲，每一层都与一个远方对等层通信，但实际上该层所产生的协议信息单元是借助于相邻下层所提供的服务传送的。因此，对等层之间的通信称为虚拟通信。

　　OSI 参考模型的特点如下。

●OSI 模型每层都有自己的功能集。

● 层与层之间相互独立又相互依靠。

● 上层依赖下层，下层为上层提供服务。

　2．OSI 参考模型各层的功能

　　OSI 参考模型各层的功能见表 5-6。

表 5-6　OSI 参考模型各层的功能

层级	各层功能	协议
应用层	为用户的应用程序提供各种网络服务	HTTP、文件传输的 FTP、电子邮件的 SMTP、远程登录的 TELNET，此外还有 DNS、DHCP 等
表示层	将不同的数据格式转换成一种通用的数据格式，能够被不同的系统识别（处理格式问题：压缩、解压缩；加密、解密）	ASCII、JPEG、MPEG、WAV 等
会话层	会话的建立、管理和终止通信主机的对话，为表示层提供服务（同步、会话）	SPDU、RPC、NFS 等
传输层	（报文段）（用户数据报） 在两台主机之间建立端到端（或者进程到进程）的连接，以及实现可靠的传输，保证数据正确的顺序和完整性（拥塞控制）	TCP、UDP、SPX 等
网络层	（数据分组） 主机之间的连接、路由选择以及基于 IP 的寻址（路由选择、分组转发） 设备有：三层交换机，路由器	IP、ARP、ICMP、IGMP 等
数据链路层	（帧） 提供数据在物理链路上的传输、物理寻址、网络拓扑、错误检测，可以概括为封装成帧、差错控制、流量控制和传输管理；提供用户和网络的接口 设备有：两层交换机，网桥	SDLC、HDLC、PPP、STP 等
物理层	（比特流） 在物理媒体上为数据端设备透明的传输原始比特流，处理信号通过介质的传输 设备有：集线器，中继器	RJ45、IEEE 802.3 等

5.3.3 TCP/IP 四层模型

1. TCP/IP 体系结构

TCP/IP 协议是由一系列协议组成的协议集，TCP/IP 协议不仅仅指的是传输控制协议（TCP）和互联网际协议（IP）两个协议，还包括 FTP、SMTP、TCP、UDP、IP 等协议，只是因为在 TCP/IP 协议中 TCP 协议和 IP 协议最具代表性，所以被称为 TCP/IP 协议。

TCP/IP 体系结构的层次由网络接口层、网际层、传输层和应用层四层组成，如图 5-17 所示。

图 5-17 TCP/IP 体系结构的层次及协议

2. TCP/IP 体系结构各层的功能

TCP/IP 体系结构各层的功能见表 5-7。

表 5-7 TCP/IP 体系结构各层的功能

层级	各层功能
应用层	对象：用户对用户 任务：提供系统与用户的接口 功能：文件传输、域名解析、电子邮件服务 协议：HTTP、FTP、SMTP、POP3
传输层	对象：进程对进程 传输单元：报文段（TCP）或用户数据包（UDP） 任务：负责主机中两个进程之间的通信 功能：为端到端连接提供流量控制和差错控制 协议：TCP、UDP
网际层 （网络层、IP 层）	对象：主机对主机 传输单元：数据报（数据分组） 任务：将传输层传下来的报文段封装成分组；选择适当的路由器，使传输层传下来的分组能够交付到目的主机 功能：为传输层提供服务；路由选择；分组转发
网络接口层	任务：从主机或结点接收 IP 分组，并把他们发送到指定的物理网络上

3. TCP 和 IP 比较

TCP 提供的是面向连接的服务，但 TCP 使用的 IP 是无连接的，选择无连接网络会使得整个系统非常灵活。TCP 所提供的功能和服务要比 IP 所能提供的功能和服务多得多。这是因为 TCP 使用了确认、滑动窗口、计时器等机制，因而可以检测出有差错的报文、重复的报文和失序的报文。TCP 和 IP 特点比较见表 5-8。

表 5-8　TCP 和 IP 特点比较

比较点	TCP	IP
服务	面向连接服务	无连接服务
接口	字节流接口	IP 数据报接口
流量	有流量控制	无流量控制
拥塞	有拥塞控制	无拥塞控制
可靠性	保证可靠性	不保证可靠性
数据完整性	无丢失	可能丢失
冗余	无重复	可能重复
顺序	按序交付	可能失序

4. OSI 参考模型与 TCP/IP 体系结构的比较

OSI 七层协议体系结构概念清楚，理论也较完整，但它既复杂又不实用，而 TCP/IP 体系结构则不同，它得到了非常广泛的应用。

TCP/IP 体系结构是一个四层体系结构，它包含应用层、传输层、网际层和网络接口层。不过从实质上讲，TCP/IP 体系结构只有最上面的三层，因为最下面的网络接口层并没有什么具体内容。因此在学习计算机网络的原理时，往往采用综合 OSI 参考模型和 TCP/IP 体系结构优点的方法，使用一种只有五层协议的体系结构，这样既简洁又能将概念阐述清楚，有时为了方便，也可把最底下两层称为网络接口层。三种体系结构对照关系图如图 5-18 所示。

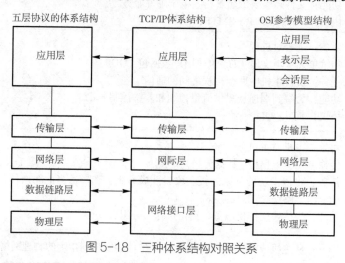

图 5-18　三种体系结构对照关系

5.3.4　IP 地址管理和子网划分

1. MAC 地址

MAC 地址，直译为媒体存取控制位址，也称为局域网地址（LAN Address）、MAC 位址、以太网地址（Ethernet Address）或物理地址（Physical Address），它是一个用来确认网络设备位置的位址。在 OSI 参考模型中，第三层网络层负责 IP 地址，第二层数据链路层则负责 MAC 位址。MAC 地址用于在网络中唯一标示一个网卡，一台设备若有一或多个网卡，则每个网卡都需要并会有一个唯一的 MAC 地址。

2. IP 地址管理

IP 地址（Internet Protocol Address）是指互联网协议地址，又译为网际协议地址。

IP 地址是 IP 协议提供的一种统一的地址格式，它为互联网上的每一个网络和每一台主机分配一个逻辑地址，以此来屏蔽物理地址的差异。

IP 地址类似日常生活的收货地址，快递员会根据这个地址将人们的快递送到正确的地方。同理，计算机也需要知道 IP 地址，才能将数据传送到正确的地方。只不过生活地址是用文字来表示的，计算机的地址用二进制数字表示。

IP 地址是 Internet 上每台计算机和其他设备的唯一地址。通常，每台联网的 PC 上都需要有 IP 地址，才能正常通信。

IP 地址是一个 32 位的无符号二进制数，它一般被分割为 4 个"8 位二进制数"，也就是 4 个字节。为了方便管理，常用"点分十进制"表示成用"."分隔的 4 个十进制数值，每个数值表示一个 8 位二进制数的值，且都是 0—255 之间的十进制整数。

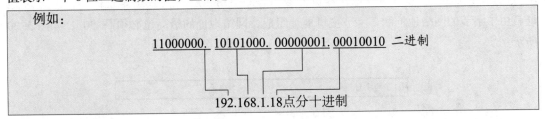

例如：

11000000. 10101000. 00000001. 00010010 二进制

192.168.1.18点分十进制

3. 子网划分

子网划分（子网寻址或子网路由选择）是指将一个标准的 IP 地址（IP 网络）根据需要划分为不同的几个子网络。

子网划分方案允许从主机位中取出部分位用作子网位，这样就可以将一个标准的 IP 网络划分成几个小的网络，从而将"网络 ID+ 主机 ID"的二层结构变成"网络 ID+ 子网 ID+ 主机 ID"的三层结构，以提高 IP 地址的利用率，如图 5-19 所示。

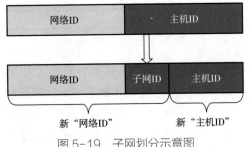

图 5-19 子网划分示意图

根据网络号和主机号的不同，可以将 IP 地址分为 A、B、C、D、E 五类。A 类网络号少，网络内主机号多，通常是比较大的网络，如一个国家或者地区的网络；同理，B 类或 C 类的网络号逐渐增多，但每个网络内的主机号逐渐减少；D类和E类属于比较特殊的网络，分别用于广播和备用。

　　子网掩码又叫网络掩码、地址掩码、子网络遮罩，它是由一系列的1和0构成，通过将其同IP地址做"与"运算来指出一个IP地址的网络号是什么。对于传统IP地址分类来说，A类地址的子网掩码是255.0.0.0；B类地址的子网掩码是255.255.0.0；C类地址的子网掩码是255.255.255.0。A、B、C类地址说明见表5-9。

表5-9　A、B、C类地址说明

类别	最大网络数	IP 地址范围	单个网段最大主机数	私有 IP 地址范围
A	126（2^7-2）	1.0.0.1—127.255.255.254	16777214	10.0.0.0—10.255.255.255
B	16384（2^{14}）	128.0.0.1—191.255.255.254	65534	172.16.0.0—172.31.255.255
C	2097152（2^{21}）	192.0.0.1—223.255.255.254	254	192.168.0.0—192.168.255.255

　　（1）A类IP地址。一个A类IP地址是指，在IP地址的四段号码中，第一段号码为网络号码，剩下的三段号码为本地计算机的号码。如果用二进制表示IP地址的话，A类IP地址就由1字节的网络地址和3字节主机地址组成，网络地址的最高位必须是"0"，如图5-20所示。

图5-20　A类IP地址

　　A类IP地址中网络的标识长度为8位，主机标识的长度为24位，A类网络地址数量较少，有126个网络，每个网络可以容纳主机数达1 600多万台。最后一个是广播地址。

　　（2）B类IP地址。一个B类IP地址是指，在IP地址的四段号码中，前两段号码为网络号码。如果用二进制表示IP地址的话，B类IP地址就由2字节的网络地址和2字节主机地址组成，网络地址的最高位必须是"10"，如图5-21所示。

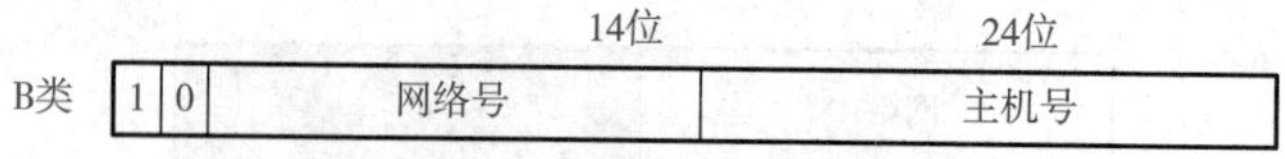

图5-21　B类IP地址

　　B类IP地址中网络的标识长度为16位，主机标识的长度为16位，B类网络地址适用于中等规模的网络，有16 384个网络，每个网络所能容纳的计算机数为6万多台。最后一个是广播地址。

　　（3）C类IP地址。一个C类IP地址是指，在IP地址的四段号码中，前三段号码为网络号码，剩下的一段号码为本地计算机的号码。如果用二进制表示IP地址的话，C类IP地址就由3字节的网络地址和1字节主机地址组成，网络地址的最高位必须是"110"，如图5-22所示。

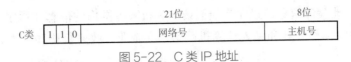

图 5-22　C 类 IP 地址

C 类 IP 地址中网络的标识长度为 24 位，主机标识的长度为 8 位，C 类网络地址数量较多，有 209 万余个网络。适用于小规模的局域网络，每个网络最多只能包含 254 台计算机。

（4）D 类 IP 地址。D 类 IP 地址在历史上被叫作多播地址，即组播地址。在以太网中，多播地址命名了一组应该在这个网络中应用接收到一个分组的站点。多播地址的最高位必须是"1110"，范围从 224.0.0.0 到 239.255.255.255，如图 5-23 所示。

图 5-23　D 类 IP 地址

（5）E 类 IP 地址。每一个字节都为 0 的地址（"0.0.0.0"）对应于当前主机；IP 地址中的每一个字节都为 1 的 IP 地址（"255.255.255.255"）是当前子网的广播地址；IP 地址中凡是以"11110"开头的 E 类 IP 地址都保留用于将来和实验使用，如图 5-24 所示。

图 5-24　E 类 IP 地址

IP 地址中不能以十进制"127"作为开头，该类地址中数字 127.0.0.1 到 127.255.255.255 用于回路测试，如 127.0.0.1 可以代表本机 IP 地址，用"http：//127.0.0.1"就可以测试本机中配置的 Web 服务器。

网络 ID 的第一个 6 位组也不能全置为"0"，全"0"表示本地网络。

5.4　网络安全

5.4.1　网络安全概述

1．网络安全的定义

网络安全是指网络系统的硬件、软件及其系统中的数据受到保护，不因偶然的或者恶意的原因而遭受到破坏、更改、泄露，系统连续可靠正常地运行，网络服务不中断。

网络安全包含网络设备安全、网络信息安全、网络软件安全。

黑客通过基于网络的入侵来达到窃取敏感信息的目的，也有人以基于网络的攻击见长，被人收买通过网络来攻击商业竞争对手企业，造成网络企业无法正常运营，网络安全就是为了防范这种信息盗窃和商业竞争攻击所采取的措施。

网络安全涉及对网络中数据的访问授权，该网络由网络管理员控制。用户选择或分配 ID 和密码或其他验证信息，以允许他们访问其权限范围内的信息和程序。网络安全涵盖日常工作中使用的各种公共和私人计算机网络，在企业、政府机构和个人之间进行交易和沟通。

网络可以是私有的，例如在公司内，也可以是公共访问的其他网络。网络安全涉及组织、企业和其他类型的机构。它不仅保护网络，而且保护和监督正在进行的操作。

2．网络安全的验证

网络安全从身份验证开始，通常使用用户名和密码。由于这只需要一个验证，即用户名对应的密码，因此这种又被称为单因素验证。使用双因素认证，还需使用用户"拥有"的东西（例如安全令牌或"加密狗"，ATM 卡或移动电话）。使用三因素认证，还需使用用户"是"的东西（如指纹或视网膜扫描）。

经过身份验证后，防火墙会强制执行访问策略，如网络用户允许访问哪些服务。虽然有效防止未经授权的访问，但该组件可能无法检查可能有害的内容，如通过网络传输的计算机蠕虫或特洛伊木马。

3．网络安全的意义

网络安全是保护网络、设备和数据免遭未经授权的访问或使用，以及确保信息的机密性、完整性和可用性的实践。人们的生活如今已经离不开计算机和互联网——通信（如电子邮件、智能手机、平板电脑）、娱乐（如交互式视频游戏、社交媒体、应用程序）、交通（如导航系统）、购物（如在线购物、信用卡）、药品（如医疗设备、医疗记录）等。

从网络运行和管理者角度来说，他们希望保护和控制本地网络信息的访问、读写等操作，避免出现病毒、非法存取、拒绝服务、网络资源非法占用和非法控制等威胁，对安全保密部门来说，他们希望对非法的、有害的或涉及国家机密的信息进行过滤，防御网络黑客的攻击，避免机要信息泄露，从而避免对社会产生危害，对国家造成巨大损失。

从社会教育和意识形态角度来讲，网络上不健康的内容，会对社会的稳定和人类的发展造成阻碍，必须对其进行控制。

5.4.2　网络安全层次

从层次体系上，可以将网络安全分成四个层次上的安全：物理安全、逻辑安全、操作系统安全和联网安全。

1．物理安全

物理安全主要包括防止盗用、防止窃听、防止偷窃、防止火灾及自然灾害、防止硬件故障或超负荷运行、防静电、防雷击和防电磁泄漏等。

2．逻辑安全

网络逻辑安全包括信息的完整性、保密性和可用性。保密性：信息不泄露给非授权用户、实体或过程，或供其利用的特性。完整性：数据未经授权不能进行改变的特性，即信息在存储或传输过程中保持不被修改、不被破坏和丢失的特性。可用性：可被授权实体访问并按需求使用的特性。

3．操作系统安全

网络内使用的操作系统安全，主要表现在操作系统本身的缺陷带来的不安全因素，主要包括身份认证、访问控制、系统漏洞等；对操作系统的安全配置问题；病毒对操作系统的威胁。

4．联网安全

该层次的安全问题主要体现在网络方面的安全性，包括网络层身份认证、网络资源的访问控制、数据传输的保密与完整性、远程接入的安全、域名系统的安全、路由系统的安全、入侵检测的手段、网络设施防病毒等。

信息系统本身即使再安全，也要有人去运行、去操作，如果系统管理员不能严格执行规定的网络安全策略及人员管理策略，整个系统就相当于没有安全保护。制订有关策略时，要考虑防止外部对内部网络的攻击，同时也要考虑如何防止内部人员的攻击，这就产生了人员管理的问题。

因此，需要对人员管理安全问题给以足够的重视，通常的做法是将遵守法律、经常的思想教育、严格的管理规章制度、及时的监测和检查结合起来。

网络安全是信息安全领域一个非常重要的方面，网络安全也已经成为国家、国防及国民经济的重要组成部分。

5.4.3　网络安全的级别

可信计算机系统评价准则（Trusted Computer System Evaluation Criteria，TCSEC）中根据计算机系统所采用的安全策略、系统所具备的安全功能将系统由低到高分 D 类，C 类（C1、C2），B 类（B1、B2、B3），A 类四类七个安全级别。

1．D 级

D 级这是计算机安全的最低一级。整个计算机系统是不可信任的，硬件和操作系统很容易被侵袭。D 级计算机系统标准规定对用户没有验证，也就是任何人都可以使用该计算机系统而不会有任何障碍。

2．C1 级

C1 级系统要求硬件有一定的安全机制（如硬件带锁装置和需要钥匙才能使用计算机等），用户在使用前必须登录到系统。C1 级还要求具有完全访问控制的能力，应当允许系统管理员为一些程序或数据设立访问许可权限。

3．C2 级

C2 级在 C1 级的某些不足之处加强了几个特性，C2 级引进了受控访问环境（用户权限级别）的增强特性。这一特性不仅以用户权限为基础，还进一步限制了用户执行某些系统指令。授权分级使系统管理员能够分用户分组，授予他们访问某些程序的权限或访问分级目录。

4．B1 级

B1 级支持多级安全，多级是指这一安全保护分别安装在不同级别的系统中（网络、应用程序、工作站等），它为敏感信息提供更高级的保护。如安全级别可以分为解密、保密和绝密级别。

5．B2 级

这一级别称为结构化的保护（Structured Protection）。B2 级安全要求计算机系统中对所有对象加标签，而且给设备（如工作站、终端和磁盘驱动器）分配安全级别。如用户可以访问一台工作站，但可能不被允许访问装有人员工资资料的磁盘子系统。

6．B3 级

B3 级要求用户工作站或终端通过可信任途径连接网络系统，这一级必须采用硬件来保护安全系统的存储区。

7．A 级

A 级为最高安全级别，这一级有时也称为验证设计（Verified Design）。与前面提到各级级别一样，这一级包括了它下面各级的所有特性。A 级还附加一个安全系统受监视的设计要求，合格的安全个体必须分析并通过这一设计。

5.4.4　网络安全技术

1．数据加密

所谓数据加密（Data Encryption）技术，是指将一个信息（或称明文，plaintext）经过加密钥匙（Encryption key）及加密函数转换，变成无意义的密文（ciphertext），而接收方则将此密文经过解密函数、解密钥匙（Decryption key）还原成明文。加密技术是网络安全技术的基石。

密码技术是网络安全最有效的技术之一。一个加密网络，不但可以防止非授权用户的搭线窃听和入网，而且也是对付恶意软件的有效方法之一。

2．信息确认

信息确认技术是通过严格限定信息的共享范围来防止信息被伪造、篡改和假冒的技术。一个安全的信息确认方案应该做到：第一，合法的接收者能够验证他收到的信息是否真实；第二，发信者无法抵赖自己发出的信息；第三，除合法发信者外，别人无法伪造消息；第四，当发生争执时可由第三人仲裁。按照其具体目的，信息确认系统可分为消息确认、身份确认和数字签名。如当前安全系统所采用的 DSA 签名算法，就可以防止别人伪造信息。

3．防火墙

防火墙技术是一种既能允许获得授权的外部人员访问网络，又能识别和抵制非授权者访问网络的安全技术，它起到指挥网上信息安全、合理、有序流动的作用。

防火墙是一个由计算机硬件和软件组成的系统，部署于网络边界，是内部网络和外部网络之间的连接桥梁，同时对进出网络边界的数据进行保护，防止恶意入侵、恶意代码的传播等，保障内部网络数据的安全。防火墙技术是建立在网络技术和信息安全技术基础上的应用性安全技术，几乎所有的企业内部网络与外部网络（如 Internet）相连接的边界都会放置防火墙，防火墙能够起到安全过滤和安全隔离外网攻击、入侵等有害的网络安全信息和行为。

防火墙并非单纯的软件或硬件，它实质上是软件和硬件加上一组安全策略的集合。

4．网络入侵检测

网络入侵检测是指通过对行为、安全日志、审计数据或其他网络上可以获得的信息进行操作，检测到对系统的闯入或闯入的企图。网络入侵检测是检测和响应计算机误用的学科，其作用包括威慑、检测、响应、损失情况评估、攻击预测和起诉支持。

网络入侵检测技术是为保证计算机系统的安全而设计与配置的一种能够及时发现并报告系统中未授权或异常现象的技术，是一种用于检测计算机网络中违反安全策略行为的技术。进行网络入侵检测的软件与硬件的组合便是入侵检测系统（Intrusion Detection System，简称"IDS"）。

在线测试

扫一扫　测一测

第6章 常用办公软件的使用

🖥 内容导读

Microsoft Office 是由微软公司开发的一套办公软件套装，常用的软件有 Word、Excel、PowerPoint 等。Microsoft Office 支持 Windows、MacOS、PadOS、iOS、Android 等多个平台。

🖥 学习目标

○ 熟悉 Word 操作界面及各项功能

○ 掌握文档编辑的基本操作，如文档的字符、段落等设置，能给文档排版

○ 掌握排版技巧，如使用分栏，样式设置，插入目录、页眉、页脚，邮件合并等

○ 熟悉 Excel 操作界面及各项功能，熟悉常用公式和函数的使用

○ 掌握表格的基本操作，掌握单元格、行和列的相关操作，掌握数据录入的技巧

○ 熟悉 PowerPoint 操作界面及各项功能，熟悉演示文稿不同视图的应用，了解幻灯片的放映类型，会使用排列计时进行放映

○ 掌握演示文稿的基本操作，掌握在幻灯片中插入各类对象的方法，掌握幻灯片外观和动画设置方法，掌握演示文稿的放映与打包方法

🖥 学习要求

★ 能使用 Word 进行排版操作

★ 能使用 Excel 制作表格

★ 能使用 PowerPoint 制作演示文稿

🖥 拓展阅读

中国"办公工具"变迁史

中国历史源远流长，办公工具的发展就是其中的一个缩影。早在上古时期，文字还没有发明，先民们会用结绳记事的方式，用作计数等用途。在那时，一根绳子，就是重要的办公生产工具。……

目前，常用的办公软件有 Microsoft office、WPS office，本章用 Microsoft Office 讲解。用户请根据电脑操作系统和需要，自己到官网下载最新的办公软件，Microsoft Office 官网下载页面如图 6-1 所示。下载完毕后，找到安装包，双击启动安装程序，根据程序向导进行安装。

图 6-1　Microsoft office 官网下载页面

6.1　文字编辑

6.1.1　文档的基本操作

1. Word 的启动

正确下载安装 Office 后，用户便可以通过如下方法启动 Word。

方法 1　双击桌面快捷方式图标，如图 6-2 所示。

图 6-2　Office 快捷方式图标

方法 2　在任务栏单击"开始"按钮，在弹出的"开始"菜单中单击选择"Word"，或者在"开始"菜单的搜索框中输入"Word"，如图 6-3 所示。

（a）开始菜单中单击选择"Word"图标

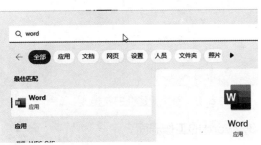

（b）开始菜单中搜索"Word"

图 6-3　开始菜单中启动 Word

方法 3 打开一个已有的文档。双击打开，或右键单击"打开方式"后单击"Word"打开任意一个已有的 Word 或者 WPS 文档，如图 6-4 所示。

图 6-4 右键打开方式

方法 4 单击鼠标右键新建一个文档，如图 6-5 所示。然后使用方法 3 进行操作。

图 6-5 右键新建文档

2. 创建新文档

方法 1 在首页的开始屏幕上选择"空白文档"，如图 6-6 所示。

方法 2 在打开的界面中单击"首页"的"新建"选项，如图 6-6 所示，然后在打开的"新建"页面中单击"空白文档"，如图 6-7 所示，完成文档的新建。

图 6-6 首页新建空白文档

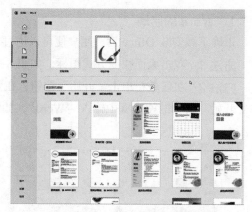

图 6-7 新建页新建空白文档

3. word 的工作界面

打开空白文档后，出现 Word 的工作界面，如图 6-8 所示。它由标题栏、菜单栏、功能区、文档编辑区、任务窗口和状态栏等元素组成。

图 6-8　Word 的工作界面

（1）标题栏：位于窗口的最上方，从左到右依次为自动保存、保存、标题区、搜索框、登录入口和三个窗口控制按钮。

（2）菜单栏：位于标题栏下方，从左到右依次为文件菜单、选项卡、批注、编辑和共享。

（3）文件菜单：功能有开始、新建、打开、信息、保存、另存为、导出为 PDF、打印、共享、导出、关闭、账户和选项等。

（4）选项卡：用户可在菜单栏以选项卡的方式分类放置需要使用的工具。默认设置时，从左到右依次为开始、插入、绘图、设计、布局、引用、邮件、审阅、视图、模板中心、帮助和 PDF 工具集选项卡。单击不同的选项卡标签可以切换到相应的选项卡工具组中。有的组右下角有一个对话框启动按钮，单击可以打开对应组的对话框，如字体对话框、段落对话框、页面设置对话框等。

（5）文档编辑区：该区域用来进行文本输入、编辑等操作。在文档编辑区的左上角有个不停闪烁的光标，是用来定位的插入符。

（6）状态栏：位于文档编辑区下方，默认设置时，从左到右依次为页面、节、页数、插入位置值、光标所在行列数、字数、语言、辅助功能、视图按钮和显示比例。在状态栏单击鼠标右键，可以自定义状态栏。

（7）视图按钮：默认设置时，从左到右依次为选取模式、打印布局、web 版式。

（8）显示比例：可调整页面显示的比例，有缩放滑块和显示百分比按钮。

4．输入文档内容

（1）输入和删除文本。输入文本时，需要注意光标的位置，在文档编辑区可以看到一个闪烁的光标，像一个闪动的短竖线"|"，叫作插入符。输入文字就会出现在光标所在位置，光标会跟随输入的文字向后移动，一行输入满了后会自动换到下一行开始。输入和删除文本相

关操作说明见表6-1。

表6-1　输入和删除文本相关操作

操作（键盘）	功能
Home	移动光标至当前行行首
End	移动光标至当前行行尾
Page Up	向上翻页
Page Down	向下翻页
Ctrl+Page Up	光标移动到上一页的开头
Ctrl+Page Down	光标移动到下一页的末尾
Ctrl+Home	光标移到文档开头
Ctrl+End	光标移到文档结尾
Enter	光标移到下一行开头
↑ ↓ ← →	光标向上、下、左、右移动
Backspace	删除位于光标前的字符
Delete	删除位于光标后的字符

（2）选择文本。编辑文档时，要对某部分文字或者内容进行操作，需要先选取要操作的部分，然后进行操作，常用的选择文本操作及技巧见表6-2。

表6-2　常用选择文本操作及技巧

选取内容	输入设备	操作方法
字或词	鼠标	按住鼠标左键并拖动鼠标直接选取； 用鼠标双击要选取的字或词
句子	鼠标＋键盘	按住【Ctrl】键并用鼠标单击要选择的句子
一行或多行	鼠标	单行：单击要选择的行左侧文本选定区（左侧空白处，鼠标会变成箭头）；多行：先单击最上行或最下行，然后按住鼠标左键并拖动鼠标到结束行再松开
连续文本	鼠标	鼠标左键单击要选择的文本开始处，按住鼠标左键，拖动光标到要选择的结尾处松开
	键盘	将光标移到要选择的文本开始处，按住【Shift】键，同时用键盘上的方向键移动光标到要选择的结尾处
	鼠标＋键盘	鼠标左键单击要选择的文本开始处，按住【Shift】键，同时鼠标左键单击到要选择的结尾处
不连续文本	鼠标＋键盘	拖动鼠标选择其中一部分文本，按住【Ctrl】键，同时选择其他文本
段落	鼠标	双击要选择段落左侧的文本选定区； 在要选择段落任意位置三击鼠标左键
	鼠标＋键盘	按住【Ctrl】键，同时在这个段落任意位置单击鼠标左键
全文	键盘	快捷键【Ctrl+A】
	鼠标	在文本选定区三击鼠标左键
取消选择	鼠标	在编辑区任意位置单击鼠标左键

（3）移动和复制文本。常用的移动和复制文本操作见表 6-3。

表 6-3　移动和复制文本操作

操作方式	移动	复制
快捷键	选择文本后按【 Ctrl+X 】，移动光标到目标处按【 Ctrl+V 】	选择文本后按【 Ctrl+C 】，移动光标到目标处按【 Ctrl+V 】
鼠标右键快捷菜单	选择文本后，单击鼠标右键弹出快捷菜单，选择"剪切"，移动光标到目标处，单击鼠标右键选择"粘贴"	选择文本后，单击鼠标右键弹出快捷菜单，选择"复制"，移动光标到目标处，单击鼠标右键选择"粘贴"
功能区按钮	选择文本后单击"开始"|"剪贴板"|"剪切"鼠标单击目标位置后，单击"粘贴"按钮	选择文本后单击"开始"|"剪贴板"|"复制"，鼠标单击目标位置后，单击"粘贴"按钮
鼠标拖动	直接将选择的文本拖动到目标位置	选择文本后按住【 Ctrl 】键，光标变成虚线框和加号，拖动文本到目标位置

（4）查找和替换。查找和替换功能可以快速查找文档中需要查找的内容，还可以将查找到的内容替换成其他内容，从而提高文档检查重复和修改内容的效率。

"查找和替换"对话框可以通过"开始"选项卡"编辑"功能组中的"查找替换"下拉菜单打开，如图 6-9 所示。也可以通过快捷键【 Ctrl+F 】（查找）或者【 Ctrl+H 】（替换）或者【 Ctrl+G 】（定位）打开。

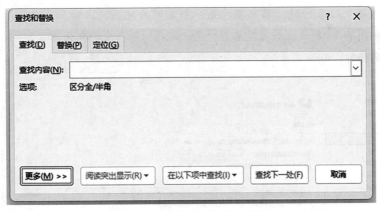

图 6-9　"查找和替换"对话框

5．Word 保存

修改或完成文档编辑后，需要对文档进行保存，否则操作不当或者断电等原因会使文档内容丢失。文档保存方法有以下几种。

方法 1　使用快捷键【 Ctrl+S 】保存文件。在编辑文档时，快捷键操作保存最快，推荐以这种方式保存文件，并养成经常保存文档的习惯。

方法 2　单击快速访问工具栏中的"保存"按钮。

方法 3　单击"文件"菜单中的"保存"按钮。

第一次保存文件会弹出"另存文件"对话框，用户可以根据提示修改保存文件的位置、文件名和文件类型，如图 6-10 所示。从第二次保存文件开始，以后都不会弹出"另存文件"对话框了。

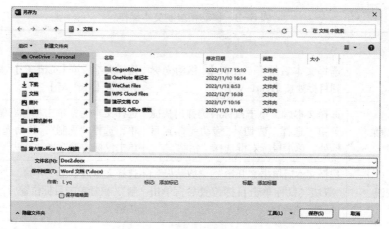

图 6-10 "另存文件"对话框

如果需要备份文件或者修改文件格式，或者更换保存位置，可以在"文件"|"另存为"打开"另存文件"对话框进行修改，或者使用快捷键【 F12 】或者【 Alt+F+A 】打开"另存文件"对话框进行修改，如图 6-10 所示。

> 自动保存
>
> 自动保存的操作页面位于"文件"|"选项"|"保存"|"保存文档"，有智能备份和定时备份等选项。选择智能备份时，系统会自动设置一个最佳备份频率；选择定时备份时，用户可设置一个合适的时间，比如 5 分钟或者 10 分钟，如图 6-11 所示。如果发生意外忘记保存，则丢失的部分只有 5—10 分钟以内的操作。

图 6-11 本地备份设置

6．Word 的关闭

当保存完文档需要退出时，可以使用以下方法关闭 Word 文档。

（1）关闭文档。

方法 1　使用快捷键【Ctrl+W】或者【Ctrl+F4】。

方法 2　单击标题栏标题区右上角关闭按钮。

方法 3　在"文件"|"退出"中关闭。

（2）关闭 Word 窗口。

方法 1　使用快捷键【Alt+F4】或者【Alt+Space+C】。

方法 2　单击标题栏右上角窗口控制按钮中的关闭按钮。

6.1.2　排版的基本操作

排版的基本操作如图 6-12 所示。

图 6-12　排版基本操作

1．设置字符格式

字符格式设置是文字排版中最常见、使用频率非常高的操作。为了使文档版面美观，增加文档的可读性，突出标题和重点等，经常需要为文档的指定文本设置字符格式。

字符格式设置可以用浮动工具栏（图 6-13）或者用"开始"选项卡中的"字体"功能组（图 6-14）进行设置，也可以单击字体功能组右下角按钮，或者单击鼠标右键在菜单中选择字体，打开"字体"对话框进行更多设置，如图 6-15 所示。

图 6-13　浮动工具栏

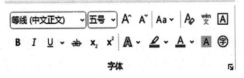

图 6-14　"字体"功能组

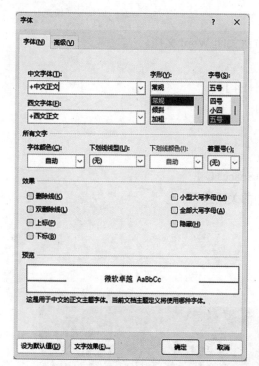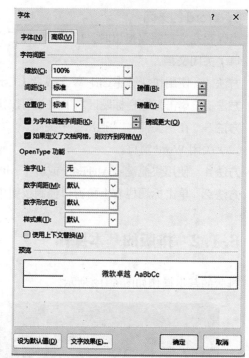

图 6-15 字体对话框

字符格式设置可以更改设置字体、字号、字体加粗、倾斜、下划线、突出显示和字体颜色等。进行字符格式设置时，我们选择需要改变字符格式的文字范围，如果不选择文字范围，那么所设定的字符格式就只对插入点后所键入的文字生效。

2．设置段落格式

段落的格式对文档的美观易读也是相当重要的。段落格式设置主要包括段落的对齐方式、缩进、段落间距以及行间距等。进行段落格式设置时，我们如果需要设置某个段落的格式，需要将光标置于该段落中；如果需要同时设置多个段落的格式，可同时选中这些段落。

段落格式设置可以用浮动工具栏（图 6-16）或者用"开始"选项卡中的"段落"功能组（图 6-17）进行设置，也可以单击字体功能组右下角按钮，或者单击鼠标右键在菜单中选择段落，打开"字体"对话框进行更多设置，如图 6-18 所示。

图 6-16 浮动工具栏　　　　　　　　　　图 6-17 "段落"字体组

（1）对齐方式。设置段落对齐方式的操作步骤是：将插入点放在要改变对齐方式的段落中，根据需要单击"段落"功能组中的"对齐方式"按钮，分别是左对齐、右对齐、居中、两端对齐和分散对齐。

（2）段落缩进。段落缩进是指段落各行相对于页面边界的距离。用户可以通过标尺（图 6-19）来设置段落缩进。具体操作步骤是：要调整段落首行缩进值，用鼠标拖动标尺上的首行缩进标记至合适位置；要设置段落的悬挂缩进，则拖动标尺上的悬挂缩进标记。

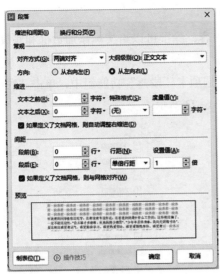
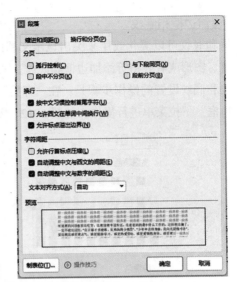

图 6-18 "段落"对话框

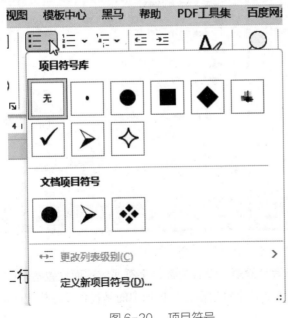

图 6-19 标尺

3. 设置项目符号和编号

项目符号和编号可以使文档的内容变得层次鲜明,便于阅读和理解。为了准确清楚地表达某些内容之间的顺序关系或者并列关系,会经常用到设置项目符号和编号。

项目符号设置可以用"开始"选项卡"段落"功能组中的"项目符号"下拉按钮(图 6-20)进行设置;项目编号设置可以用"开始"选项卡"段落"功能组中的"项目编号"下拉按钮(图 6-21)进行设置。

图 6-20 项目符号

图 6-21 项目编号

4．设置边框和底纹

边框和底纹可以美化或用来突出显示文档内容，除了可以给文本添加边框和底纹，还可以给段落、图形或者表格等添加边框和底纹。

边框和底纹设置的操作步骤是：在"开始"选项卡"段落"功能组中，单击"底纹颜色"或者"边框"下拉菜单进行操作，如图 6-22、图 6-23 所示。

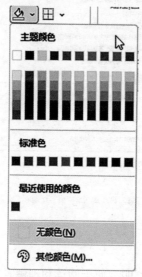

图 6-22　底纹颜色下拉菜单

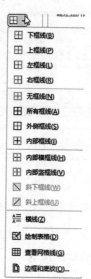

图 6-23　边框下拉菜单

如果需要更高级更复杂的设置，可以在"边框"下拉菜单中选择打开"边框和底纹"对话框，如图 6-24 所示。

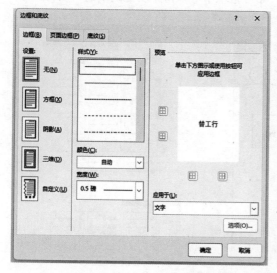

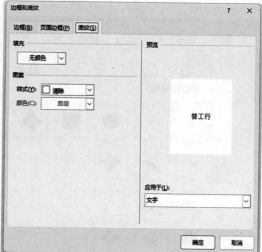

图 6-24　"边框和底纹"对话框

设置底纹时，不管选中的是字符或者是段落，设置的都是字符底纹；而设置边框时，如果选中的是字符而不是段落标记，则设置的是字符边框；如果选中的是包含段落标记的段落，则设置的是段落边框。

5．设置首字下沉

首字下沉是指将一段话开头的第一个或前几个字符变大，以下沉或者悬挂的方式来展示，使文档版面更美观。首字下沉设置的操作步骤是：单击"插入"选项卡"文本"功能组的"首字下沉"按钮，打开"首字下沉"对话框，如图 6-25 所示。

图 6-25 "首字下沉"对话框

6．设置分栏

分栏设置可以将文档分为几栏，可以自由设置分栏数、栏间距和栏宽等，常用在报刊的内页排版。

分栏设置的操作步骤是：在文档中选择要进行分栏的内容（如果对文档全部内容进行分栏，可以将光标放置在文档的任意位置），单击"布局"选项卡"页面设置"功能组的"栏"下拉按钮，可在下拉列表中选择需要的分栏方式。如有其他分栏要求，可在"栏"菜单列表底部选择"更多栏"，打开"栏"对话框，如图 6-26 所示。

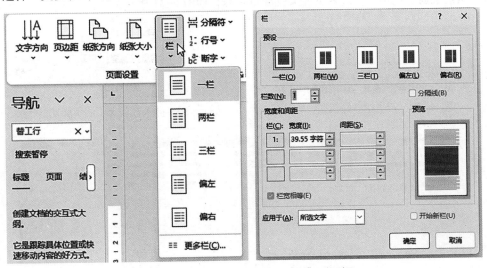

图 6-26 "栏"下拉菜单和"栏"对话框

在"栏"对话框中，可以设置分栏数、是否显示分隔线、栏宽和间距、是否应用于整篇文档，还可以在预览中查看。

7. 复制格式

如果文档中很多字符或者段落需要使用相同的格式，可以不用每个地方都重复设置一遍，而是使用格式刷来复制段落或者字符的格式。具体操作步骤是：选中设置好格式的源段落文本，单击"开始"选项卡"剪贴板"功能组中的"格式刷"按钮（图6-27）或者浮动工具栏中的"格式刷"按钮（图6-28），这时鼠标指针变成了一个带光标的刷子的形状。拖动鼠标选中需要复制格式的目标段落，便完成了格式的复制。

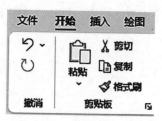

图6-27 剪贴板功能组的格式刷按钮图

6-28 浮动工具栏中的格式刷按钮

如果不复制字符格式只想复制段落格式，只须将光标插入原段落中，然后选择"格式刷"按钮，再在目标段落中单击即可；如果只希望复制字符格式，那么在选择文本时不要选中段落标记即可。

如果要将所选格式应用于文档中的多处内容，可双击"格式刷"按钮，然后依次选择要应用该格式的文本或段落，再次单击"格式刷"按钮可取消其选择。

8. 设置页眉页脚和水印

（1）设置页眉和页脚。页眉和页脚分别位于页面的顶部和底部，通常用来显示公司或学校徽标、文档名称或章节、页码、日期和时间等内容。

插入页眉和页脚的操作步骤是：在文档上下空白处（图6-29）双击进入页眉和页脚编辑状态。还可以单击"插入"选项卡"页眉和页脚"功能组的"页眉和页脚"按钮（图6-30），打开"页眉页脚"选项卡，进入页眉页脚编辑状态，如图6-31所示。

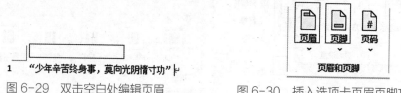

图6-29 双击空白处编辑页眉

图6-30 插入选项卡页眉页脚功能组

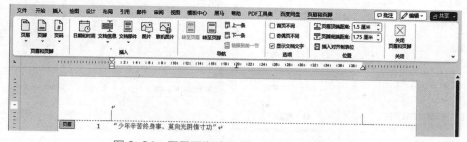

图6-31 页眉页脚选项卡和页眉页脚编辑状态

进入页眉页脚编辑状态后，可以输入文本、插入图片并设置格式等。需要注意的是，页眉和页脚与文档的正文处于不同的层次上，因此，在编辑页眉和页脚时不能编辑文档正文；同样，在编辑文档正文时也不能编辑页眉和页脚。

（2）设置水印。水印日常也用的比较多，给文档添加水印可以使文档更美观，也可以强调该文档的重要性或者版权归属。设置水印的操作步骤是：单击"设计"选项卡"页面背景"功能组的"水印"下拉按钮，打开水印下拉菜单，如图 6-32 所示。根据需要选择添加相应的水印，如选择自定义水印，则打开"水印"对话框，如图 6-33 所示。

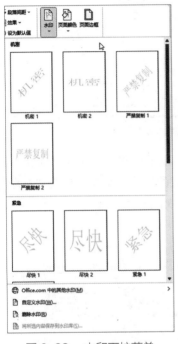

图 6-32　水印下拉菜单

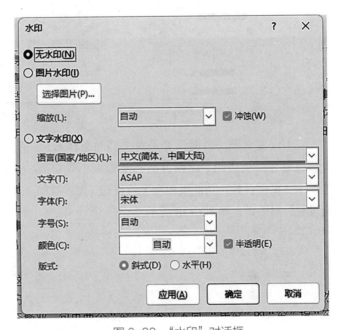

图 6-33　"水印"对话框

9. 设置文档背景和页面

（1）设置背景。有时，为了使文档更加美观，会给文档设置背景颜色或者设置背景图片。设置背景的操作步骤是：单击"设计"选项卡"页面背景"功能组的"页面颜色"下拉按钮（图 6-34），打开页面颜色下拉菜单（图 6-35），设置背景颜色；单击"页面边框"按钮打开"页面边框"对话框（图 6-36），设置页面边框。

图 6-34　设计选项卡页面背景功能组

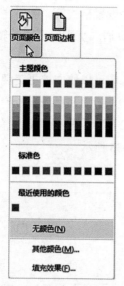

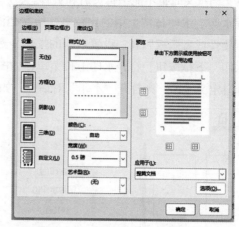

图 6-35　页面颜色下拉菜单　　　　图 6-36　"页面边框"对话框

（2）设置页面。页面设置是对文档的总体布局进行设置，从而使输出的文档效果更好。页面设置包括页边距、纸张方向、纸张大小等功能。页面设置的操作步骤是：单击"布局"选项卡"页面设置"功能组相应下拉按钮（图 6-37），或者单击功能组右下角按钮，打开"页面设置"对话框，如图 6-38 所示。

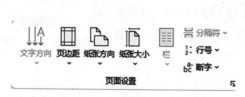

图 6-37　布局页面设置功能组　　　　图 6-38　"页面设置"对话框

10. 预览和打印文档

文档编辑完成并设置好页面布局后，可以通过打印预览来查看一下打印效果，方便及时修改错误。

单击"开始"|"打印"按钮，或者快捷键【Ctrl+P】，打开预览和打印设置模式，如图 6-39 所示。

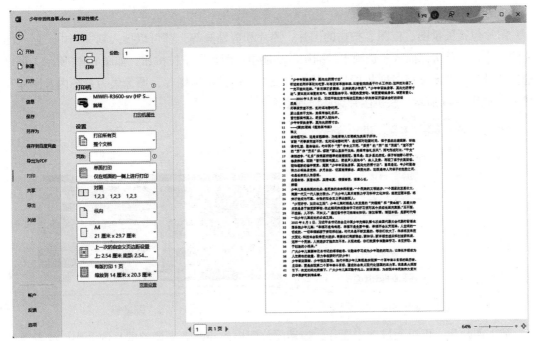

图 6-39　预览和打印设置模式

6.1.3　图文混排

1.艺术字的插入及设置

文档中可以插入艺术字来美化，从而使标题更突出、更美观。插入艺术字的方法为，单击"插入"选项卡"文本"功能区的"艺术字"下拉按钮，在打开的菜单列表中选择一种需要的艺术字样式，如图 6-40 所示。此时文档中将出现一个没有边框的艺术字占位符，如图 6-41 所示。在占位符中单击并输入需要的文字，并根据需要对艺术字进行调整，也可以使用功能区"形状格式"选项卡进行艺术字的相关操作，如图 6-42 所示。

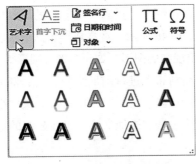

图 6-40　艺术字下拉菜单

图 6-41　艺术字占位符

图 6-42　"形状格式"选项卡

2．图片的插入及设置

图片包括矢量图、位图、扫描的图片、照片和剪贴画等，都可以插入到文档中。插入图片的方法为，单击"插入"选项卡"插图"功能组"图片"下拉按钮，如图 6-43 所示。可以选择此设备、图像集或者联机图片，其中此设备指的是本地图片；图像集为系统内置图片和图标，如图 6-44 所示；联机图片为必应搜索图片。

图 6-43　插入图片下拉菜单

图 6-44　图像集

插入图片后，可以通过选中图片，拖动图片四周的控制点来调整图片的大小；或者通过单击鼠标右键，在打开的快捷工具栏中对图片进行调整；也可以使用功能区"图片格式"选项卡对图片进行各种效果设置，如图 6-45 所示。

图 6-45　图片格式选项卡

3．形状、图标的插入及设置

在文档中使用图形，可以让内容更加生动有趣，还可以增强文档的效果。图形对象包括自选图形、曲线、线条和图标等。

（1）插入形状。插入形状的方法为，单击"插入"选项卡"插图"功能组的"形状"下拉按钮，在展开的菜单列表中选择要绘制的形状，如图 6-46 所示。选择要绘制的形状后，按住【Shift】键在文档编辑区拖动鼠标，可绘制具有一定规则的图形，如正方形、圆形等。

一般在绘制图形或者流程图时会新建绘图画布，在画布上进行图形绘制，然后将画布内的所有图形和文字选中，接着单击鼠标右键打开快捷工具栏，如图 6-47 所示。选"组合"，将图形组合成一个整体，这样在移动时，图形不会错位；选"添加文字"可在绘制的形状上添加文字。

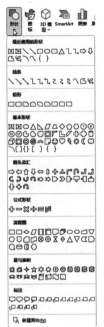

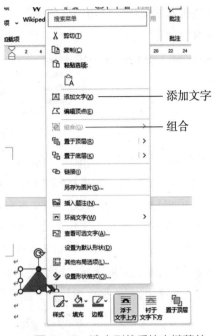

图 6-46 形状下拉菜单

图 6-47 选中形状后的右键菜单

选中刚才绘制的形状，可以在快捷工具栏进行操作，也可以在上面打开的"形状格式"
选项卡进行操作，如图 6-48 所示。可以给形状选择不同的艺术效果、填充颜色或边框等，将
形状进一步美化。

图 6-48 形状格式选项卡

（2）插入图标。插入图标的方法与插入形状类似，单击"插入"选项卡"插图"功能组
"图标"按钮，打开图像集的"图标"对话框，如图 6-49 所示。

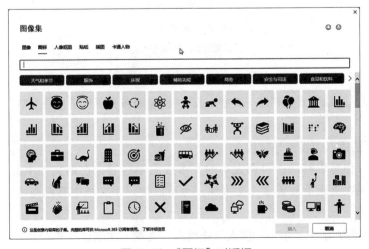

图 6-49 "图标"对话框

选中已经插入的图标，将功能区切换到"图形格式"选项卡，可以对图标进行修改和美化，如图 6-50 所示。

图 6-50　图形格式选项卡

单击"图形格式"选项卡"排列"功能区的"环绕文字"下拉按钮，选择图片与正文的环绕方式，如图 6-51 所示。如果选择"嵌入型"，那么图片将像普通文本一样嵌入页面中；如果选择"四周型环绕"，那么正文中的文本将环绕在图片的四周，达到图文混排的效果；如果选择"紧密型环绕"，那么正文中的文本将环绕在图片的四周；如果选择"穿越型环绕"，那么被图片遮挡的地方外都有文本；如果选择"上下型环绕"，那么图片的上方和下方有文本，而左方和右方没有文本；如果选择"衬于文字下方"，那么文档中的文本将覆盖在图片的上方；如果选择"浮于文字上方"，那么图片将"漂浮"文档中正文的上方。

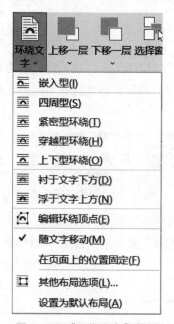

图 6-51　"环绕文字"菜单

自选形状默认环绕方式是"浮于文字上方"，新建画布和图片是"嵌入型"，文本框是"上下型环绕"。

4．文本框的插入、设置与链接

文本框是一种可以移动、可调大小的文本或图形容器，也是文档中的一种图形对象。文本框可以用来在页面上放置多个文本块，也可以使一个文档中有横向或竖向等多种文字方向。

插入文本框的方法为，单击"插入"选项卡"文本"功能区"文本框"下拉按钮，选择需要的文字方向，如图 6-52 所示。此时鼠标变成一个十字，在文档中按下鼠标左键并拖动到合适大小后释放鼠标，便完成了文本框的绘制。接下来可以在文本框中输入文本或者添加图形，以及设置其他显示效果。

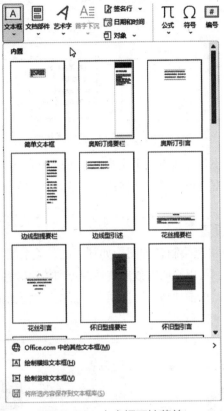

图 6-52　文本框下拉菜单

文本框的链接的作用是将两个文本框链接起来，选定的文本框放不下的文字将出现在被链接的文本框中。被链接的文本框必须是空的，而且需要跟选定的文本框保持一样的文字方向。链接在一起的文本框是串联的，多个文本框可以链接成一长串，每个文本框只链接它的上一个和下一个。

创建文本框链接的方法为，在文档中插入多个文字方向一致的空文本框，单击第一个文本框，功能区切换到"形状格式"选项卡，单击"文本"功能组"创建链接"按钮，如图 6-53 所示，此时鼠标变为一个盛满字符的杯子的形状，将它移动到一个与选中文本框文字方向一致的空文本框上方时，鼠标变为一个倒东西的杯子形状，单击这个文本框，便建立了链接，文本框链接前后对比如图 6-54 所示。

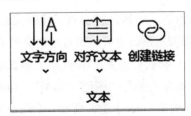

图 6-53　形状格式选项卡文本功能

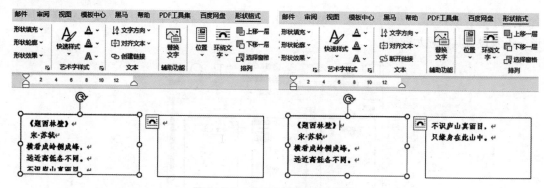

图 6-54　文本框链接前后对比

当鼠标变为杯子形状后不再链接下一个文本框，可以按【Esc】键取消操作。如果想要断开文本框链接，选中该文本框，单击"形状格式"|"文本"|"断开链接"，此时断开的是该文本框的下一个链接。

5. 智能图形的插入与设置

智能图形可以帮助用户快速绘制各种图，如列表图、关系图、流程图、时间轴图等，利用这些图和必要的文字说明，可以简明有效地表达观点和传达信息。

智能图形的插入方法为，单击"插入"选项卡"插图"功能组的"SmartArt"按钮，打开"智能图形"对话框，如图 6-55 所示。

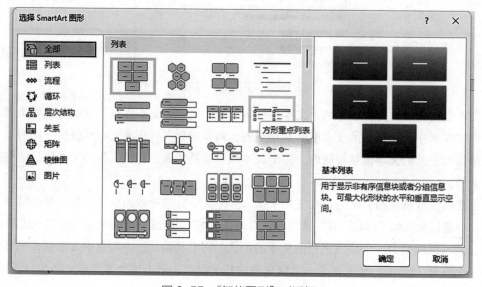

图 6-55　"智能图形"对话框

插入或者选中 SmartArt 图形后，功能区将会打开【SmartArt 设计】选项卡，如图 6-56 所示。可以在功能区选择工具修改图形，也可以用右键快捷菜单或工具栏选择工具进行操作。图形快捷工具栏从左到右依次为"样式""填充""边框""在后面添加形状""其他布局选项""插入题注"，编辑项目右键工具依次为"样式""颜色""布局"，如图 6-57 所示。

编辑项目文字时，输入完成按【Enter】键，增加一个同级项目，按【Tab】键进行降级，按【Backspace】键升级。或者选中一个项目，鼠标右键可以进行"升级"或"降级"、"上移"

或"下移"等操作。

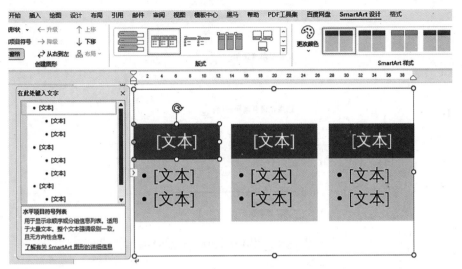

图 6-56 SmartArt 选项卡及 SmartArt 图形编辑模式

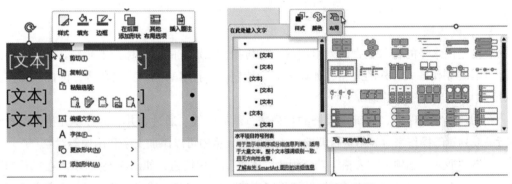

图 6-57 图形右键菜单和编辑项目右键菜单

6．脚注和尾注的插入与设置

脚注和尾注可对文档进行解释、说明或提供参考资料，是对文档的补充说明。

脚注一般出现在页面的底部，用来作为文档某处内容的注释说明；尾注一般位于文档的末尾，用来列出引用文献的来源。在同一个文档中可以同时包括脚注和尾注。

脚注和尾注由注释引用标记和与其对应的注释文本组成。可以选择让软件自动为标记编号，也可以创建自定义的标记。当添加、删除或移动了自动编号的注释时，软件将对注释引用标记进行重新编号。

在注释中可以使用任意长度的文本，并像处理任意其他文本一样设置注释文本格式。也可以自定义注释分隔符，即用来分隔文档正文和注释文本的线条。

插入脚注或尾注的方法为，将插入符移动到需要插入脚注或尾注的位置，单击"引用"选项卡"脚注"功能组中的"插入脚注"或"插入尾注"按钮，如图 6-58 所示。此时在插入符处以上标的形式显示脚注或尾注引用标记，光标移动到页面底端的脚注编辑区或文档末尾，然后根据需要添加相应的文本即可。

这里需解释说明。[1]

这里也需要解释说明。[2]

---

[1] 第一条说明。
[2] 第二条说明。

图6-58　引用选项卡脚注功能组

6.1.4　表格的制作与设置

1. 创建表格

表格是由水平的行和垂直的列组成的，行与列交叉形成的方框称为单元格。在日常办公中经常需要制作各式各样的表格，如课程表、计划表、报名表和个人简历等，因此表格在文档处理中占有十分重要的地位。

在创建表格的时候，先确定表格的行列数，然后建表。通过合并、拆分单元格，设置表格行高或列宽等操作来对表格进行调整，表格的单元格中可以添加文字和图像等对象。

单击"插入"选项卡"表格"功能组中"表格"下拉按钮，如图6-59所示。在打开的菜单列表中，直接在网格中移动鼠标指针来确定表格的行、列数，单击鼠标即可插入简单表格。

图6-59　表格下拉菜单

如果需要对表格进行其他设置，则在图6-59的菜单中选择"插入表格"，打开如图6-60所示的"插入表格"对话框，可以对表格的行数、列数、列宽进行调整。其中，"固定列宽"

表示列宽将设置为右边编辑框中指定的宽度;"自动列宽"表示表格宽度与文档正文宽度相同。

图 6-60　设置表格行列数创建表格

如果在表格下拉菜单中选择"绘制表格"选项,鼠标指针将变为笔形,此时可自由绘制表格,操作步骤是:在文档编辑区按住鼠标左键拖动,到合适位置后释放鼠标,绘制出一个矩形作为表格外边框,然后按住鼠标左键在矩形框内水平或竖直拖动,绘制表格的行线或列线,如图 6-61 所示。若要结束表格绘制,可按【Esc】键。

图 6-61　绘制表格

我们还可以将文本转换成表格,需要先选中要转换的文本,如图 6-62 所示,然后在表格下拉菜单中选择"文本转换成表格"选项,然后会打开如图 6-63 所示"将文字转换成表格"对话框,选择文字分隔位置后,行与列会显示出来,根据需要进行修改,然后单击"确定"即可,示例中使用的是空格作为分隔符。

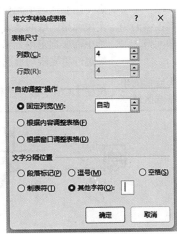

图 6-62　文本转表格示例　　　　　图 6-63　"将文字转换成表格"对话框

2．编辑表格

在日常工作中，我们经常需要修改已创建的表格来满足各种各样的工作需要。修改表格的方法主要包括合并或拆分单元格，删除多余的行、列或单元格，插入行、列或单元格，以及调整单元格的行高和列宽等。

创建好表格后，将光标放置在表格的任意一个单元格中，在功能区中将出现"表设计"和"布局"选项卡，对表格的大多数编辑和美化操作都是利用这两个选项卡来实现的，如图6-64所示。

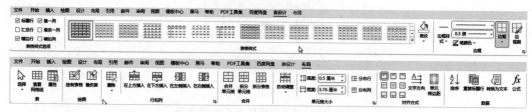

图6-64　表设计和布局选项卡

在编辑表格之前，需要先选中要编辑的单元格、行、列或者整个表格。选择表格、行、列和单元格的方法见表6-4。

表6-4　选择表格、行、列和单元格的方法

选择对象	操作方法
选择整个表格	将鼠标移到表格左上角或者右下角，此时鼠标指针变为控制柄，如图6-65（a）（b）所示，单击此控制柄即可选中整个表格
选择行	将鼠标指针移到所选行左边界的外侧，等指针变成箭头的形状后，单击鼠标左键，可选中一行。如果此时按住鼠标左键上下拖动，可选中多行
选择列	将鼠标指针移至所选列的顶端，等指针变成向下箭头的形状后，如图6-65（c）所示，单击鼠标左键，可选中一列。如果此时按住鼠标左键左右拖动，可选中多列
选择单个单元格	将鼠标指针移动到单元格的左边框线上，等指针变成右上箭头形状后，如图6-65（d）所示，单击鼠标左键，可选中此单元格，如果此时双击，可选中该单元格所在的一整行
选择连续的单元格	选中需要选定单元格区域的第1个单元格，按住【Shift】键不放，同时选中需要选定单元格区域的最后一个单元格； 选中需要选定单元格区域的，按住鼠标左键不放，向其他单元格拖动，则鼠标指针经过的单元格均被选中
选择不连续的单元格或区域	按住【Ctrl】键，然后使用上述方法依次选择单元格或单元格区域

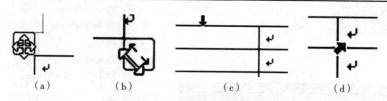

（a）　　　　　（b）　　　　　（c）　　　　　（d）

图6-65　选择表格对象箭头变化

插入行和列，既可以使用上面提到的"布局"选项卡操作，也可以将鼠标移动到要插入

的位置，等鼠标变为如图 6-66 所示状态后，直接点加号图标，即可插入行或者列。

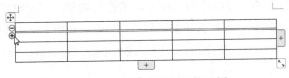

图 6-66　插入行鼠标操作示例

　　删除行、列、单元格和表格，既可以使用"布局"选项卡，也可以选中要删除的表格对象，单击鼠标右键打开快捷工具栏或者快捷菜单进行相应操作。

3．表格边框和底纹的设置

　　为了进一步美化表格，可以对表格设置边框和底纹。Excel 中内置了一些表格样式，直接对整个表格套用样式，可以快速使表格变得美观专业。

　　表格样式的套用方法为，先选中要套用的表格，然后打开"表设计"选项卡"表格样式"下拉菜单，如图 6-67 所示，选择需要的样式即可。套用样式前后对比如图 6-68 所示。

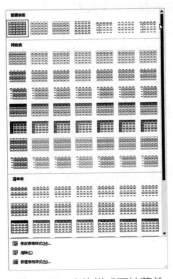

图 6-67　表格样式下拉菜单

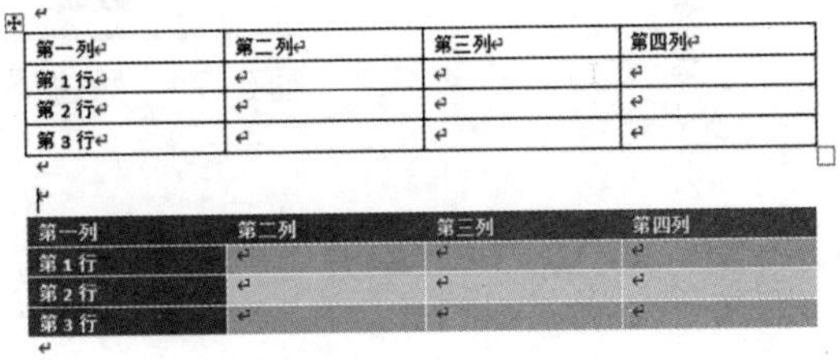

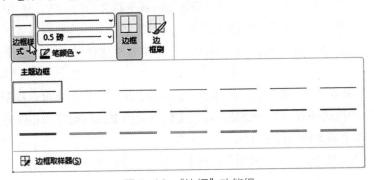

图 6-68　表格套用样式前后对比

　　如果不想套用表格样式，可以使用"表设计"选项卡中的工具美化表格，"边框"功能组中有边框样式、笔样式、笔画粗细、笔颜色、边框线的设置，如图 6-69 所示。

图 6-69　"边框"功能组

4．表格位置及大小的设置

调整表格的位置和大小，可以使用鼠标拖动来进行调整。移动时需要用到"表格移动控制点"，调整大小时需要用到"表格大小控制点"，如图 6-70 所示。将鼠标移动到这两个控制点，等鼠标变形后按住鼠标左键拖拽到合适位置或大小后，释放鼠标即可。

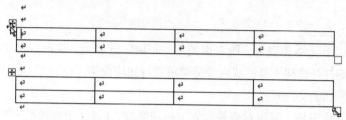

图 6-70　表格移动控制点和表格大小控制点

5．表格标题行重复的设置

标题行指表格首行每列数据的标题。当表格有多页，但是只有第 1 页有标题行，其他页没有标题行不方便查看时，就可以通过表格标题行重复设置来解决这个问题。

表格标题行重复的设置方法为，选中表格的首行标题，单击表格的"布局"选项卡"数据"功能组的"重复标题行"按钮，如图 6-71 所示，此时每页的表格中的首行都会出现标题行。

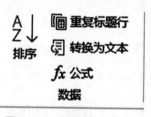

图 6-71　"数据"功能组

6.1.5　长文档的处理

1．样式

在给长文档或者图书排版时，为了统一文档格式，会有很多重复性的操作，这样做会费时费力还容易出错，这时使用样式能减少工作量，同时提高排版效率与质量。

样式是一系列格式的集合，使用它可以快速统一或更新文档的格式。使用样式的好处是，当用户可以将一种样式应用于某个段落或段落中选中的字符上，这些段落或字符便具有了这种样式定义的格式，后期如果需要统一修改，只需要修改这种样式内的段落或者字符格式即可。

Word 内置了很多样式，如标题、副标题、正文等；同时，用户还可以根据自己的需要创建新的样式。使用样式还有一个好处是，对长文档或者图书的标题应用相应的标题样式，可以利用 Word 自动生成文档的目录。

内置样式使用方法为，单击"开始"选项卡"样式"功能组"其他"按钮，打开样式列表，如图 6-72 所示。

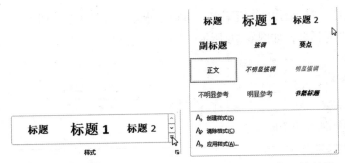

图 6-72 "开始"选项卡"样式"功能组和"样式"下拉菜单

单击"样式"功能组右下角箭头按钮，打开"样式"任务窗格，如图 6-73 所示，可以看到样式有三类，分别是段落样式、字符样式以及链接段落和字符样式。

● 字符样式：只包含字符格式，如字体、字号、字形等，用来控制字符的外观。要应用字符样式，需要先选中要应用样式的文本。

● 段落样式：既可包含字符格式，也可包含段落格式，用来控制段落的外观。段落样式可以应用于一个或多个段落。当需要对一个段落应用段落样式时，只需将光标置于该段落中即可。

● 链接段落和字符样式：这类样式包含了字符格式和段落格式设置，它既可用于段落，也可用于选定字符。

新建样式的方法为，单击如图 6-73 所示任务窗格下面第一个带加号的【新建样式】按钮，打开"根据格式化创建新样式"对话框，如图 6-74 所示，根据需要在编辑框中填写名称和调整样式，还可以单击"格式"按钮对字体、段落、边框、文字效果等进行设置，最后单击"确定"即可。

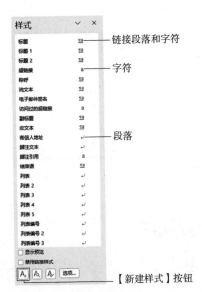

图 6-73 样式任务窗格

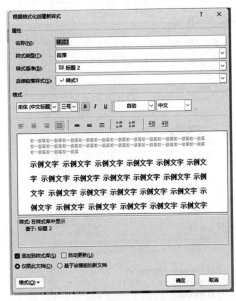

图 6-74 根据格式化创建新样式

如需要对样式进行删除或者修改，可以在"样式"任务窗格中鼠标右击需要删除或修改的样式，显示如图 6-75 所示的快捷菜单，选择"删除"或"修改"即可。选择"修改"后会打开"修改样式"对话框，如图 6-76 所示。

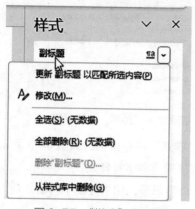

图 6-75 "样式"右键菜单

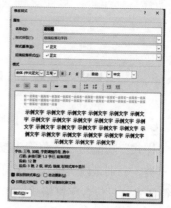

图 6-76 "修改样式"对话框

2．目录的编制

Word 提供了自动创建目录的功能，可以为长文档快速创建目录。但在创建目录之前，需要先将要提取为目录的标题设置标题级别（正文级别的标题无法提取到目录中），并且为文档添加页码。

插入目录的方法为，将光标（插入符）移动到要插入目录的位置，单击"引用"选项卡"目录"功能组的"目录"下拉按钮，打开目录下拉菜单，如图 6-77 所示，选择一种内置目录样式即可。

如果选择自定义目录，则会打开"目录"对话框，如图 6-78 所示。单击"选项"按钮，可以打开"目录选项"对话框，如图 6-79 所示，单击"修改"按钮，可以打开"样式"对话框，如图 6-80 所示。

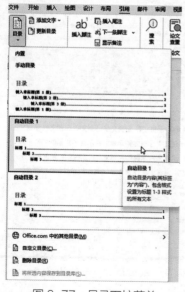

图 6-77 目录下拉菜单

图 6-78 目录对话框

目录插入后，如果内容有修改，可以单击"引用"选项卡"目录"功能组的"更新目录"按钮，打开"更新目录"对话框，如图 6-81 所示。

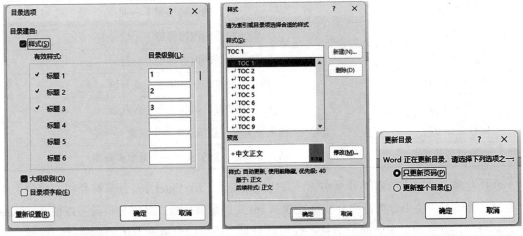

图 6-79 "目录选项"对话框 　　图 6-80 "样式"对话框 　　图 6-81 "更新目录"对话框

3. 插入分隔符

插入分隔符的方法为，单击"布局"选项卡"页面设置"功能组的"分隔符"下拉按钮，打开如图 6-82 所示的下拉菜单，根据需要选择想要的分隔符即可。如果想要查看插入的分隔符，可以通过"文件"|"选项"|"显示"|"始终在屏幕上显示这些格式标记"选择"显示所有格式标记"，单击"确定"即可，如图 6-83 所示。

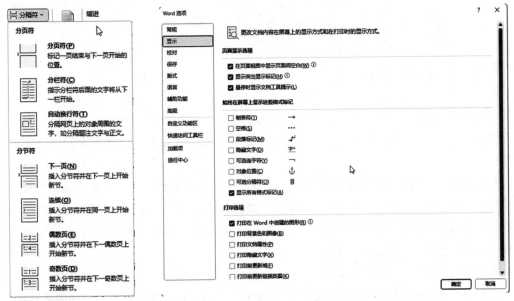

图 6-82 "分隔符"下拉菜单 　　　　　　图 6-83 显示页面分隔符设置

分隔符的类型包括分页符、分栏符、自动换行符和分节符，它们的具体作用见表 6-5。

表6-5　分隔符的作用

分隔符名称	作用
分页符	插入符后的内容移到下一页
分栏符	插入符后的内容移到下一栏
自动换行符	插入符后的内容移到下一行
下一页分节符	插入分节符，新节从下一页开始
连续分节符	插入分节符，新节从下一行开始
偶数页分节符	插入分节符，新节从下一个偶数页开始
奇数页分节符	插入分节符，新节从下一个奇数页开始

　　分页符是手动插入的强制分页功能，其快捷键是【Ctrl+Enter】；分节符是将文档分为若干不同性质的节。使用分页符和分节符处理 Word 文档章节排版，其中分页符可以使文档从插入分页符的位置强制分页，而分节符不仅可以分页，还可以分隔两节的版面格式。这样，我们就可以通过使用分节符，在不同的页面设置不同的页眉、页脚和页码。如图 8-64 所示。

图 6-84　插入分节符位置图

6.1.6　邮件合并

　　在日常办公或者事务处理中，人们经常会遇到把一些内容相同的公文、信件或通知发送给不同的地址、单位或个人，此时利用 Word 中的邮件合并功能，就能方便地解决这类问题。

　　执行邮件合并操作时，涉及两个文档：主文档文件和数据源文件。主文档是邮件合并内容中固定不变的部分，即信函中通用的部分。数据源文件主要用于保存联系人的相关信息。用户可以在邮件合并中使用多种格式的数据源，如 Microsoft Outlook 联系人列表、Excel 电子表格、Access 数据库、Word 文档等。

　　1．制作主文档

　　新建一个 Word 文档，设置好页边距和纸张大小，编辑好文档中固定不变的内容并保存，如图 6-85 所示。

　　2．创建数据源

　　数据源需要包含公文或通知中需要变动的内容，如联系人信息等，形式可以是 Word 文档中的内容或者是 Excel 表格等，如图 6-86 所示，是将 Word 文档中的表格作为数据源。

毕业作品展邀请

尊敬的：
    您好！
    我们很荣幸地邀请您参加将于 2023 年 03 月 01 日 9:00—17:00 在北京艺术设计专科学院学生活动中心举办的"第六届艺术设计毕业作品展"。
    本校艺术设计毕业作品展此前已连续成功举办了很多届，评选出了一大批优秀的设计作品，为广大师生提供了交流和展示自我的舞台。
    您的邀请编号为：。
    真诚地期盼着您的用心支持与参与！

                                            艺术设计毕业作品展筹备组
                                            2023 年 02 月 01 日

图 6-85 主文档

姓名	性别	邀请编号
张三	男	SJZ0001
李四	女	SJZ0002
王五	男	SJZ0003
赵二	女	SJZ0004

图 6-86 数据源

3. 进行邮件合并

步骤1 打开已创建的主文档，单击"邮件"选项卡"开始邮件合并"功能组"开始邮件合并"下拉按钮，打开"开始邮件合并"下拉菜单，如图 6-87 所示。在打开的下拉菜单中可看到"普通 Word 文档"选项被突出显示，表示当前编辑的主文档类型为普通 Word 文档，这里保持默认选择。

步骤2 单击"开始邮件合并"功能组"选择收件人"下拉按钮，在打开的下拉菜单中选择"使用现有列表"选项，如图 6-88 所示。

图 6-87 "开始邮件合并"下拉菜单

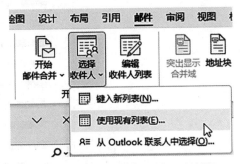

图 6-88 选择收件人下拉按钮

步骤3 选择"使用现有列表"选项后，会弹出"选取数据源"对话框，选中创建好的数据源文件，然后单击"打开"按钮。如果需要链接数据库，可以在打开的对话框中单击 .odc 后缀文件进行数据库链接配置，如图 6-89 所示，即可连接到需要的数据库。

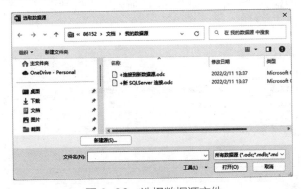

图 6-89 选择数据源文件

步骤4 将光标放置在文档中第一处要插入合并域的位置，即"尊敬的"三个字的右侧，如图 6-90 所示，然后单击"邮件"|"编写和插入域"|"插入合并域"下拉按钮，在下拉列表中选择要插入的域"姓名"，如图 6-91 所示。

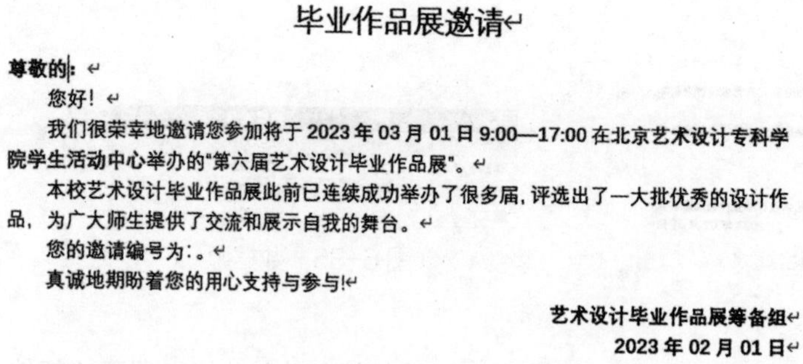

毕业作品展邀请

尊敬的|:

您好!

我们很荣幸地邀请您参加将于 2023 年 03 月 01 日 9:00—17:00 在北京艺术设计专科学院学生活动中心举办的"第六届艺术设计毕业作品展"。

本校艺术设计毕业作品展此前已连续成功举办了很多届,评选出了一大批优秀的设计作品,为广大师生提供了交流和展示自我的舞台。

您的邀请编号为:。

真诚地期盼着您的用心支持与参与!

艺术设计毕业作品展筹备组
2023 年 02 月 01 日

<table>
<tr>
<td>图 6-90　主文档插入前</td>
<td>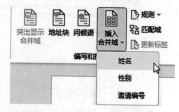
图 6-91　插入合并域</td>
</tr>
</table>

步骤 5 将光标放置在"姓名"域的右侧,单击"邮件"|"编写和插入域"|"规则"下拉按钮,打开"规则"下拉菜单,如图 6-92 所示,选择"如果…那么…否则…"选项,打开"插入 Word 域:如果"对话框。

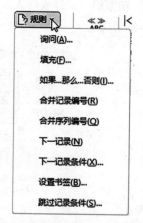

图 6-92　"规则"下拉菜单

步骤 6 在"域名"下拉列表框中选择"性别";在"比较条件"列表框中选择"等于";在"比较对象"文本框中输入"男";在"则插入此文字"文本框中输入"先生";在"否则插入此文字"文本框中输入"女士",如图 6-93 所示。设置结束后,单击"确定"按钮返回到主文档窗口,如图 6-94 所示。

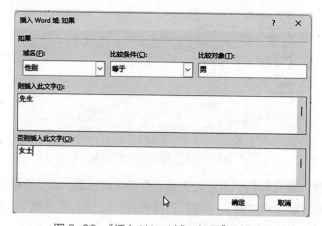

图 6-93　"插入 Word 域:如果"对话框

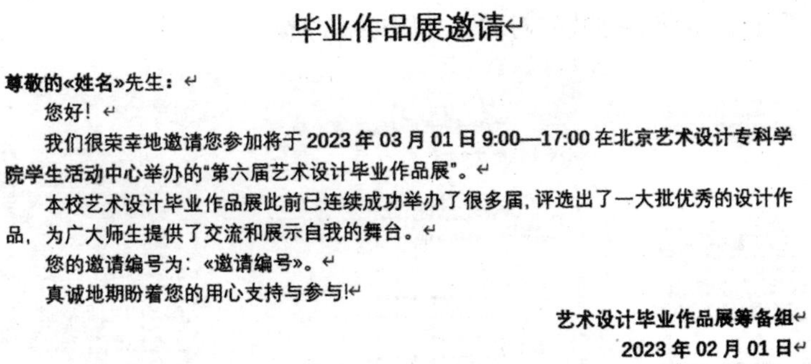

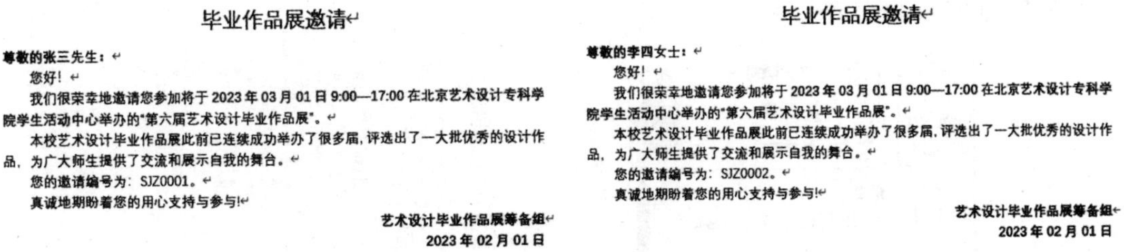

毕业作品展邀请

尊敬的«姓名»先生：

您好！

我们很荣幸地邀请您参加将于 2023 年 03 月 01 日 9:00—17:00 在北京艺术设计专科学院学生活动中心举办的“第六届艺术设计毕业作品展”。

本校艺术设计毕业作品展此前已连续成功举办了很多届，评选出了一大批优秀的设计作品，为广大师生提供了交流和展示自我的舞台。

您的邀请编号为：«邀请编号»。

真诚地期盼着您的用心支持与参与!

艺术设计毕业作品展筹备组

2023 年 02 月 01 日

图 6-94　插入域后的主文档

步骤 7　单击“完成”功能组中的“完成并合并”下拉按钮，打开“完成并合并”菜单，如图 6-95 所示，在打开的菜单中选择“编辑单个文档”选项，让系统将产生的邮件放置到一个新文档。

步骤 8　在打开的“合并到新文档”对话框中选择“全部”按钮，如图 6-96 所示，然后单击“确定”按钮。

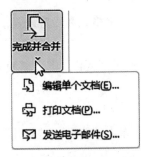

图 6-95　完成并合并

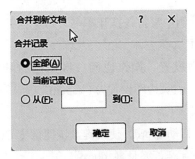

图 6-96　“合并到新文档”对话框

步骤 9　Word 将根据设置自动合并文档，并将全部记录存放到一个新文档中，效果如图 6-97 所示，最后另存文档即可。

毕业作品展邀请

尊敬的张三先生：

您好！

我们很荣幸地邀请您参加将于 2023 年 03 月 01 日 9:00—17:00 在北京艺术设计专科学院学生活动中心举办的“第六届艺术设计毕业作品展”。

本校艺术设计毕业作品展此前已连续成功举办了很多届，评选出了一大批优秀的设计作品，为广大师生提供了交流和展示自我的舞台。

您的邀请编号为：SJZ0001。

真诚地期盼着您的用心支持与参与!

艺术设计毕业作品展筹备组

2023 年 02 月 01 日

毕业作品展邀请

尊敬的李四女士：

您好！

我们很荣幸地邀请您参加将于 2023 年 03 月 01 日 9:00—17:00 在北京艺术设计专科学院学生活动中心举办的“第六届艺术设计毕业作品展”。

本校艺术设计毕业作品展此前已连续成功举办了很多届，评选出了一大批优秀的设计作品，为广大师生提供了交流和展示自我的舞台。

您的邀请编号为：SJZ0002。

真诚地期盼着您的用心支持与参与!

艺术设计毕业作品展筹备组

2023 年 02 月 01 日

图 6-97　制作的展会邀请函效果

6.1.7　练习实例

1. 学习资料排版

通过前面对基本排版 操作的学习，我们对排版也有了初步的了解，接下来让我们以学习强国中的中华古诗词为例，试着做一个学习资料的排版练习。

首先我们来看看排版前后的效果对比，如图 6-98 所示。

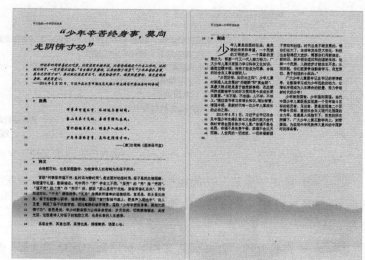

图 6-98　学习资料排版前后效果对比

请获取示例中素材，打开本书素材文档并进行页面、文字格式和段落设置，插入页眉页脚，美化页面。

（1）页面设置。操作说明：将文档的纸张大小设置为"A4"，上、下页边距设置为"1.7cm"，左、右页边距设置为"2.5cm"。

操作步骤如下。

步骤 1　启动 Word，使用键盘快捷键【Ctrl+O】或者单击"首页"|"打开"按钮，打开素材文件"少年辛苦终身事 .docx"。

步骤 2　在"布局"选项卡"页面设置"功能组中，单击"纸张大小"下拉按钮，打开"纸张大小"下拉菜单选择"A4"，如图 6-99 所示。还是在"页面设置"功能组，在"页边距"下拉菜单中选择"自定义页边距"，设置上、下页边距为"1.7cm"，设置左、右页边距为"2.5cm"，如图 6-100 所示。

图 6-99　"纸张大小"下拉菜单　　　　　　　　图 6-100　页边距设置

步骤 3 单击"设计"选项卡"页面背景"功能组中"页面颜色"下拉按钮，打开"页面颜色"下拉菜单，如图 6-101 所示。单击"填充效果"，打开"填充效果"对话框，如图 6-102 所示。单击"选择图片"，在弹出的对话框中打开素材图片"诗词排版背景 .tif"，对话框中出现预览效果，单击"确定"，页面背景添加完成。

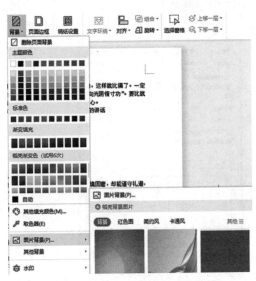
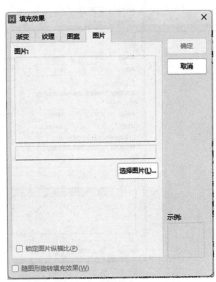

图 6-101　页面颜色下拉菜单　　　　　图 6-102　"填充效果"对话框

（2）字体字号设置。为方便排版说明和练习，这里将添加行号进行讲解，实际操作中可以不用添加。添加行号的方法为，单击"布局"|"页面设置"|"行号"下拉按钮，选择"连续"。以下内容所说的行号是按排版前行号进行讲解，排版后行号会有变动，排版完成后去掉行号即可。

操作说明：第 1 行标题字体为"隶书"，字号为"小初""斜体"；第 2—5 行字体为"楷体"，字号为"小四"，其中第 2—4 行为"斜体"；第 7—10 行字体为"华文行楷"，字号为"四号"；第 6、12、23 行字体为"黑体"，字号为"四号""加粗"；其余各行字体为"宋体"，字号为"小四"。

操作步骤：按照操作说明和前面的方法在"开始"|"字体"或者单击鼠标右键打开快捷菜单，在"字体"中进行操作即可。

（3）颜色设置。操作说明第 1 行标题和第 6、12、23 行字体颜色为"橙色，个性色 2，深色 50%"。

操作步骤：分别选中以上几行，按住【Ctrl】键并用鼠标选中不连续的区域，然后单击鼠标右键打开快捷菜单，在"字体颜色"中进行选择；或者在功能区菜单中的"字体颜色"|"主题颜色"中进行选择。

（4）段落设置。操作说明：第 2—4 行设置"两端对齐""首行缩进 2 个字符""段前 2 行间距""单倍行距"；第 5 行"缩进 0 字符"；第 6、12、23 行设置"两端对齐""段前 2 行间距""单倍行距"；第 7—10 行设置"居中对齐""单倍行距"；第 11 行设置"右对齐""单倍行距"；第 13—22 行设置"两端对齐""首行缩进 2 个字符""段后 12 磅间距""1.15 倍行距"；其余行设置"两端对齐""单倍行距""首行缩进 2 个字符"。

操作步骤：分别选中相应行，打开"段落"对话框或者使用工具进行设置，如图 6-103 所示。

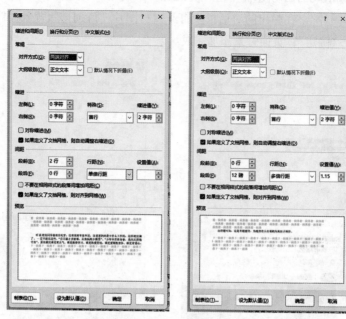

图 6-103　第 2—4 行和第 13—22 行段落设置示例

（5）设置项目符号和边框。操作步骤如下。

步骤 1　选中第 6、12、23 行，单击鼠标右键快捷插入项目符号，如图 6-104 所示，选择文档项目符号的第一个。

步骤 2　单击"开始"|"段落"|"边框"|"边框和底纹"，打开"边框和底纹"对话框，如图 6-105 所示，选择"自定义"，样式选择"－··－··－"，颜色选择"橙色，个性色 2，深色 50%"，宽度选择"1.5 磅"，预览选择上边框，应用于"段落"，最后单击"确定"。

图 6-104　插入项目符号

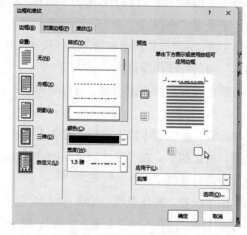

图 6-105　设置边框

（6）首字下沉和分栏。

操作说明：将解读的内容，即第 24—42 行设置首字下沉和分栏。

操作步骤如下。

步骤 1 将光标移动到第 22 行末尾，单击"布局"|"页面设置"|"分隔符"|"分页符"，将解读内容放到下一页，光标移动到多余的换行符前，按"Delete"键删除空行。

步骤 2 将光标移动到 42 行末尾，单击"布局"|"页面设置"|"分隔符"|"连续"。

步骤 3 选中第 24—42 行，单击"布局"|"页面设置"|"栏"|"两栏"，分栏前后效果对比如图 6-106 所示。

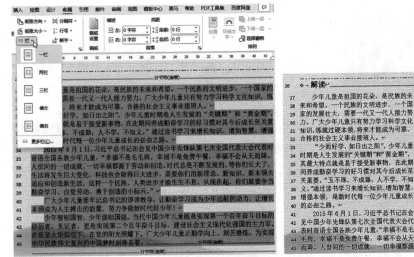
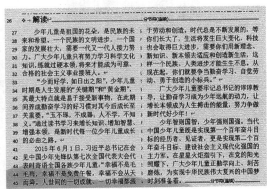

图 6-106 分栏前后效果对比图

步骤 4 光标移动到第 24 行"少"字前，单击"插入"|"文本"|"首字下沉"|"下沉"即可。

（7）设置页眉和页脚。操作说明：在页眉添加"学习强国 >> 中华诗词经典"，在页脚中间添加页码。

步骤 1 双击标题上方空白处，进入页眉和页脚编辑模式，在光标位置输入"学习强国 >> 中华诗词经典"，页眉即添加完成。

步骤 2 在页眉页脚编辑模式下，利用"页眉和页脚"选项卡"页眉和页脚"功能组中的"页码"|"页面底端"|"普通数字 2"，将页码添加到文档中。

2．说文解字

下面我们要进行"说文解字——我"的海报制作，完成效果图如图 6-107 所示。操作步骤如下。

步骤 1 新建一个文档，并将文档名保存为"说文解字—我 .docx"。

步骤 2 插入艺术字，并在占位符中输入"说文解字——我"作为标题，如图 6-108所示。

图 6-107　说文解字效果图

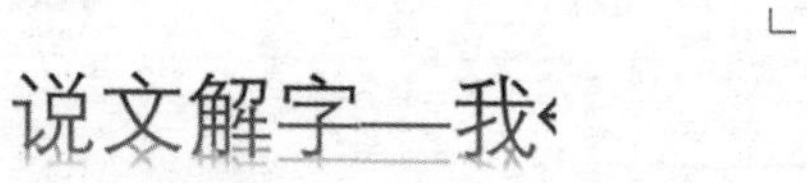

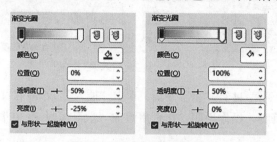

图 6-108　标题艺术字

步骤③　插入形状，选择"矩形"，设置高为"1.25 厘米"，宽为"14.55 厘米"。在"状态格式"选项卡"形状样式"功能区的"形状填充"下拉菜单中选择"渐变"|"其他渐变"，在打开的"设置形状格式"任务窗口"形状选项"|填充与线条中选择"渐变填充"，类型选择"线性"，方向选择"线性向右"，渐变光圈颜色为"绿色，个性色，深色25%"，具体设置如图6-109所示。

图 6-109　渐变光圈设置

步骤④　选中刚才插入的矩形，将其拖动到合适位置后，单击鼠标右键在快捷菜单中选择"添加文字"，输入"说文解字"。选中刚输入的字，添加项目符号，选择"定义新项目符号"，在弹出的"定义新项目符号"对话框中单击"符号"按钮，然后在弹出的"符号"对话框中选择想要的符号，单击"确定"即可，如图6-110所示。

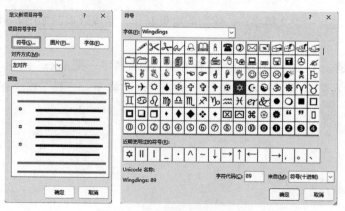

图 6-110　定义新项目符号

步骤 5　插入文本框，设置高为"3.6 厘米"，宽为"14.25 厘米"，并将文本框拖动到合适位置。复制素材"说文解字 .txt"中的文字，粘贴到文本框中。选中该文本框中的全部文字，设置字体为"华文新魏"，字号为"三号"，段首缩进"2 字符"。

步骤 6　选中刚才的文本框，单击鼠标右键打开快捷菜单，单击"边框"，设置颜色为"绿色，个性色 6"，宽度为"2 磅"，草绘样式为"自由曲线"，虚线为"圆点"。

步骤 7　用步骤 4 中的方法添加一个矩形，输入"我字的演变"。

步骤 8　插入 SmartArt 图表，选择"水平图片列表"，将素材中的图片分别插入相应位置，并输入与图片对应的文本说明，分别为"甲骨文""金文""小篆""隶书""楷体"，如图 6-111 所示。

图 6-111　插入 SmartArt 图表

步骤 9　选中该图表，打开"SmartArt 设计"选项卡，单击"更改颜色"，在打开的菜单列表中选择"彩色范围 - 个性色 5 至 6"；单击"SmartArt 样式"下拉按钮，在打开的"三维"菜单列表中选择"优雅"。

3．制作课程表

步骤 1　新建一个文档，并将该文档保存为"课程表 .docx"。

步骤 2　单击"插入" | "表格" | "表格"下拉按钮，移动光标选择 6×8 表格，如图 6-112 所示。

步骤 3　在插入的表格中输入如图 6-113 所示的文字内容。

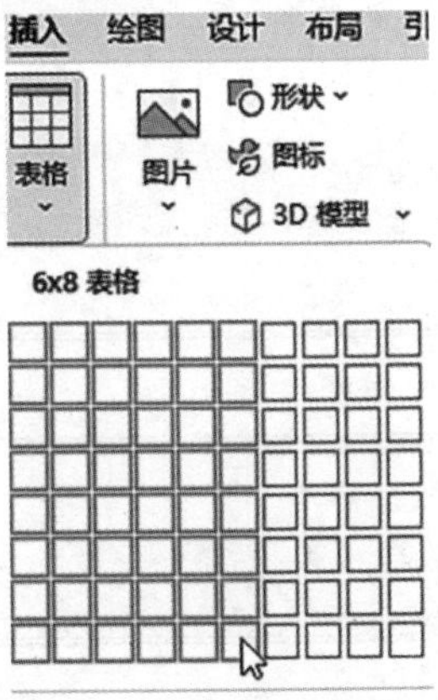

	星期一	星期二	星期三	星期四	星期五
第 1 节					
第 2 节					
第 3 节					
第 4 节					
第 5 节					
第 6 节					

图 6-112　选择 6×8 表格　　　　图 6-113　在表格中输入文字

步骤 4　选中整个表格，在"布局"选项卡中设置所有单元格的宽度为"2.2 厘米"，高度为"1.5 厘米"。

步骤5 合并第六行的 6 个单元格。选中第六行所有单元格，在浮动工具栏中单击"合并单元格"按钮，如图 6-114 所示。在该单元格中输入文本"午间休息"。

图 6-114　浮动工具栏

步骤6 单击"表设计"|"表格样式"下拉按钮，在打开的菜单中选择"网格表 7 彩色 – 着色 5"。

步骤7 选中整个表格，设置所有单元格对齐方式为"水平居中"，如图 6-115 所示。

图 6-115　设置所有单元格对齐方式

步骤8 在"表设计"选项卡"边框"功能组中设置笔颜色为"蓝色，个性色 5"，笔样式为"双线条"，笔画粗细为"1.5 磅"，边框为"外侧框线"。选择边框刷，将"午间休息"上下两条边框线设置成与外侧框线相同的样式，如图 6-116 所示，课程表就制作好了。

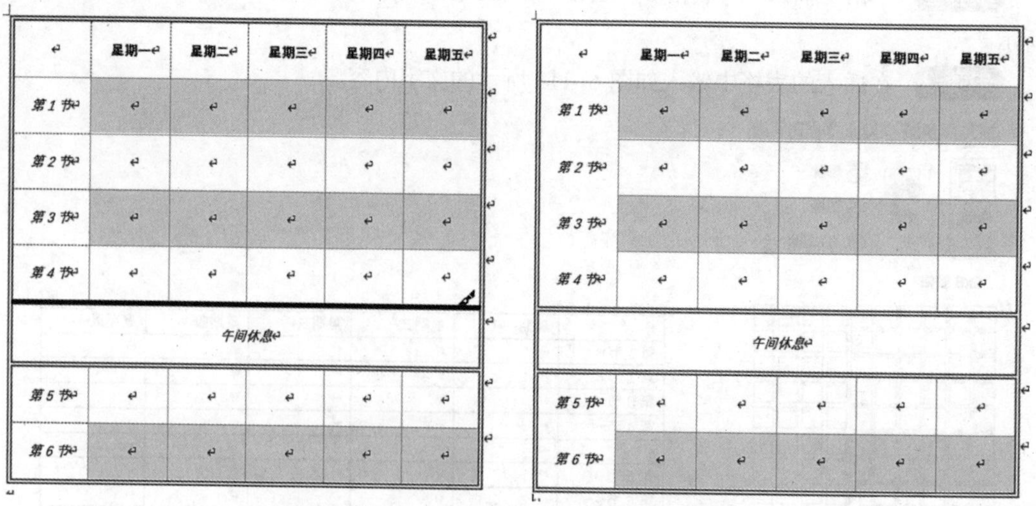

↵	星期一	星期二	星期三	星期四	星期五
第 1 节	↵	↵	↵	↵	↵
第 2 节	↵	↵	↵	↵	↵
第 3 节	↵	↵	↵	↵	↵
第 4 节	↵	↵	↵	↵	↵
午间休息					
第 5 节	↵	↵	↵	↵	↵
第 6 节	↵	↵	↵	↵	↵

图 6-116　使用边框刷将课程表制作完成

6.2 制作表格

6.2.1 表格的基本操作

1. 认识 Excel

Excel 是 Office 办公软件中的另一个重要成员，它是一款功能强大、实用性强的电子表格制作和处理软件，具有非常强大的函数与图表制作功能，利用它可以快速制作出各种美观、实用的电子表格，并能对数据进行计算、统计、分析和预测等，还能将数据转换为直观性更强的图表，用户可根据需要将表格打印出来或者通过网络共享数据。

启动 Excel 的方法为，双击桌面快捷方式或者单击系统"开始"菜单，在"所有应用"中找到"Excel"，或者在搜索框输入"Excel"，并单击打开 Excel 工作界面，如图 6-117 所示。

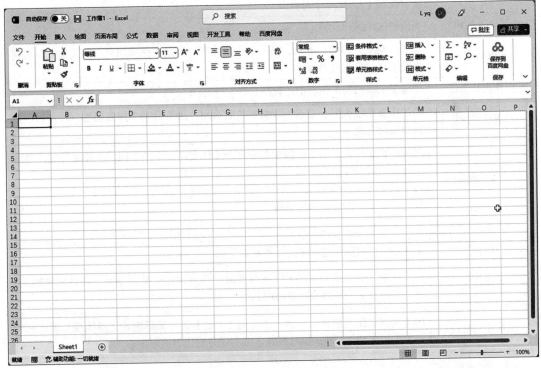

图 6-117 Excel 工作界面

由上图可见，Excel 的工作界面与 Word 类似，同样由标题栏、快速访问工具栏、功能区、工作区和状态等组成，只是其工作区域以表格的形式呈现，功能区多了"工具"和"数据"选项卡。Excel 工作界面各部分名称及说明见表 6-6。

表6-6 Excel工作界面各部分名称及说明

名称	说明
标题栏	位置在Excel工作窗口顶部，主要包含保存按钮、工作簿名称、软件名称、搜索框、用户名以及窗口控制按钮，能清晰显示现在已经打开的文档，或者进行窗口大小与位置的控制
功能区	包含快速启动工具栏、各种选项卡与操作命令
名称框	用于显示当前选中单元格的名称，也可用于选择单元格，或者给选中的单元格或区域命名，便于快速引用；单元格的名称由列标与行号共同表示。如B5代表第2列第5行
编辑栏	主要用于显示、输入和修改活动单元格中的内容或公式与函数的表达式。在工作表的某个单元格输入数据时，编辑栏会同步显示输入的内容；在编辑栏输入的内容也会同步显示在单元中，如果输入的是公式与函数表达式，则单元格显示的是结果
全选按钮	单击此按钮将实现当前工作表中所有单元格的选择
列标	用于标识或选择工作表的列，以大写英文字母A—Z、AA—AZ、……、XFD编号，一个工作表中有16 348列，按快捷键【Ctrl+→】可查看
行号	用于标识或选择工作表的行，以阿拉伯数字表示，1个工作表中有1 048 576行，按快捷键【Ctrl+↓】可查看
活动单元格	当前被选中的单元格
填充柄	位于活动单元格的右下角，呈一个小正方形。可用于序列填充、重复填充、数列规则填充、公式复制等
工作表编辑区	用于显示或编辑工作表中的数据
滚动按钮	当工作表标签太多，显示不全被折叠时可用。用于滚动工作表标签，按左右三角选择滚动方向
工作表标签	用来标识工作表，当工作簿中含有多个工作表时，单击不同的工作表标签可在各工作表之间进行切换； 用于显示与切换工作表，当工作簿中的工作表较多时，可以单击"切换工作表"按钮，实现工作表的快速切换
新工作表按钮	单击表格最下方工作表名称右边的加号按钮，可增加一个新的工作表
状态栏	用于显示当前操作过程中的一些状态信息
视图按钮	用于切换工作表的显示视图，共有普通、分页预览、全屏显示、阅读四种模式，可从字面意义去理解不同视图的显示效果
显示比例滑块	用于调整工作表的显示比例。还可用【Ctrl】键+鼠标滚轮上滑实现显示比例的放大，用【Ctrl】键+鼠标滚轮下滑实现显示比例的缩小

2．基本概念

（1）工作簿。工作簿是指Excel软件用来储存并处理工作数据的文件，也就是说，Excel文档就是工作簿。它是Excel工作编辑区中一个或多个工作表的集合，其扩展名为.xlsx。

（2）工作表。工作表是显示在工作簿窗口中的表格，由单元格、行号、列标以及工作表标签组成。默认情况下，每个新工作簿中包含1个工作表，名称为Sheet1。

一个工作表可以由 1 048 576 行和 16 348 列构成，行的编号从 1 到 1 048 576，列的编号依次用大写字母 A—Z、AA—AZ、……、XFD 表示，行号显示在工作表编辑区的左边，列号显示在工作表编辑区的上边。

工作簿和工作表的关系就像书本和书页的关系，每个工作簿中可以含有多张工作表。1 个工作簿中最多可建立 255 个工作表，这些工作表相互独立，有时候同一个工作簿中的工作表可以进行编组，执行统一操作。

（3）单元格。单元格为工作表中行和列相交的部分，是用来输入数据或公式的矩形小格子，是存放数据的最小单元。每个单元格都可以用行和列来唯一表示，如 C7 代表第 C 列第 7 行。

在工作表中选定或正在编辑的单元格叫作活动单元格或当前单元格，它的单元格边框会以加粗的绿色线框突出显示，框的右下角有一个小方块，这个小方块叫作填充柄。

工作表编辑区上方的编辑栏是用于显示、输入和修改活动单元格中的数据的，当在工作表的某个单元格中输入数据时，编辑栏会同步显示输入的内容。

3．工作簿的基本操作

（1）工作簿的新建、保存、打开、关闭。启动 Excel，我们会看到开始界面，如图 6-118 所示。直接在这个界面选择"空白工作簿"，便完成了新建操作。

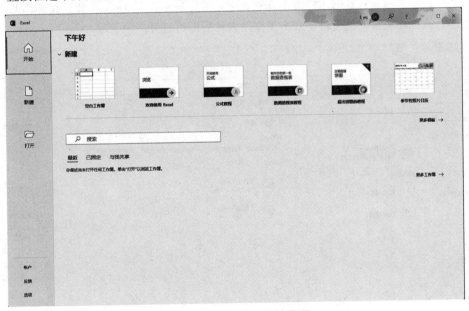

图 6-118　Excel 开始界面

其他新建工作簿的方法为，使用快捷键【Ctrl+N】或单击"文件"|"新建"|"空白工作簿"，也可以选其他表格模板进行新建。

保存工作簿的方法为，使用快捷键【Ctrl+S】，也可以单击标题栏左边文件名旁的"保存"按钮，或者依次单击"文件"|"保存"|"浏览"，打开"另存为"对话框，如图 6-119 所示。在对话框中填写文件名称，选择一个文件存放的地址，如果需要保存为其他格式，在保存类型下拉列表中选择一个类型，然后单击"保存"按钮，即完成保存操作。

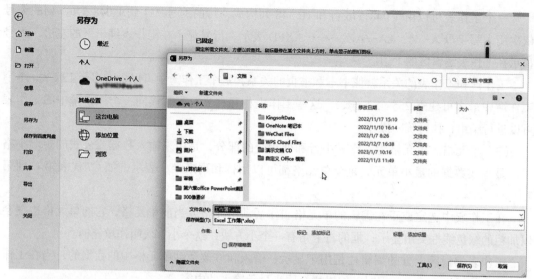

图 6-119 "另存为"对话框

如果要打开一个已存在的工作簿进行查看或编辑，单击"文件"|"打开"，在窗口中会默认显示最近使用过的工作簿，如图 6-120 所示。单击右边列表中工作簿的名称，便能打开相应的工作簿。如果需要打开的工作簿不在列表中，则需要单击"浏览"按钮，在弹出的"打开"对话框中，找到相应需要的文件，双击工作簿名称后即可打开。

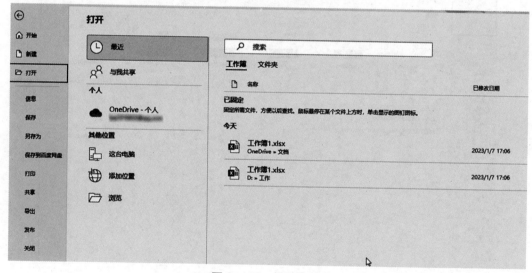

图 6-120 打开窗口

关闭当前打开的工作簿的方法与关闭 Word 文档类似，可以单击标题栏右上角的窗口控制按钮关闭，也可以单击"文件"菜单中的"关闭"按钮。如果这时有修改未保存，则会弹出提示询问是否保存所做修改，根据需要单击相应按钮即可。

（2）保护工作簿。保护工作簿的方法为，单击"审阅"选项卡"保护"功能组的"保护工作簿"按钮，如图 6-121 所示；打开"保护结构和窗口"对话框，如图 6-122 所示，勾选"结构"并输入密码，会弹出"确认密码"对话框，如图 6-123 所示；再次输入密码并确定后，工作簿被保护。此时，将不能对该工作簿中的工作表进行重命名、插入、删除、移动、隐藏等操作。

图 6-121　审阅选项卡功能区菜单

图 6-122　"保护结构和窗口"对话框

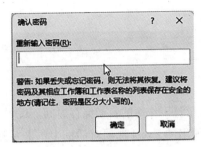

图 6-123　"确认密码"对话框

如果需要撤销对工作簿的保护，打开该工作簿，仍单击"审阅"选项卡"保护"功能组的"保护工作簿"按钮，将弹出"撤销工作簿保护"对话框，如图 6-124 所示，输入保护时设置的密码，即可撤销对工作簿的保护。

图 6-124　"撤销工作簿保护"对话框

（3）设置工作簿的访问权限。为工作簿设置打开或者修改的访问权限，可以保护工作簿不被未经授权的人打开或者修改。

设置工作簿访问权限的方法为，打开需要设置访问权限的工作簿，单击"文件"|"另存为"|"浏览"，打开"另存为"对话框，单击"工具"下拉按钮，打开"工具"下拉菜单，如图 6-125 所示。选择"常规选项"，打开"常规选项"对话框，如图 6-126 所示。其中，打开权限密码，指打开工作簿时需要正确输入的密码，否则无法打开工作簿；修改权限密码，指工作簿修改后保存时需要正确输入的密码，否则无法保存修改。如果勾选了建议只读，则打开这个工作簿时系统会建议以只读的方式打开。

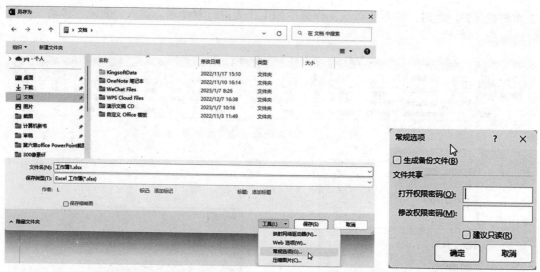

图 6-125 "另存为"对话框   图 6-126 "常规选项"对话框

（4）设置工作簿的自动保存时间。设置工作簿自动保存时间的方法为，单击"文件"|"选项"，在弹出的 Excel 选项对话框中单击左侧列表中的"保存"选项，如图 6-127 所示。然后在右侧勾选"保存自动恢复信息时间间隔"复选框，并在右侧文本框中设置需要的时间间隔，默认为 10 分钟。

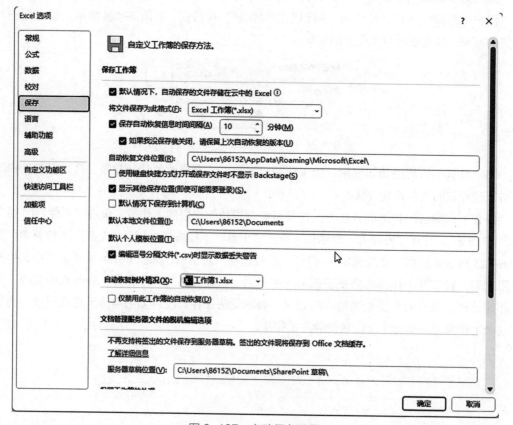

图 6-127 自动保存设置

4．工作表的基本操作

（1）切换工作表。单击工作簿下方的各工作表标签可以切换到不同的工作表。如果标签过多导致看不到需要的工作表，可以通过工作表标签左侧的滚动按钮使工作表标签左右滚动，来查看需要的工作表标签。

（2）新建工作表。新建的工作簿中默认只有 1 张工作表，如果需要多张工作表，可以用以下方法。

方法 1 单击工作表标签右侧的加号"新工作表"按钮，创建新工作表。

方法 2 右键单击工作表标签，在打开的列表菜单中选择"插入"，如图 6-128 所示，打开"插入"对话框，如图 6-129 所示，选择工作表，单击"确定"即可。

图 6-128 插入工作表菜单

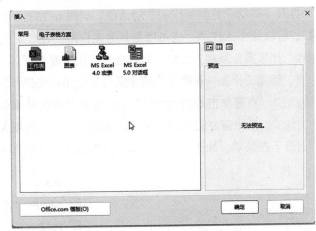

图 6-129 "插入"对话框

方法 3 单击"开始"选项卡"单元格"功能组的"插入"下拉按钮，如图 6-130 所示，在打开的菜单列表中选择"插入工作表"。

图 6-130 "插入"菜单

（3）重命名工作表。在新建的工作簿中，工作表的默认名是 Sheet1，为了更方便记忆和管理，可以给工作表重新命名。重命名工作表的方法如下。

方法 1 双击工作表标签，当工作表名出现灰色底纹时，进入可编辑状态，输入新文件名即可。

方法 2 右键单击需要重命名的工作表标签，在打开的快捷菜单列表中选择"重命名"，进入可编辑状态，输入新文件名即可。

为了便于管理和区分，还可以在快捷菜单列表中选择给工作表设置颜色。

（4）移动和复制工作表。编辑工作簿时，经常需要移动和复制工作表，方法如下。

方法 1 直接拖拽。移动工作表，将需要移动的工作表拖动到目标位置后松开鼠标即可，如图 6-131 所示；复制工作表，按住【Ctrl】键的同时，将需要复制的工作表拖动到目标位置后松开鼠标即可，如图 6-132 所示。鼠标拖动过程中，黑色的小三角提示工作表要插入的目标位置。移动时，鼠标指针是一个空白页面；复制时，鼠标指针的页面上有个加号。

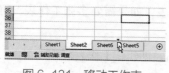

图 6-131　移动工作表　　　　　　　　图 6-132　复制工作表

方法 2　右键单击要移动或者复制的工作表，在打开的快捷菜单列表中选择"移动或复制"，打开"移动或复制工作表"对话框，如图 6-133 所示。在工作簿下拉框中选择"目标工作簿"，可以是本工作簿，也可以是其他工作簿；在"下列选定工作表之前"列表框中选择目标位置，如果需要复制工作表，则勾选建立副本复选框。

（5）删除工作表。删除工作表也是经常会用到的操作，方法如下。

方法 1　右键单击要删除的工作表，在打开的快捷菜单中选择"删除"，如图 6-134 所示。

方法 2　选中需要删除的工作表，单击"开始"选项卡"单元格"功能组"插入"下拉按钮，打开下拉菜单，如图 6-135 所示，选择删除工作表即可。

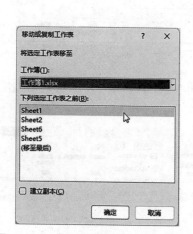 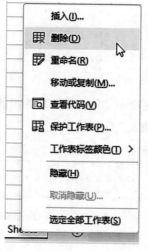 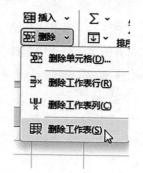

图 6-133　"移动或复制工作表"对话框　　图 6-134　工作表快捷菜单　　图 6-135　"删除"下拉菜单

（6）冻结工作表窗口。当查看的数据表的数据量非常大时，导致行数和列数非常多，因此为了在工作表滚动时使数据内容与行列标题对应查看，可以使用冻结工作表窗口的方式，来大大地提高工作效率。

冻结工作表窗口的方法为，选择要进行冻结的位置，单击"视图"选项卡"窗口"功能组的"冻结窗格"下拉菜单，打开菜单列表，如图 6-136 所示。选择"冻结窗格"，则选中单元格上方所有行和左边所有列被冻结，当向下或向右滚动表格数据时，冻结的行和列始终显示；选择"冻结首行"，则只有第一行被冻结；选择"冻结首列"，则只有第 A 列被冻结。当需要取消冻结时，只需要在"冻结窗格"下拉菜单中选择"取消冻结窗格"即可。

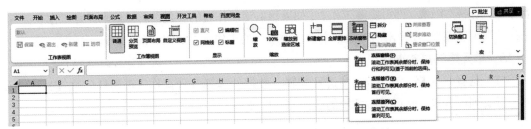

图 6-136　"冻结窗格"下拉菜单

（7）保护工作表。保护工作表的方法为，选择需要进行保护的工作表，单击"审阅"选项卡"保护"功能组中的"保护工作表"按钮，或在工作表标签单击右键打开的快捷菜单中选择"保护工作表"，打开如图 6-137 所示的"保护工作表"对话框，其中列出了很多选项，除了锁定单元格以外还可以进行很多其他操作，这些选项的含义见表 6-7。

表 6-7　"保护工作表"对话框选项说明

选项	说明
选定锁定的单元格	使用鼠标或键盘选定设置为锁定状态的单元格
选定解除锁定的单元格	使用鼠标或键盘选定未被设置为锁定状态的单元格
设置单元格格式	设置单元格的格式（无论单元格是否锁定）
设置列格式	设置列的宽度，或者隐藏列
设置行格式	设置行的高度，或者隐藏行
插入列	插入新列
插入行	插入新行
插入超链接	插入超链接（无论单元格是否锁定）
删除列	删除列
删除行	删除行
排序	对选定区域进行排序（该区域中不能有锁定单元格）
使用自动筛选	使用现有的自动筛选，但不能打开或关闭现有表格的自动筛选
使用数据透视表	创建或修改数据透视表
编辑对象	修改图表、图形、图片等对象，插入或删除批注
编辑方案	使用方案

图 6-137　保护工作表对话框

如果不想让他人对工作表进行更改，可将"允许此工作表的所有用户进行"列表框的各选项前的复选框设置为空；如果要防止他人取消工作表保护，可在密码框中输入密码，再单击"确定"按钮，然后在重新输入密码编辑框中再次输入同一密码。注意，密码是区分大小写的。

如果要撤销工作表的保护，单击"审阅"选项卡"保护"功能组中的"撤销保护工作表"按钮，此时如果设置过密码，会弹出如图 6-138 所示的"撤销工作表保护"对话框，输入之前设置的保护密码即可。

（8）隐藏工作表。如果想隐藏工作表，右键单击工作

图 6-138　"撤销工作保护"对话框

表标签，选择"隐藏"即可隐藏工作表；如果想取消工作表的隐藏，右键单击任意工作表标签，选择"取消隐藏"，在弹出的对话框中选择要取消的工作表，单击"确定"即可。

5．单元格的基本操作

（1）选择单元格。在 Excel 中进行编辑、数据处理等各种操作，都需要先选择目标单元格、行、列或者单元格区域，常用的选择方法见表 6-8。

表 6-8　选择目标单元格、行、列与区域的方法

操作对象	操作方法
单个单元格	光标指针呈空心十字时，单击即可选中一个单元格
连续单元格区域	将光标移动到要选择的连续区域的起始单元格，按住鼠标左键拖动至对角单元格即可；或者选择起始单元格后，按住【Shift】键，再选择对角单元格即可
不连续单元格区域	选择第一个单元格区域后，按住【Ctrl】键，依次选择其他单元格或单元格区域
一行或多行	单击要选择的行所在的行号即可。上下拖动或按住【Shift】键可以选择连续的多行；按住【Ctrl】键可以选定不连续的行
一列或多列	单击要选择的列所在的列标即可。左右拖动或按住【Shift】键可以选择连续的多列；按住【Ctrl】键可以选定不连续的列
整个表格	单击全选按钮，或者按【Ctrl+A】组合键

（2）合并单元格。合并单元格在编辑 Excel 表格中经常会用到，它是指将相邻的单元格合并为一个单元格。合并后，将只保留所选单元格区域左上角单元格中的内容。

合并单元格的方法为，先选中需要合并的单元格区域，右键单击快捷菜单中的"合并后居中"按钮，如图 6-139 所示；或者单击"开始"选项卡"对齐方式"功能组的"合并后居中"下拉按钮，在打开下拉菜单中选择"合并后居中"，如图 6-140 所示。

图 6-139　"合并后居中"按钮

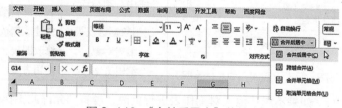

图 6-140　"合并后居中"菜单

合并单元格菜单中，如果选择"合并后居中"，会将选择的多个单元格合并成一个单元格，并将新单元格内容居中；如果选择"跨越合并"，会将所选单元格按行合并；如果选择"合并单元格"，合并后单元格中的文字不居中对齐；如果选择"取消单元格合并"，会将已合并的单元格拆分为多个单元格。

合并单元格前后对比如图 6-141 所示。合并时，如果除了左上角单元格，其余单元格中有值时会弹出如图 6-142 所示的提示框，根据实际需要选择即可。

图 6-141 合并单元格前后对比　　　图 6-142 合并单元格提示框

（3）移动和复制单元格。Excel 中移动和复制单元格中的内容的方法与 Word 中类似，都可以利用快捷键【Ctrl+C】、【Ctrl+X】、【Ctrl+V】来进行复制、剪切和粘贴操作，或者使用"开始"选项卡"剪贴板"功能组中的相关按钮进行操作。

（4）插入和删除单元格。插入和删除单元格有以下方法。

方法 1 使用快捷键。先选中一个单元格，要插入按快捷键【Ctrl+Shift+=】；要删除按快捷键【Ctrl+-】。

方法 2 使用右键快捷菜单。先选中一个单元格，在打开的快捷菜单中选择"插入"或"删除"。

方法 3 使用功能区按钮。选中一个单元格，单击"开始"选项卡"单元格"功能组的"插入"或"删除"下拉按钮，在打开的菜单中选择"插入单元格"或者"删除单元格"。

通过以上三种方法，都会打开如图 6-143 和图 6-144 所示的对话框，然后根据需要选择相应选项即可完成插入或者删除操作。插入和删除操作各选项含义见表 6-9。

图 6-143 "插入"对话框　　图 6-144 "删除"对话框

表 6-9 插入和删除对话框各选项含义

操作类型	选项	说明
插入	活动单元格右移	在当前所选单元格处插入单元格，当前所选单元格右移
	活动单元格下移	在当前所选单元格处插入单元格，当前所选单元格下移
	整行	插入与当前所选单元格行数相同的整行，当前所选单元格所在的行下移
	整列	插入与当前所选单元格列数相同的整列，当前所选单元格所在的列右移
删除	右侧单元格左移	删除所选单元格，所选单元格右侧的单元格左移
	活动单元格下移	删除所选单元格，所选单元格下方的单元格上移
	整行	删除所选单元格所在的整行
	整列	删除所选单元格所在的整列

（5）清除单元格。清除单元格的方法为，选中要清除的单元格或者单元格区域，单击"开始"选项卡"编辑"功能组的"清除"下拉按钮，打开菜单列表，如图6-145所示，根据需要选择清除内容、格式、批注或者超链接。

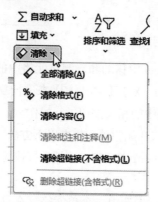

图6-145　清除下拉列表菜单

菜单中各选项的含义见表6-10。

表6-10　清除下拉菜单各选项含义

选项	说明
全部清除	可将所选区域的格式、内容、批注、注释和超链接全部清除
清除格式	只清除所选单元格的格式
清除内容	可将所选单元格的内容清除，按【Delete】键效果相同
清除批注和注释	只清除所选单元格的批注和注释
清除超链接（不含格式）	只清除所选单元格的超链接，不清除单元格格式
清除超链接（含格式）	清除所选单元格的超链接和格式

（6）隐藏或显示行或列。隐藏和显示行或列的方法与隐藏和显示工作表的方法类似，可以选中要隐藏的区域（取消隐藏时，可以选中附近区域），右键单击打开快捷菜单，如图6-146所示，选择"隐藏"或者"取消隐藏"即可。

在功能卡中的操作方法为，选中要隐藏的区域或者要取消隐藏的附近区域，单击"开始"选项卡"单元格"功能组的"格式"下拉按钮，打开列表菜单，如图6-147所示，在可见性区域根据需要选择即可。

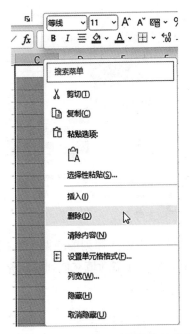
图 6-146　隐藏或取消隐藏快捷菜单

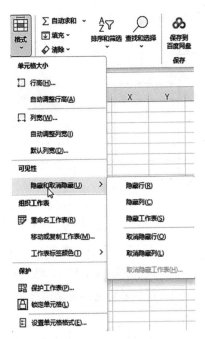
图 6-147　功能卡中的显示和隐藏选项

6．数据的输入及技巧

（1）多个单元格输入相同数据。选中需要填充相同数据的单元格区域（可以连续或者不连续），再输入数据，然后按快捷键【Ctrl+Enter】即可将数据填充到所有选中的单元格中。

（2）自动填充数据。在 Excel 工作表中，活动单元格的右下角有一个绿色小方块，称为填充柄。通过拖动填充柄，可以自动在同一行或同一列的多个连续区域填充与活动单元格内容相关的数据，如相同数据、有规律数据或有序数据。

①填充相同数据。例如，要在 A1：A6 中都填入文本"中国"，可以先在单元格 A1 中输入"中国"，然后向下拖动 A1 右下角的填充柄至单元格 A6 结束，便将 A1 中的数据复制到了 A2：A6 单元格中，如图 6-148 所示。

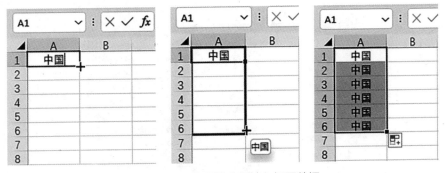
图 6-148　使用填充柄输入相同数据

②填充有规律数据。例如，要给 A1：A5 这多个连续的单元格编号，先在单元格 A1 中输入数据"1"，然后拖动当填充柄到单元格 A5 结束，活动区域右下角会出现一个带加号的"自动填充选项"按钮，单击该按钮，打开一个列表，如图 6-149 所示，选择"填充序列"即完

成编号。实际使用过程中，根据需要选择相应选项。

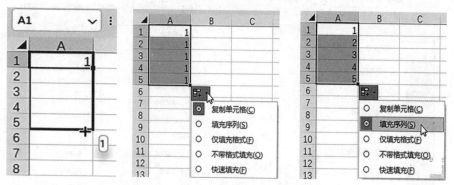

图 6-149　使用自动填充选项填充序号

如果要填充指定步长的等差序列，可在前两个单元格中输入序列的前两个数据。如在 A1、A2 单元格中分别输入 1 和 3，然后选定这两个单元格，并拖动填充柄到要填充的区域，释放鼠标左键，根据需要选择自动填充选项，如图 6-150 所示。

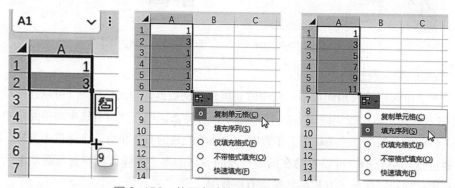

图 6-150　使用自动填充选项填充有规律数

如果需要稍微复杂的序列，则选择要填充的区域，单击"开始"选项卡"编辑"功能组的"填充"下拉按钮，在打开的菜单中选择相应的选项，如图 6-151 所示。

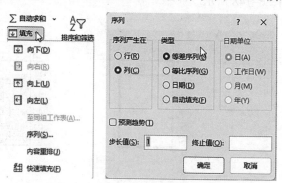

图 6-151　"填充序列"菜单列表和"序列"对话框

（3）自定义序列。序列数据是指有规律变化的数据，在 Excel 中定义了一些常用序列可供使用，如星期、日期、月份、季度等，手动输入这些数据，费时费力，因此可以利用快速填充数据功能来输入此类数据。

　　自定义序列的方法为，选择要用作填充序列的数据，单击"文件"菜单"选项"打开"Excel 选项"对话框，选择"高级"并将右边滚动条拉到常规区域，如图 6-152 所示，单击"编辑自定义列表"，打开"自定义序列"对话框，如图 6-153 所示，单击"导入"按钮即可。也可单击自定义序列列表框中的"新序列"选项，然后在右边输入序列框中输入新的序列，并在每个元素后按【Enter】键换行，在整个序列输入完毕后单击"添加"按钮。如果要删除自定义序列，则选中序列后单击"删除"按钮即可。

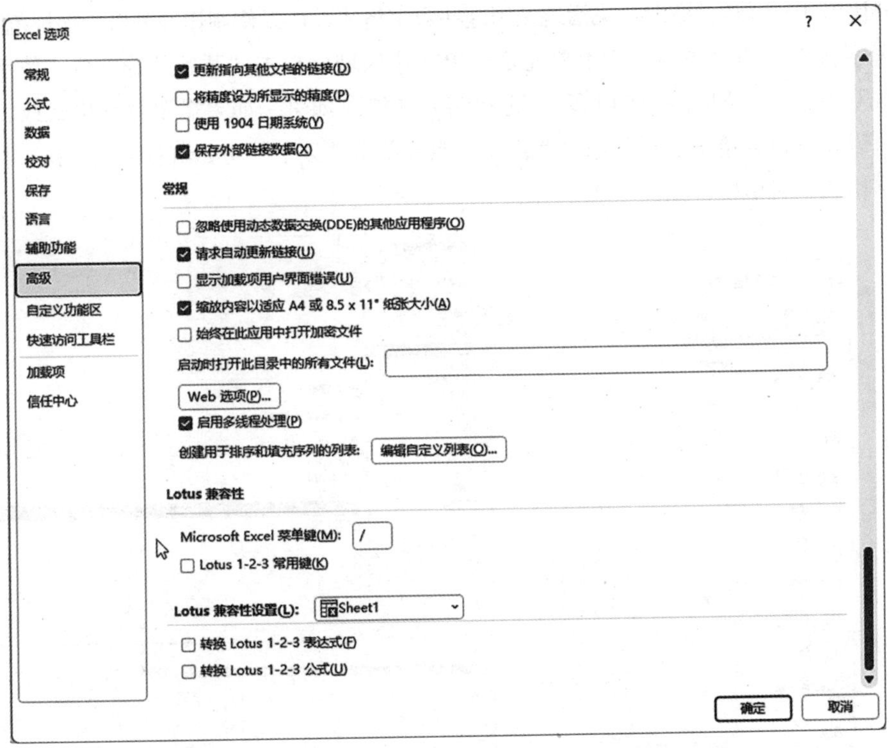

图 6-152　"Excel 选项"对话框高级选项页常规功能区

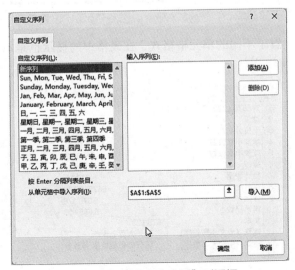

图 6-153　"自定义序列"对话框

6.2.2 工作表的格式设置

1.设置字符格式和对齐方式

在 Excel 中设置字符格式和对齐方式的操作与在 Word 中设置相似，可以参考前面的内容自行设置。

Excel 提供了多种数字格式，如数值格式、货币格式、会计专用格式、日期格式、时间格式、百分比格式、科学记数等，灵活地运用这些数字格式，可以使制作的表格更加规范和专业。

设置字符格式的方法为，选中单元格或单元格区域，单击"开始"选项卡"数字"功能组"常规"下拉框，如图 6-154 所示，选择需要的格式即可。如果需要特殊格式或者自定义格式，可以在下拉菜单中选择其他数字格式，或者单击"数字"功能组右下角按钮，打开"设置单元格格式"对话框，如图 6-155 所示。

图 6-154 设置数字格式下拉菜单

图 6-155 "设置单元格格式"对话框

对于同一内容，设置了不同的单元格格式，在表格中的显示也是不一样的，数据格式实例如图 6-156 所示。

	A	B	C
1	对5678.123的不同格式表示		
2	数值	5678.123	
3	千位分隔符	5,678.123	
4	增加小数位数	5678.1230	
5	减少小数位数	5678.12	
6	货币	¥5,678.12	
7	会计专用	5,678.12	
8	百分比	567812.30%	
9	分数	5678 1/8	
10	科学记数	5.68E+03	
11	文本	5678.123	
12	特殊（中文小写数字）	五千六百七十八.一二三	
13	特殊（中文大写数字）	伍仟陆佰柒拾捌.壹贰叁	
14			

图 6-156 数据格式实例

2．添加边框和底纹

在 Excel 工作表中，可以为特定的单元格区域添加边框和背景颜色或图案，用来突出显示或区分单元格，使表格更具表现力，内容更为清晰美观。

我们通过屏幕查看时，每个单元格都带有浅灰色的边框线，但是实际打印时不会出现任何线条。为表格添加边框，可以使表格中的内容更加清晰明了；为特殊单元格添加底纹，可以用来强调单元格中的数据或者用底色来进行数据分区。

（1）添加边框。选择要添加边框的单元格区域，右键单击打开的快捷菜单中选择"设置单元格格式"，或者单击"开始"选项卡"字体"功能组右下角对话框启动按钮，打开"设置单元格格式"对话框，切换到"边框"选项卡，如图 6-157 所示。可根据需要调整边框样式，并在预览草图中查看，修改到满意后单击"确定"按钮即可。

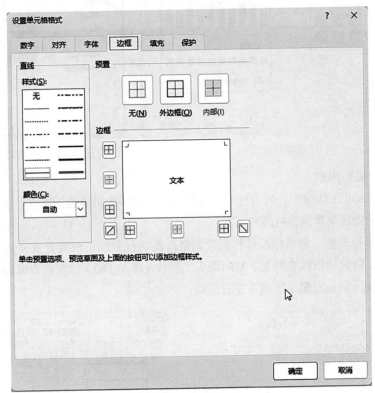

图 6-157　设置单元格对话框边框选项卡

（2）添加颜色和图案。在 Excel 中，可以使用纯色、渐变或图案为单元格或单元格区域进行填充。

选择要设置填充的单元格或者单元格区域，单击"开始"选项卡"字体"功能组或者"对齐方式"功能组或者"数字"功能组右下角按钮，打开"设置单元格格式"对话框，切换到"填充"选项卡，如图 6-158 所示。

如果要填充纯色，在背景色列表中选择颜色即可；如果要填充渐变效果，单击"填充效果"打开"填充效果"对话框，如图 6-159 所示，可根据需要进行设置，直到示例草图中的效果满意为止，单击"确定"按钮即可；如果要填充图案，在"图案颜色"下拉菜单中选择所需颜色，在"图案样式"下拉菜单中选择"图案样式"即可。

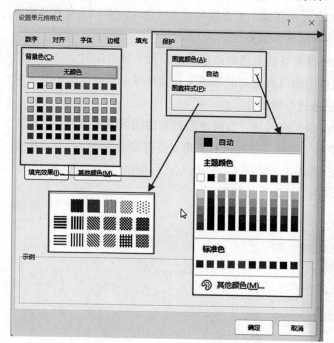

图 6-158 "填充"选项卡

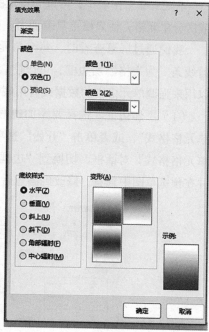

图 6-159 "填充效果"对话框

3. 调整行高和列宽

在新建的 Excel 工作簿中，所有行的高度和列的宽度都是相等的，用户可以根据需要使用鼠标拖动或者功能区菜单调整行高和列宽。

（1）拖动鼠标调整。将鼠标指针移到要调整行高的行号的下框线处或要调整的列宽的列标的右框线处，待鼠标指针变成上下双向箭头于形状（图 6-160）或左右方向的双向箭头形状（图 6-161）中按下鼠标左键上下或者左右拖动。

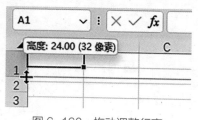

图 6-160 拖动调整行高

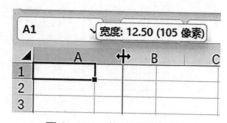

图 6-161 拖动调整列宽

这时，在工作表中将显示出一个提示行高或列宽的信息框，当拖到合适位置后松开鼠标左键，即可调整所选行或列的行高或者列宽。若要改变多行的高度或多列的宽度，可先选定这些行或列，然后再拖动。

（2）通过菜单调整。要精确调整行高或列宽，可先选中要调整行高的单元格或单元格区域，然后单击"开始"选项卡"单元格"功能组的"格式"下拉按钮，在展开的列表中选择"行高"或者"列宽"选项，在打开的"行高"对话框或者"列宽"对话框中输入行高或列宽的值，如图 6-162 所示，再单击"确定"按钮。

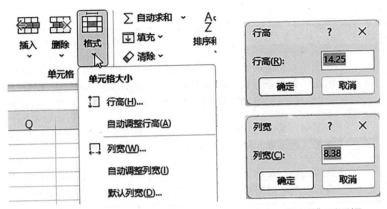

图 6-162 "格式"下拉菜单、"行高"对话框和"列宽"对话框

4．设置条件格式化

使用条件格式，可以让满足特定条件的单元格突出显示，达到醒目的效果，便于用户对工作表数据进行更好的比较和分析。

设置条件格式化的方法为，选择要添加条件格式的单元格区域，单击"开始"选项卡"样式"功能组中"条件格式"下拉按钮，在打开的菜单中选择所需的规则，如图 6-163 所示，有五种条件规则，每种规则又含有多种类型，其含义见表 6-11。

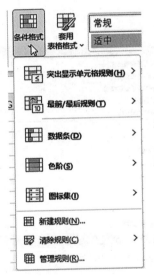

图 6-163 条件格式下拉菜单

表 6-11 条件格式选项说明

条件格式选项	说明
突出显示单元格规则	突出显示所选单元格区域中符合特定条件的单元格。可突出显示大于某一值、小于某一值、介于两个值之间、等于某一值、文本包含、发生日期、重复值等
最前 / 最后规则	其作用与突出显示单元格规则相似。可突出显示前 10 项、前 10%、最后 10 项、最后 10%，以及高于或低于平均值的项等

条件格式选项	说明
数据条	根据单元格值的比例直接在单元格中应用图形条。数据条的长度代表单元格中的值，数据条越长，表示值越高；数据条越短，表示值越低。如果要观察大量数据中较高的值和较低的值时，数据条比较适用。有渐变填充和实心填充
色阶	根据单元格值的比例应用背景颜色，适用于观察数据的分布和变化。有双色刻度和三色刻度，用颜色的深浅来表示值的高低
图标集	在单元格中显示各类图标，图标的图案根据单元格的值而定。使用图标集可以直观地判断数据的范围。有方向、形状、标记和等级等类型图标

如果系统自带的条件格式规则不能满足需求，还可以单击"条件格式"菜单列表底部的"新建规则"选项，或在各规则列表中选择"其他规则"选项，在打开的对话框中自定义条件格式，如图 6-164 所示。

对于已经应用了条件格式的单元格，我们还可以对条件格式进行编辑和修改。其方法为，在"条件格式"按钮列表中选择"管理规则"项，打开"条件格式规则管理器"对话框，在显示其格式规则下拉列表中选择"当前工作表"，此时对话框下方将显示当前工作表中设置的所有条件格式规则，在其中编辑和修改条件格式并确定即可。

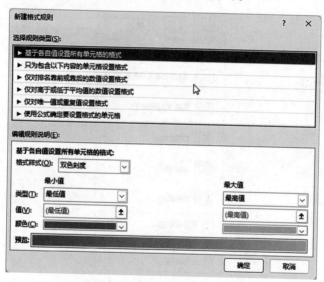

图 6-164 "新建格式规则"对话框

当不需要应用条件格式时，可以将它删除。方法为，在工作表中选择"条件格式"按钮，在打开的菜单中选择"清除规则"选项中相应的选项，如清除所选单元格的规则、清除所选表格的规则。

5. 自动套用样式

Excel 提供了许多内置的单元格样式和表样式，套用这些样式可以快速对表格进行美化操作。

（1）单元格样式。选中要套用单元格样式的单元格区域，单击"开始"选项卡"样式"功能组的"单元格样式"下拉按钮，在打开的菜单列表中选择要应用的样式即可，如图 6-165 所示。

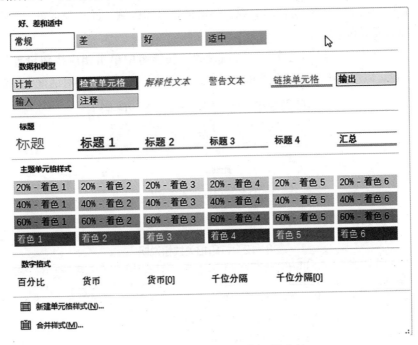

图 6-165 "单元格样式"下拉菜单

（2）套用表格样式。选中要套用表格样式的单元格区域，单击"开始"选项卡"样式"功能组的"套用表格样式"下拉按钮，在打开的菜单列表中选择要应用的样式即可，如图 6-166 所示。

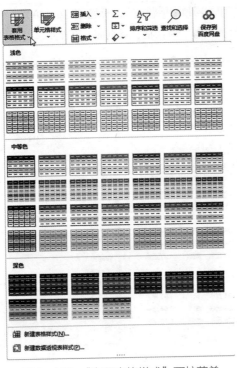

图 6-166 "套用表格样式"下拉菜单

6. 工作表的打印设置

为了使打印出的工作表布局合理美观，还需设置打印区域、插入分页符、页边距、打印纸张大小、添加页眉和页脚等。

设置方法为，在"布局"选项卡"页面设置"功能组中单击相应按钮设置参数，如图6-167所示，也可以单击该功能组右下角按钮，在打开的"页面设置"对话框中设置。

图6-167 "页面设置"功能组

打印相关按钮说明见表6-12。

表6-12 打印相关按钮说明

按钮名称	说明
页边距	设置页面的上、下、左、右边距及工作表数据在页面的居中方式（图6-168）
纸张方向	设置工作表是按照纵向方式打印还是横向方式打印（图6-169）
纸张大小	设置打印纸的大小版型（图6-169）
打印区域	设置需打印的数据区域范围（图6-170）
分隔符	插入分页符、删除分页符或重设所有分页符（图6-170）
背景	设置打印时的背景，可以插入本地图片，也可以搜索网络图片（图6-171）
打印标题	设置每页打印相同顶端标题或左端标题（图6-170）
页面设置	可打开"页面设置"对话框，对页面、页面距、页面/页脚（图6-171）、工作表进行设置

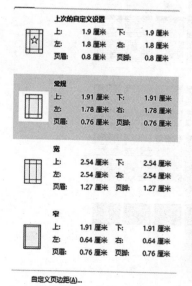

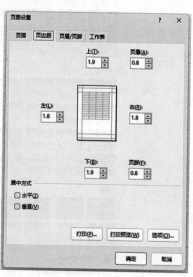

图6-168 设置页边距

图 6-169　设置纸张大小和方向

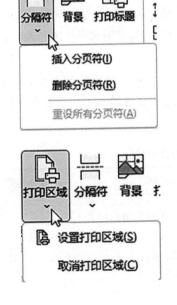

图 6-170　设置打印区域、分隔符和打印标题

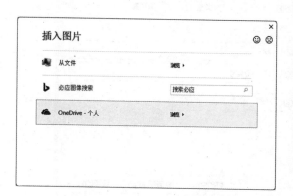

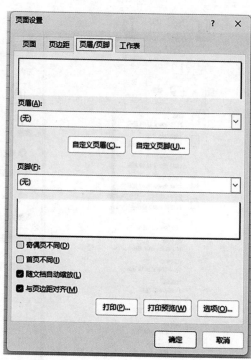

图 6-171　设置背景和页眉页脚

6.2.3　公式与函数

1. 公式

（1）公式。公式由运算符和参与运算的操作数组成。运算符包括算术运算符、比较运算符、文本运算符和引用运算符；操作数包括常量、单元格引用和函数等。与数学中的公式不同，Excel 中要输入公式必须先输入"="，然后再在其后输入运算符和操作数，否则 Excel 会将输入的内容作为文本型数据处理。

（2）运算符。在 Excel 表格中，公式中的运算数可以是常量、单元格或区域的引用、名称或函数等；而运算符可以是算术运算符、比较运算符、文本运算符与引用运算符，其具体种类及功能见表 6-13。

表 6-13　Excel 运算符种类及功能

运算符种类	运算符举例	功能	实例	运算结果
算术运算符	+、一、*、/、%、^	数据运算	=A1*40%+B1*60%（A1=5，B1=10）	8
比较运算符	=、>、>=、<、<=、<>	数据比较	=A2>B2（A2=10，B2=8） =A2>C2（A2=10，C2=18）	TRUE FALSE
文本运算符	&	文本连接	=A3&"好"（A3="中国"）	中国好

运算符种类	运算符举例	功能	实例	运算结果
引用运算符	：（冒号）	区域引用	A3：B7 引用 A 列第 3 行到 B 列第 7 行单元格区域	
	，（逗号）	联合运算	A1：C5，B6：E10 引用 A1：C5 和 B6：E10 这两个单元格区域加起来的部分	
	（空格）	交叉运算	B3：D9 C5：E10 引用 B3：D9 和 C5：E10 这两个单元格区域交叉的部分，即 C5：D9 的单元格区域	

（3）单元格引用。单元格引用用来指明公式中所使用的数据的位置，它可以是一个单元格地址，也可以是单元格区域。通过单元格引用，可以在一个公式中使用工作表不同部分的数据，或者在多个公式中使用一个单元格中的数据，还可以引用同一个工作簿中不同工作表中的数据。当公式中引用的单元格数值发生变化时，公式的计算结果也会自动更新。

①相同或不同工作簿、工作表中的引用见表 6-14。

表 6-14　相同或不同工作簿、工作表中的引用

引用类型	说明	实例
同一工作表中的单元格引用	直接输入单元格或单元格区域地址	A5：C10 表示引用从 A 列第 5 行到 C 列第 10 行的单元格区域
同一工作簿、不同工作表中的单元格	工作表名！单元格或单元格区域	Sheet2!A1：D12 表示引用当前工作簿中的 Sheet2 工作表 A 列第 1 行到 D 列第 12 行的单元格区域
不同工作簿中的单元格	［工作簿名］工作表名！单元格或单元格区域	［工作簿 1.xlsl］Sheet1!E5 表示引用工作簿 1 中的 Sheet1 工作表的 E5 单元格的内容

②相对引用、绝对引用和混合引用的说明见表 6-15。

表 6-15　相对引用、绝对引用和混合引用

引用类型	说明	特点
相对引用	Excel 默认的单元格引用方式，它直接用单元格的列标和行号表示单元格，如 A8；或用引用运算符表示单元格区域，如 C5：E13	在移动或复制公式时，系统会根据移动的位置自动调整公式中引用的单元格地址
绝对引用	指在单元格的列标和行号前面都加上"＄"符号，如 ＄F＄3	不论将公式复制或移动到什么位置，绝对引用的单元格地址都不会改变
混合引用	指引用中既包含绝对引用又包含相对引用，如 A＄5 或 ＄A5 等，用于表示列变行不变或列不变行变的引用	在移动或复制公式时，公式中的相对引用改变，绝对引用不变

2. 函数

函数是预先定义好的计算和处理数据的公式，通过调用可以完成简单或复杂的计算，它必须包含在公式中，由专门的"公式"选项卡"函数库"功能组管理这些函数。Excel 中的函数大致可分为财务、逻辑、文本、日期与时间、查找与引用、数学与三角函数以及其他函数这几类。

每个函数都由函数名和参数组成，其中函数名表示将要执行的操作，如求和函数 SUM；参数可以是数值、单元格或单元格区域引用，也可以是文本、逻辑值、表达式或其他函数等，也可以没有任何参数。

函数的格式：

= 函数名（参数 1，参数 2,…）

注意：

函数必须以"="开头，它可以有多个参数，参数间用英文逗号来分隔，有的函数可以没有参数，但括号不能省略。

常用函数类型及使用举例见表 6-16。

表 6-16　常用函数类型及使用举例

函数类型	常用函数及功能	格式	实例
数学与三角函数	SUM 求和	SUM（number1,［number2］,...） number1：必需，要相加的第一个数字。可以是具体数字，也可以是单元格引用或者单元格区域 number2：要相加的第二个数字	=SUM（B2：E2） 返回 B2：E2 区域数字相加的和
	AVERAGE 平均值	AVERAGE（number1,［number2］,...） number1：必需，要计算平均值的第一个数字、单元格引用或单元格区域 number2：可选，要计算平均值的其他数字、单元格引用或单元格区域，最多可包含 255 个	=AVERAGE（B2:B7） 返回 B2：B7 区域数字的平均值

函数类型	常用函数及功能	格式	实例
数学与三角函数	MAX 最大值	MAX（number1，［number2］，...） number1：必需，要计算平均值的第一个数字、单元格引用或单元格区域 number2：可选，要计算平均值的其他数字、单元格引用或单元格区域，最多可包含 255 个	=MAX（B2：B7） 返回 B2：B7 区域数字中的最大值
	COUNT 数值计数	COUNT（value1，［value2］，...） value1：必需，要计算其中数字的个数的第一项、单元格引用或区域 value2：可选，要计算其中数字的个数的其他项、单元格引用或区域，最多可包含 255 个	=COUNT（A2：B10） 返回 A2:B10 区域中包含数字的单元格的个数
	INT 取整	INT（number） number：必需，需要进行向下舍入取整的实数	=INT（13.7） 返回 13
	ROUND 四舍五入	ROUND（number, num_digits） number：必需，要四舍五入的数字 num_digits：必需，要进行四舍五入运算的位数，大于 0，则将数字四舍五入到指定的小数位数；等于 0，则将数字四舍五入到最接近的整数；小于 0，则将数字四舍五入到小数点左边的相应位数	=ROUND（13433.75,−2） 返回 13400 =ROUND（13433.75,1） 返回 13433.8
财务	PMT 求贷款分期偿还额	PMT（rate, nper, pv,［fv］,［type］） rate：必需，贷款利率 nper：必需，该项贷款的付款总数 pv：必需，现值，或一系列未来付款额现在所值的总额，也叫本金 fv：可选，未来值，或在最后一次付款后希望得到的现金余额，如果省略 fv，则假定其值为 0，即贷款的未来值是 0 type：可选，数字 0（期末）或 1（期初）指示支付时间	=PMT（6%/12,10,−20000） 计算 10 个月付清的年利率为 6% 的 ¥20 000 贷款的月支额
	PV 求某项投资的现值	PV（rate, nper, pmt,［fv］,［type］） rate：必需，各期利率 nper：必需，该项贷款的付款总数 pmt：必需，每期的付款金额，在年金周期内不能更改，通常包括本金和利息，但不含其他费用或税金 fv：可选，未来值，或在最后一次付款后希望得到的现金余额，如果省略 fv，则假定其值为 0，即贷款的未来值是 0 type：可选，数字 0（期末）或 1（期初）指示支付时间	=PV（8%/12,4*12,−3000） 计算投资收益率为 8%，为期 4 年每月底支出 ¥3 000 年金的现值

函数类型	常用函数及功能	格式	实例
财务	DB 求资产的折旧值	DB（cost,salvage,life,period,［month］） cost：为资产原值 salvage：为资产在折旧期末的价值，也称为资产残值 life：为折旧期限，有时也称作资产的使用寿命 period：为需要计算折旧值的期间。Period 必须使用与 life 相同的单位 month：为第一年的月份数，如省略，则假设为 12	=DB（1000000,100000,6,2,3） 计算原值为 ¥1 000 000 的资产，使用寿命 6 年，资产残值为 ¥100 000，第二年的折旧值
逻辑	AND 逻辑与	AND（logical1,［logical2］,...） logical1：必填，第一个想要测试且计算结果可为 TRUE 或 FALSE 的条件 logical2：可选，其他想要测试且计算结果可为 TRUE 或 FALSE 的条件（最多 255 个条件）	=AND（A3>5,B2<8） 如果 A3 大于 5 并且 B2 小于 8，则显示 TRUE；否则显示 FALSE
	OR 逻辑或	OR（logical1,［logical2］,...） logical1：必填，第一个想要测试且计算结果可为 TRUE 或 FALSE 的条件 logical2：可选，其他想要测试且计算结果可为 TRUE 或 FALSE 的条件（最多 255 个条件）	=OR（A3>5,B2<8） 如果 A3 大于 5 或者 B2 小于 8，则显示 TRUE；否则显示 FALSE
	NOT 逻辑非	NOT（logical） logical：必需，计算结果为 TRUE 或 FALSE 的任何值或表达式	=NOT（TRUE） 返回 FALSE
	IF 条件函数	IF（logical_test,value_if_true,value_if_false） logical_test：测试条件 value_if_true：满足条件返回的结果 value_if_false：不满足条件返回的结果	=IF（B2>10,1,2） 如果 B2 大于 10，则返回 1；否则返回 2
	ISNA 检测一个值是否为 #N/A	ISNA（value） value：必需，指的是要测试的值，可以是空白（空单元格）、错误值、逻辑值、文本、数字、引用值，或者引用要测试的以上任意值的名称	=ISNA（B3） 检验单元格 A3 中的值是否为错误值 #N/A，是则显示 TRUE；否则显示 FALSE
文本	LEFT 取左子串	LEFT（text,［num_chars］） text：必需，包含要提取的字符的文本字符串 num_chars：可选，指定要由 LEFT 提取的字符的数量	=LEFT（"中华人民共和国",2） 返回字符串前 2 个字符，结果为"中华"
	RICHT 取右子串	RIGHT（text,［num_chars］） text：必需，包含要提取的字符的文本字符串 num_chars：可选，指定要由 RIGHT 提取的字符的数量	=RIGHT（"中华人民共和国",3） 返回字符串最后 3 个字符，结果为"共和国"

续表

函数类型	常用函数及功能	格式	实例
文本	MID 求子串	MID（text, start_num, num_chars） text：必需，包含要提取的字符的文本字符串 start_num：必需，文本中要提取的第一个字符的位置，文本中第一个字符的 start_num 为 1，以此类推 num_chars：必需，指定希望 MID 从文本中返回字符的个数	=MID(" 中华人民共和国 ",3,2) 从字符串的第 3 位开始取 2 个字符，结果为"人民"
	LEN 求字符串长度	LEN（text） text：必需，要查找其长度的文本。空格将作为字符进行计数	=LEN(" 中华人民共和国 ") 返回 9
日期与时间	NOW 返回当前时间	Now（） 没有参数	=NOW（） 返回当前的日期与时间
	DATE 返回日期	DATE（year,month,day） year：必需，参数的值可以包含 1 到 4 个数字。使用计算机的日期系统解释 year 参数。默认情况下，第一个日期是 1900 年 1 月 1 日 Month：必需，一个正整数或负整数，表示一年中从 1 月至 12 月（一月到十二月）的各个月 Day：必需，一个正整数或负整数，表示一月中从 1 日到 31 日的各天	=DATE（2023,1,1） 返回"2023/1/1" =DATE（2023,-1,1） 返回"2022/11/1" =DATE（2023,1,-1） 返回"2022/12/30"
	YEAR 返回年份	YEAR（serial_number） Serial_number：必需，要查找的年份的日期。应使用 DATE 函数输入日期，或者将日期作为其他公式或函数的结果输入	=YEAR（DATE（2023,1,1）） 返回 2023
	WEEKDAY 返回用数字表示的星期几	WEEKDAY（serial_number,［return_type］） serial_number：必须，一个序列号，代表尝试查找的那一天的日期。应使用 DATE 函数输入日期，或者将日期作为其他公式或函数的结果输入 return_type：指返回类型，一般都选择 2，表示从 1(星期一) 到 7 (星期日) 的数字	=WEEKDAY（DATE（2023,1,1）,2） 返回 7
查找与引用	ROW 求行号	ROW（［reference］） Reference：可选，要返回其行号的单元格或单元格区域	=ROW（B5） 返回 B5 单元格所在的行号，结果为 5
	COLUMN 求列号	COLUMN（［reference］） Reference：可选，要返回其列号的单元格或单元格区域	=COLUMN（B5） 返回 B5 单元格所在的列号，结果为 2

函数类型	常用函数及功能	格式	实例
查找与引用	VLOOKUP 在表区域搜索满足条件的单元格，返回指定列的值	VLOOKUP（lookup_value,table_array,col_index_num,［range_lookup］） lookup_value：必需，要查找的值 Table_array：必需，VLOOKUP 在其中搜索 lookup_value 和返回值的单元格区域 col_index_num：必需，其中包含返回值的单元格的编号（table_array 最左侧单元格为 1 开始编号） range_lookup：可选，一个逻辑值，该值指定希望查找近似匹配（TRUE）还是精确匹配（FALSE）	=VLOOKUP("a",A4:C9,3,FALSE) 在 A4:C9 的 第 1 列（A 列）精确查找"a"，如果找到，则返回第 3 列（C 列）对应值；否则返回 #N/A
信息	TYPE 以数字的形式返回参数值的类型	TYPE（value） Value：必需，可以数字、文本以及逻辑值等	=TYPE（A3） 返回 A3 单元格内数值类型，其中数字为 1，文本为 2，逻辑值为 4，误差值为 16，数组为 64，复合数据为 128
	ISBLANK 判断引用单元格是否为空单元格	ISBLANK（value） value：必需，指的是要测试的值，可以是空白（空单元格）、错误值、逻辑值、文本、数字、引用值，或者引用要测试的以上任意值的名称	=ISBLANK（A6） 检验单元格 A2 是否为空，为空则返回 TRUE，否则返回 FALSE

6.2.4 数据处理功能

1．数据排序

当我们需要对一列数据进行排序时，可选中该列中的任意单元格，然后单击"数据"选项卡"排序和筛选"功能组中的"升序"按钮或"降序"按钮。此时，同一行其他单元格的位置也将随之变化。

若选中某一列的单元格区域后单击"排序"按钮，将会弹出如图 6-172 所示的"排序"对话框。按"选项"按钮，会弹出如图 6-173 所示的"排序选项"对话框，根据需要选择即可。

图 6-172 "排序"对话框

图 6-173 "排序选项"对话框

2．数据筛选

使用筛选可使数据表中仅显示满足条件的行，不符合条件的行将被隐藏。Excel 中可以使用两种方式筛选数据：自动筛选和高级筛选。

（1）自动筛选。自动筛选可以轻松地显示出工作表中满足条件的记录行，它适用于简单条件的筛选。自动筛选有三种筛选类型：按列表值、按格式或按条件。这三种筛选类型是互斥的，用户只能选择其中的一种进行数据筛选。

（2）高级筛选。高级筛选适用于通过复杂的条件来筛选单元格区域。使用时，首先在选定工作表中的指定区域创建筛选条件，然后选择参与筛选的数据区域和筛选条件以进行筛选。

条件区域与数据区域之间至少要有一个空列或空行，而且条件可以是两列或两列以上，也可以是单列中的多个条件。另外，筛选条件中的字符一定要与数据表中的字符相匹配，否则筛选时会出错。

（3）取消筛选。如果要取消对某一列进行的筛选，可单击该列列标签单元格右侧的三角按钮，在展开的列表中选中"全选"复选框，然后单击"确定"按钮。要取消对所有列进行的筛选，可单击"数据"选项卡"排序和筛选"功能组中的"清除"按钮。如果要删除数据表中的三角筛选按钮，可单击"数据"选项卡"排序和筛选"功能组中的"筛选"按钮。

3．分类汇总

分类汇总有简单分类汇总和嵌套分类汇总之分，无论哪种汇总方式，进行分类汇总的数据表的第一行必须有列标签，而且在分类汇总前必须对作为分类字段的列进行排序。

（1）简单分类汇总。简单分类汇总是指以数据表中的某列作为分类字段进行汇总。如在"空调销售表"中以"销售员"作为分类字段，对"销售额"进行求和分类汇总。

（2）嵌套分类汇总。嵌套分类汇总用于对多个分类字段进行汇总。如在"空调销售表"中分别以"销售员"和"品牌"作为分类字段，对"销售额"进行求和汇总。

（3）分级显示数据。对工作表中的数据执行分类汇总后，在工作表的左侧将显示一些符号，通过单击这些符号可对分类汇总的结果进行分级显示，从而显示或隐藏工作表中的明细数据。其操作步骤如下。

①分级显示明细数据：单击分级显示符号可显示相应级别的数字，较低级别的明细数据会隐藏起来。

②隐藏与显示明细数据：单击工作表左侧的折叠按钮可以隐藏对应汇总项的原始数据，此时该按钮变为，单击该按钮将显示原始数据。

③清除分级显示：不需要分级显示时，可以根据需要将其部分或全部删除。要取消部分分级显示，可先选择要取消分级显示的行，然后单击"数据"选项卡上"分级显示"组中的"取消组合"＞"清除分级显示"项。要取消全部分级显示，可单击分类汇总工作表中的任意单元格，然后选择"清除分级显示"项。

（4）取消分类汇总。要取消分类汇总，可打开"分类汇总"对话框，单击"全部删除"按钮。删除分类汇总的同时，Excel 会删除与分类汇总一起插入到列表中的分级显示。

4．插入图表

通过制作空调销售图表可以比较各销售员的销售数据，学习在 Excel 中创建、编辑和美化图表方法。此外，还可以通过创建空调销售数据透视图，以查看、汇总、筛选和分析各销售员或各品牌的销售数据。学习创建数据透视图的方法如下。

（1）认识图表。利用 Excel 图表可以直观地反映工作表中的数据，方便用户进行数据的比较和预测。创建和编辑图表，首先需要认识图表的组成元素（也叫图表项），它主要由图表区、标题、绘图区、坐标轴、图例、数据系列等组成。

在生成的图表上鼠标移动到哪里都会显示元素的名称，熟识这些名称能让我们更好更快地对图表进行设置，各部分名称及介绍见表 6-17。

表 6-17　图表中各部分名称及介绍

名称	说明
图表	包括标题、图例、图表区、绘图区、数据系列、数据标签、坐标轴和网格线等
图表区	主要分为图表标题、图例、绘图区三大组成部分
绘图区	指图表区内的图形表示的范围，有数据系列、数据标签、坐标轴、网格线等
图表标题	显示在绘图区上方的文本框，其作用是简明扼要地概述图表的作用
图例	显示各个系列代表的内容。默认显示在绘图区的右侧
数据系列	由一组数据生成的系列，可选择按行生成或按列生成。在设计图表时，可以通过"切换行列"来改变图表的布局
坐标轴	按位置不同可分为主坐标轴和次坐标轴，默认显示的是绘图区左边的主 Y 轴和下边的主 X 轴
网格线	网格线用于显示各数据点的具体位置
数据源	建立图表时所依据的数据来源
数据标签	表示组成数据系列的数据点的值。它包括数据点的值、系列名称、类别名称等形式

Excel 支持创建各种类型的图表，如柱形图、折线图、饼图、雷达图、条形图、面积图等，可以用多种方式表示工作表中的数据。常用图表类型、样例及用途见表 6-18。

表 6-18　常用图表类型、样例及用途

图表类型	样例	用途
柱形图	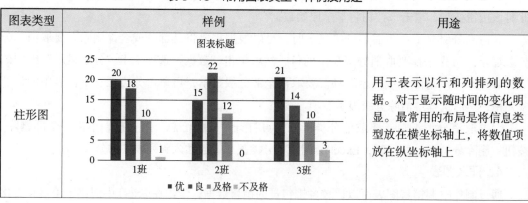	用于表示以行和列排列的数据。对于显示随时间的变化明显。最常用的布局是将信息类型放在横坐标轴上，将数值项放在纵坐标轴上

图表类型	样例	用途
折线图		与柱形图类似，区别在于折线图可以显示一段时间内连续的数据，特别用于显示趋势
饼图		适合于显示个体与整体的比例关系。显示数据系列相对于总量的比例，每个扇区显示其占总体的百分比，分离型饼图能更清晰地表达效果
雷达图		用于对比表格中多个数据系列的总计，可显示 4～6 个变量的关系
条形图		用于比较两个或多个项之间的差异

图表类型	样例	用途
XY（散点）图	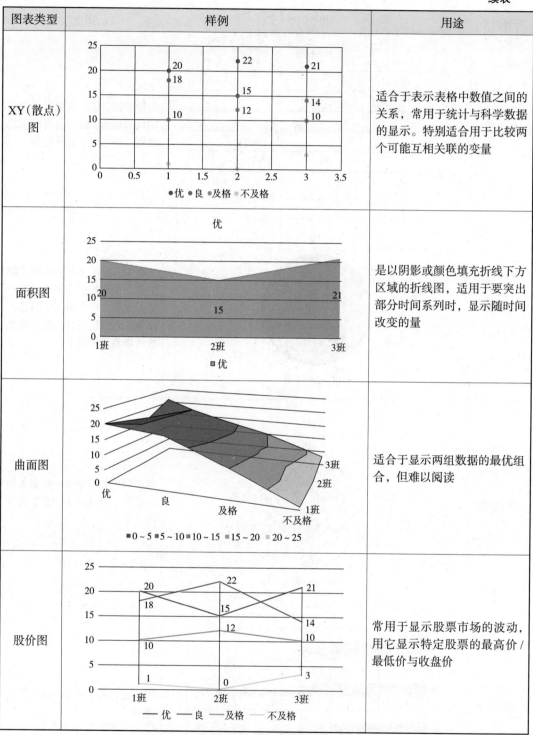	适合于表示表格中数值之间的关系，常用于统计与科学数据的显示。特别适合用于比较两个可能互相关联的变量
面积图		是以阴影或颜色填充折线下方区域的折线图，适用于要突出部分时间系列时，显示随时间改变的量
曲面图		适合于显示两组数据的最优组合，但难以阅读
股价图		常用于显示股票市场的波动，用它显示特定股票的最高价/最低价与收盘价

（2）图表中的色彩。图表中颜色的应用非常重要，好的色彩搭配能吸引观者的注意力，使图表传递更多的信息，给人一种专业感。为了使图表显得更专业，通常不选用 Excel 的默认颜色，这就需要了解一些常见的色彩搭配，为了使颜色使用更准确，我们可以用具体的 RGB

值，从拾色器中选取颜色。

RGB 的值是指光学三原色：R 是红色（Red）、G 是绿色（Green）、B 是蓝色（Blue）。RGB 值是指其亮度，用整数从 0、1、2……直到 255 来表示。其中，255 亮度最大，0 表示亮度为 0。因此，R、G、B 都各有 256 级亮度，RGB 色彩模式是目前运用最广的颜色标准，通过对红（R）、绿（G）、蓝（B）三个颜色通道的变化以及他们相互之间的叠加来得到各种各样的颜色。

（3）创建图表。Excel 中的图表分为嵌入式图表和图表工作表。嵌入式图表将插入数据源所在的工作表中；图表工作表的图表与数据源工作表处于等地位的独立工作表。嵌入式图表和图表工作表均与工作表数据相关联，并与工作表数据同步。

创建图表的方法为，先选择待建立图表的数据，单击"插入"选项卡"图表"功能组右下角按钮，打开"插入图表"对话框，如图 6-174 所示。先选择"所有图表"选项卡，再选择图表类型，最后选择右边图表子类型，选完后单击"确定"即可生成嵌入式图表。

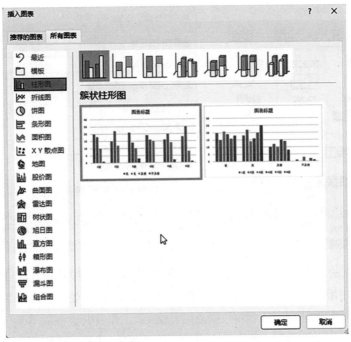

图 6-174 "插入图表"对话框

选中插入的图表，菜单栏增加了两个选项卡，分别是"图表设计"和"格式"选项卡，如图 6-175 所示。用这些按钮能够快速美化图表、调整数据行列转换等。

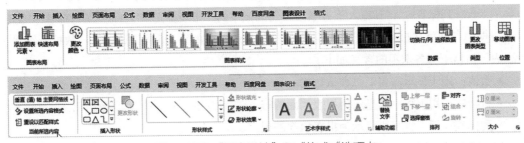

图 6-175 "图表设计"和"格式"选项卡

5. 数据透视图

数据透视表能够将数据筛选、排序和分类汇总等操作依次完成，而不需要使用公式和函数，最后生成汇总表格。为确保数据可用于数据透视表，在创建数据源时需要做到以下几方面。

- 数据中没有空行或空列。
- 去掉所有自动小计。
- 第一行必须包含列标签。
- 各列数据类型必须相同，不能文本与数字混合或者其他混合。

选中数据源中的任意一个单元格，单击"插入"选项卡"表格"功能组的"数据透视表"下拉按钮，如图6-176所示，选择表格和区域，打开"来自表格或区域的数据透视表"对话框，如图6-177所示。

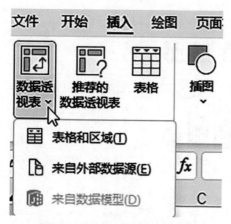

图6-176 数据透视表下拉菜单

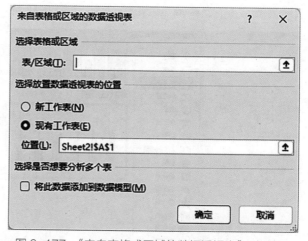

图6-177 "来自表格或区域的数据透视表"对话框

在打开对话框的"表/区域"编辑框中填入数据源区域的引用（或由选区自动带出），如果显示的单元格区域引用不正确，可以单击其右侧的"压缩"对话框按钮，然后在工作表中重新选择。确认选中"新工作表"单选钮（表示将数据透视表放在新工作表中），然后单击"确定"按钮。

创建一个新工作表并在其中添加一个空的数据透视表。Excel功能区自动显示"数据透视表工具"选项卡，包括两个子选项卡，工作表编辑区的右侧将显示出"数据透视表字段列表"窗格，以便用户添加字段、创建布局和自定义数据透视表，如图6-178所示。

默认情况下，"数据透视表字段列表"窗格显示两部分：上方的字段列表区是源数据表中包含的字段（列标签），将其拖入下方字段布局区域中的"报表筛选""列标签""行标签""数值"等列表框中，即可在报表区域（工作表编辑区）显示相应的字段和汇总结果。"数据透视表字段列表"窗格下方各选项的含义如下。

- 数值：用于显示需要汇总数值数据。
- 行标签：用于将字段显示为报表侧面的行。
- 列标签：用于将字段显示为报表顶部的列。
- 报表筛选：用于筛选整个报表。

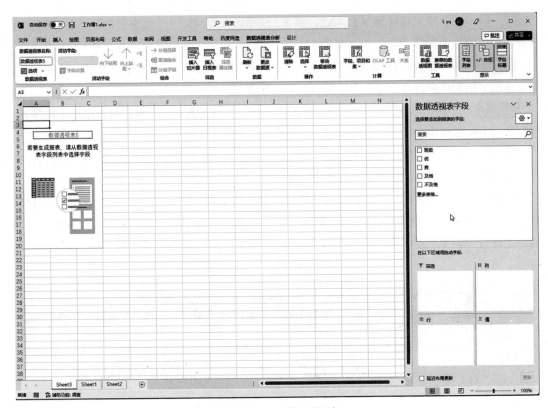

图 6-178　数据透视表

6.2.5　练习实例

1．美化数据表

请打开本书素材文件夹，找到如图 6-179 所示的数据表，或者可以到国家统计局官网下载一些数据进行操作。具体操作步骤如下。

A	B	C	D	E	F	G	H	I	J
数据库：年度数据									
时间：2022									
指标	2021年	2020年	2019年	2018年	2017年	2016年	2015年	2014年	2013年
年末总人口(万人)	141260	141212	141008	140541	140011	139232	138326	137646	136726
男性人口(万人)	72311	72357	72039	71864	71650	71307	70857	70522	70063
女性人口(万人)	68949	68855	68969	68677	68361	67925	67469	67124	66663
城镇人口(万人)	91425	90220	88426	86433	84343	81924	79302	76738	74502
乡村人口(万人)	49835	50992	52582	54108	55668	57308	59024	60908	62224
注：1981年及以前人口数据为户籍统计数；1982、1990、2000、2010、2020年数据为当年人口普查数据推算数；其余年份数据为年度人口抽样调查推算数据。总人口和按性别分人口中包括现									
数据来源：国家统计局									

图 6-179　年度数据表美化前

步骤 1　打开素材表格"年度数据 .xlsx"。这里注意，如果下载的表格为".xls"格式，需要另存为".xlsx"格式，否则后面会有兼容性问题。

步骤 2　选中单元格区域 A1：K1，右键快捷工具栏单击"合并后居中"按钮；选中单元格区域 A2：K2，右键单击打开快捷工具栏，单击"合并后居中"按钮。

步骤 **3** 选中单元格区域 A1：A2，单击"开始"|"字体"|"填充颜色"下拉按钮，在打开的下拉菜单中选择"浅灰色，背景 2"。

步骤 **4** 选中单元格区域 A3：K8，单击"开始"|"样式"|"套用表格格式"下拉按钮，在打开的下拉菜单中选择"绿色，表样式中等深浅 7"。

步骤 **5** 选中单元格区域 A9：K9，单击"开始"|"对齐方式"|"合并后居中"下拉按钮，在打开的下拉菜单中选择"合并单元格"，用同样的方法将单元格区域 A10：K10 合并。

步骤 **6** 选中单元格区域 A9：A10，单击"开始"|"字体"|"填充颜色"下拉按钮，在打开的下拉菜单中选择"浅灰色，背景 2"。

步骤 **7** 选中单元格 A9，单击"开始"|"对齐方式"|"自动换行"按钮，然后将鼠标移动到第 9 行和第 10 行的分割线处，等鼠标指针变成上下箭头后，按住鼠标左键并向下拖动到合适位置，使单元格中的文字显示完整后松开鼠标左键，表格的美化即完成，如图 6-180 所示。

指标	2021年	2020年	2019年	2018年	2017年	2016年	2015年	2014年	2013年	2012年
					数据库：年度数据					
					时间：2022					
年末总人口(万)	141260	141212	141008	140541	140011	139232	138326	137646	136726	135922
男性人口(万人)	72311	72357	72039	71864	71650	71307	70857	70522	70063	69660
女性人口(万人)	68949	68855	68969	68677	68361	67925	67469	67124	66663	66262
城镇人口(万人)	91425	90220	88426	86433	84343	81924	79302	76738	74502	72175
乡村人口(万人)	49835	50992	52582	54108	55668	57308	59024	60908	62224	63747

注：1981年及以前人口数据为户籍统计数；1982、1990、2000、2010、2020年数据为当年人口普查数据推算数；其余年份数据为年度人口抽样调查推算数据。总人口和按性别分人口中包括现役军人，按城乡分人口中现役军人计入城镇人口。

数据来源：国家统计局

图 6-180 美化后的年度数据表

2. 数据处理

（1）计算平均值。具体操作步骤如下。

步骤 **1** 在单元格 L3 中输入"2017—2021 年平均"；在单元格 M3 中输入"2012—2016 年平均"。

步骤 **2** 选中单元格 L4，单击"公式"|"函数库"|"插入函数"按钮，打开插入函数对话框，如图 6-181 所示，在"或选择类别"框中的选择类别"常用函数"，在"选择函数"列表框中选择"AVERAGE"选项，然后单击"确定"按钮。

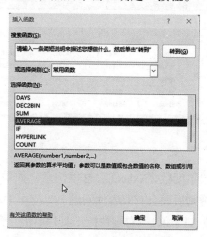

图 6-181 插入函数对话框

步骤 3 打开"函数参数"对话框,确定函数参数。插入不同的函数,其显示的"函数参数"对话框也会有所不同。如图 6-182 所示,在 Number1 文本框中自动匹配了要引用的单元格,如果引用单元格有误,可直接输入单元格区域"B4:F4",也可单击参数 Number1 的输入框后面"收缩"按钮,将对话框折叠起来,接着在工作表上重新选取单元格,然后再按"展开"按钮返回函数参数对话框。最后单击"确定"按钮完成计算,可以看到这一列都自动填充公式,完成计算了。

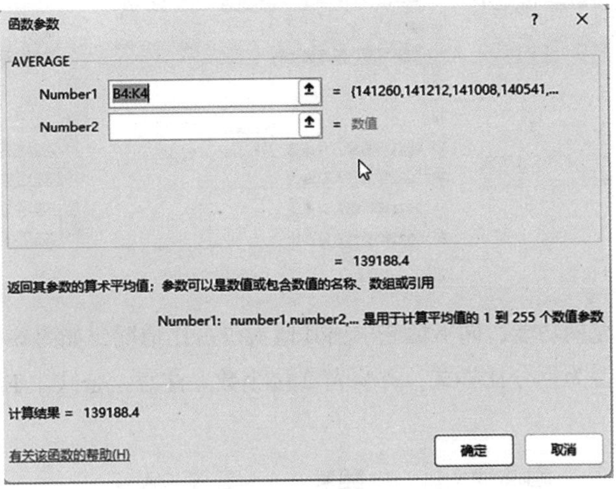

图 6-182 "函数参数"对话框

步骤 4 下面我们用另一种方法计算平均值。选中单元格 M4,单击"公式"|"函数库"|"自动求和"下拉按钮,在打开的菜单中选择"平均值"命令,如图 6-183 所示,函数参数自动匹配"B4:L4",包括非 2012—2016 年的数据和刚才算出的平均值,重新选取参数区域"G4:K4",按【Enter】键计算出平值,同样将这一列自动填充。

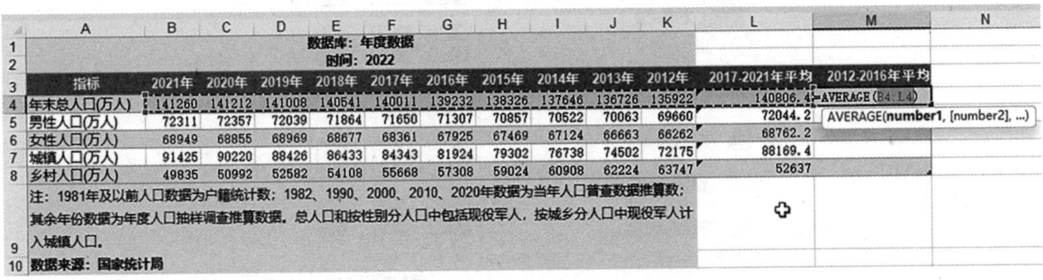

图 6-183 用"自动求和"下拉列表中的"平均值"函数快速计算

(2)计算占比。具体操作步骤如下。

步骤 1 分别在 A13:A16 单元格区域中输入"2021 年男性人口占比""2021 年女性人口占比""2021 年城镇人口占比""2021 年乡村人口占比"。

步骤 2 选中单元格 B13,输入"=",选取 B5 单元格,输入"/",接着选取 B4 单元格,创建除法公式,用 2021 年男性人口除以 2021 年末总人口。在编辑栏中可以看到完整的公式,光标定位于公式中的 B4 上,按【F4】键,切换成绝对地址引用,如图 6-184 所示,按【Enter】键结束。

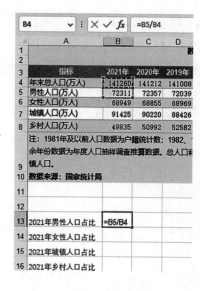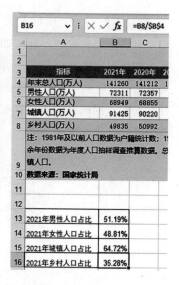

图 6-184 人口占比的计算

步骤 3 利用填充柄功能，向下填充求出其他人口占比情况，如图 6-185 所示。将所占比例 "B13：B16" 设置为百分比样式，并保留 2 位小数。注意，公式中 B4 必须使用绝对地址引用才能实现填充。

图 6-185 "条件格式"下拉菜单

3．生成图表

（1）设置条件格式。具体操作步骤如下。

步骤 1 为了使效果明显，先给表格添加边框。选中单元格区域 A13：B16，单击 "开始" | "字体" | "边框" 下拉按钮，在打开的菜单中选择 "所有框线"。

步骤 2 选中单元格区域 B13：B16，单击 "开始" | "样式" | "条件格式" 下拉按钮，在打开的菜单中选择 "数据条 - 实心填充 - 绿色"，结果如图 6-186 所示。

13	2021年男性人口占比	51.19%
14	2021年女性人口占比	48.81%
15	2021年城镇人口占比	64.72%
16	2021年乡村人口占比	35.28%

图 6-186　条件格式填充结果

（2）设置迷你图。具体操作步骤如下。

步骤 1　在单元格 N3 中输入"折线图"，然后选中单元格 N4，单击"插入"|"迷你图"|"折线"按钮，弹出"创建迷你图"对话框，如图 6-187 所示，单击"数据范围"输入框，并在表格中选中 B4：K4，然后单击"确定"按钮，单元格 N4 中便插入了迷你图。

步骤 2　切换到"迷你图"选项卡，在"显示"功能组勾选"标记"，然后在样式下拉菜单中选择"蓝色，迷你图样式深色 #5"，如图 6-188 所示。

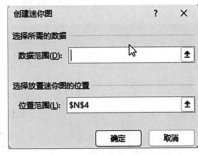

图 6-187　"创建迷你图"对话框

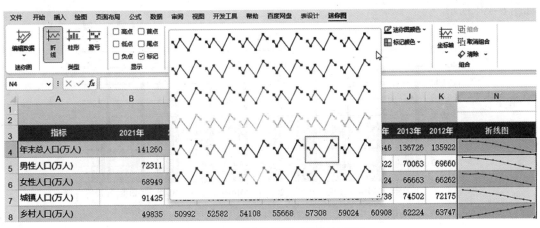

图 6-188　"迷你图样式"下拉菜单

步骤 3　利用填充柄功能，向下填充其他指标的折线图，如图 6-189 所示。为了使迷你图看得更清楚，隐藏了 L 列和 M 列。

	A	B	C	D	E	F	G	H	I	J	K	N
1				数据库：年度数据								
2				时间：2022								
3	指标	2021年	2020年	2019年	2018年	2017年	2016年	2015年	2014年	2013年	2012年	折线图
4	年末总人口(万人)	141260	141212	141008	140541	140011	139232	138326	137646	136726	135922	
5	男性人口(万人)	72311	72357	72039	71864	71650	71307	70857	70522	70063	69660	
6	女性人口(万人)	68949	68855	68969	68677	68361	67925	67469	67124	66663	66262	
7	城镇人口(万人)	91425	90220	88426	86433	84343	81924	79302	76738	74502	72175	
8	乡村人口(万人)	49835	50992	52582	54108	55668	57308	59024	60908	62224	63747	

图 6-189　插入了迷你图后的数据表

（3）插入图表。具体操作步骤如下。

步骤 1 选中单元格区域 A3：K8，单击"插入"|"图表"|"插入柱形图或条形图"下拉按钮，在打开的菜单中选择"簇状柱形图"，插入如图 6-190 所示图表。

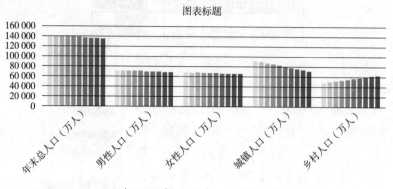

图 6-190 插入的簇状柱形图

步骤 2 选中该图表，切换到"图表设计"选项卡，单击"数据"|"切换行/列"，结果如图 6-191 所示。

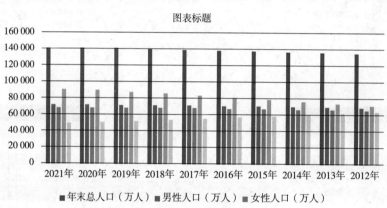

图 6-191 切换行列后的图表

步骤 3 如果需要其他调整，可以在"图表设计"选项卡中进行操作，如图 6-192 所示。

图 6-192 "图表设计"选项卡

6.3 制作演示文稿

PowerPoint 是 Office 办公软件中另一个重要成员，也是一款专业实用的演示文稿制作工具。它可以制作适合各种需要的演示文稿，如产品宣传、课件、培训讲义、作品介绍等。

本节学习演示文稿的制作方法，包括基本对象的插入、幻灯片的设计、图表的插入、音视频和动画的插入、幻灯片母版的使用以及幻灯片放映方式的设置等内容。

6.3.1 演示文稿的基本操作

1．认识 PowerPoint

演示文稿由一张或多张幻灯片组成。在制作时，可以根据需要给幻灯片添加标题、文本框、图片、表格、组织结构图、超链接等各种需要的对象。

如果演示文稿含有多张幻灯片，我们通常会在第一张幻灯片上显示演示文稿的主标题和副标题，制作成封面。在其余的幻灯片中分别列出与主标题有关的子标题和文本条目。

单击系统"开始"菜单，在"所有应用"中找到"PowerPoint"，或者在搜索框输入"PowerPoint"，并单击打开 PowerPoint 开始欢迎界面，如图 6-193 所示。

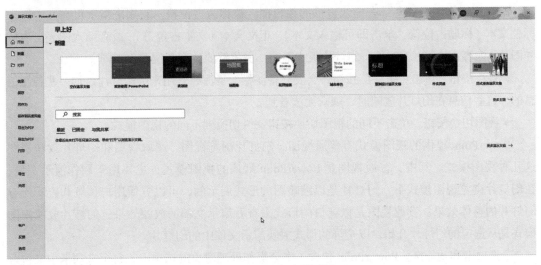

图 6-193 启动后界面

2．PowerPoint 的工作界面

PowerPoint 窗口主要由标题栏、选项卡、功能区、幻灯片窗格、幻灯片编辑区、状态栏等部分组成，如图 6-194 所示。

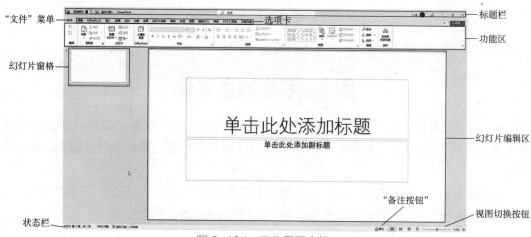

图 6-194　工作界面介绍

● 标题栏。标题栏位于 PowerPoint 工作界面的最上方，从左到右分别为自动保存开关、保存按钮、文件名、搜索框、账号信息和最右边的控制窗口最小化、最大化（布局）、关闭应用程序的三个按钮。

● "文件"菜单。文件菜单包括开始、新建、打开、信息、保存、另存为、导出为 PDF、打印、共享、导出、账户、反馈、选项等命令。

● 幻灯片窗格。使用幻灯片窗格可以快速查看和选择演示文稿中的幻灯片。幻灯片在窗格中以缩略图的形式显示，单击某张幻灯片的缩略图可选中该幻灯片，这时就可以在右侧的幻灯片编辑区编辑该幻灯片内容。

● 幻灯片编辑区。幻灯片编辑区是编辑幻灯片的主要区域，在其中可以为当前幻灯片添加文本、图片、图形、声音和影片等，还可以创建超链接或设置动画。

幻灯片编辑区有一些带有虚线边框的编辑框，被称为占位符。它用来指示可在其中输入标题文本（标题占位符，单击即可输入文本）、正文文本（文本占位符），或者插入图表、表格和图片（内容占位符）等对象。幻灯片版式不同，占位符的类型和位置也不同。

● 备注按钮。单击"备注"按钮，会展开备注栏，备注栏是用来为幻灯片添加一些备注信息的。这些信息在幻灯片放映时，观众无法看到。

● 视图切换按钮。单击不同的视图切换按钮，可切换到不同的视图模式。

PowerPoint 提供的视图模式有普通视图、幻灯片浏览视图、读取视图和幻灯片放映视图这几种视图模式。其中，普通视图是 PowerPoint 默认的视图模式，主要用于制作演示文稿；在幻灯片浏览视图模式下，幻灯片是以缩略图的形式展示的，可以方便用户预览和查看所有幻灯片的整体效果；读取视图是以窗口的形式来查看演示文稿的放映效果；幻灯片放映视图模式是从选定的幻灯片开始，以全屏的形式放映演示文稿中的幻灯片。

● 选项卡和功能区。PowerPoint 包含了多个操作处理对象的选项卡，每个选项卡中又包含了多个功能组，每个功能组中又包含了多个命令按钮，操作直观便捷。

PowerPoint 中各选项卡介绍如下。

（1）"开始"选项卡。开始选项卡中从左到右的功能组依次为撤销、剪贴板、幻灯片、OfficePLUS、字体、段落、绘图、编辑、保存，如图 6-195 所示。

图 6-195 "开始"选项卡

（2）"OfficePLUS"选项卡。"OfficePLUS"选项卡中从左到右的功能组依次为账户、新建、插入、一键优化、AI 实验室、导出、会员和其他，如图 6-196 所示。

图 6-196 "OfficePLUS"选项卡

（3）"插入"选项卡。"插入"选项卡中从左到右的功能组依次为幻灯片、表格、图像、插图、OfficePLUS、加载项、链接、批注、文本、符号、媒体、PPT 推荐，如图 6-197 所示。

图 6-197 "插入"选项卡

（4）"绘图"选项卡。"绘图"选项卡中从左到右的功能组依次为绘图工具、模具、转换、重播，如图 6-198 所示。

图 6-198 "绘图"选项卡

（5）"设计"选项卡。"设计"选项卡中从左到右的功能组依次为主题、变体、自定义、OfficePLUS，如图 6-199 所示。

图 6-199 "设计"选项卡

（6）"切换"选项卡。"切换"选项卡中从左到右的功能组依次为预览、切换到此幻灯片、计时，如图 6-200 所示。

图 6-200 "设计"选项卡

（7）"动画"选项卡。"动画"选项卡中从左到右的功能组依次为预览、动画、高级动画、计时，如图 6-201 所示。

图 6-201 "动画"选项卡

（8）"幻灯片放映"选项卡。"幻灯片放映"选项卡中从左到右的功能组依次为开始放映幻灯片、设置、监视器，如图 6-202 所示。

图 6-202 "幻灯片放映"选项卡

（9）"录制"选项卡。"录制"选项卡中从左到右的功能组依次为录制、内容、自动播放媒体、保存，如图 6-203 所示。

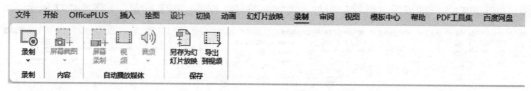

图 6-203 "录制"选项卡

（10）"审阅"选项卡。"审阅"选项卡中从左到右的功能组依次为校对、辅助功能、见解、语言、中文简繁转换、活动、批注、比较、墨迹、OneNote，如图 6-204 所示。

图 6-204 "审阅"选项卡

（11）"视图"选项卡。"视图"选项卡中从左到右的功能组依次为见识文稿视图、母版视图、显示、缩放、颜色 / 灰度、窗口、宏，如图 6-205 所示。

图 6-205 "视图"选项卡

（12）"模板中心"选项卡。"模板中心"选项卡中从左到右的功能组依次为头像、搜索、教育教学、职场办公、通用 PPT，如图 6-206 所示。

图 6-206 "模板中心"选项卡

（13）"PDF 工具集"选项卡。"PDF 工具集"选项卡中从左到右的功能组依次为导出为 PDF、设置、PDF 转换，如图 6-207 所示。

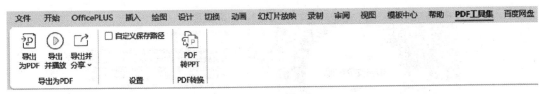

图 6-207 "PDF 工具集"选项卡

3．演示文稿的创建

在 PowerPoint 中新建演示文稿，可以选择创建空白演示文稿，也可以根据模板或主题来创建独具风格的演示文稿。

单击"文件"菜单，在打开的界面中单击"新建"按钮，然后单击要创建的演示文稿类型，如图 6-208 所示。如果是创建空白演示文稿，如图 6-194 所示；如果是根据主题或模板创建演示文稿，则还需要在打开的界面中选择具体的主题或模板，然后单击"创建"或"下载"按钮，如图 6-209 所示。下载完成后，会新建并打开一个刚才选择的模板，如图 6-210 所示。

图 6-208 新建主题或模板演示文稿

图 6-209 "创建和下载模板"对话框

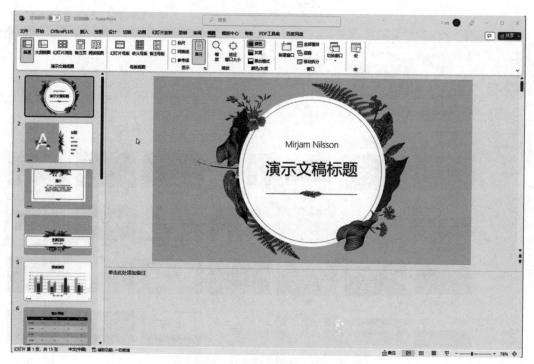

图 6-210 新建模板演示文稿

　　利用主题可以创建具有特定版面、格式，但没有内容的演示文稿；利用模板可以创建具有特定内容和格式的演示文稿。利用模板创建演示文稿后，只需修改相关内容，就可快速制作出各种专业的演示文稿。

　　除了软件中的模板外，我们还可以从网站下载需要的演示文稿模板，再使用 PowerPoint 打开该模板并将其另存，接下来进行编辑操作即可。

4. 幻灯片的基本操作

制作演示文稿时，我们可以进行插入、复制、删除和移动幻灯片的操作，通常会使用普通视图模式或者大纲视图模式，根据个人习惯也可以使用幻灯片浏览模式。

幻灯片版式是 PowerPoint 的一项非常实用的功能，它通过占位符的方式为用户规划好了幻灯片中内容的布局，我们只需选择一个符合需要的版式，然后在其规划好的占位符中输入或插入内容，便可快速制作出符合要求的幻灯片。

（1）插入幻灯片。在演示文稿中插入幻灯片的方法为，在打开的演示文稿中，选择一张幻灯片，单击"开始"选项卡"幻灯片"功能组"新建幻灯片"下拉按钮，打开如图 6-211 所示的下拉菜单。选择需要的版式后，新的幻灯片将被插入到所选幻灯片的后面，如图 6-212 所示。

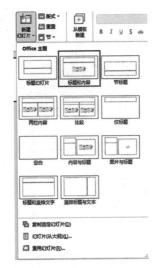

图 6-211 "新建幻灯片"下拉菜单

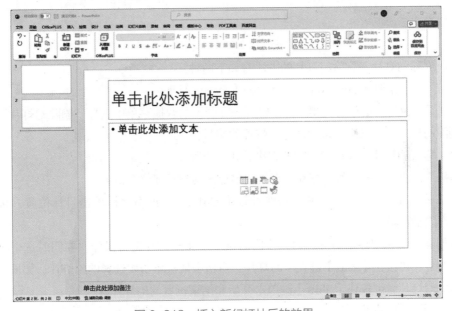

图 6-212 插入新幻灯片后的效果

快速插入幻灯片的方法为，选定某张幻灯片后按【Enter】键或快捷键【Ctrl+M】，将会在所选幻灯片后插入一张默认版式的幻灯片。默认情况下，添加的幻灯片的版式为标题和内容，我们可以根据需要改变其版式。

（2）复制幻灯片。复制幻灯片的方法有如下三种。

方法 1 选定要复制的幻灯片后，然后单击鼠标右键，在弹出的快捷菜单中选择"复制幻灯片"选项。

方法 2 选定要复制的幻灯片后，按快捷键【Ctrl+C】复制，单击目标位置后再按快捷键【Ctrl+v】粘贴即可。

方法 3 选中要复制的幻灯片并保持左键按下,同时按住【Ctrl】键,等鼠标指针出现加号,如图 6-213 所示,将复制出来的幻灯片拖动到目标位置后松手,复制便完成。

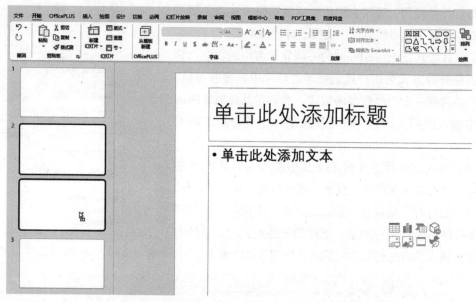

图 6-213 复制幻灯片

(3)删除幻灯片。删除幻灯片的方法有如下两种。

方法 1 选定要删除的幻灯片,然后按【Delete】键。

方法 2 鼠标右键单击要删除的幻灯片,在弹出的快捷菜单中选择"删除幻灯片"选项。删除幻灯片后,系统将自动调整幻灯片的编号。

(4)移动幻灯片。移动幻灯片的方法有如下两种。

方法 1 选定要移动的幻灯片,直接用鼠标拖动到目标位置即可。

方法 2 选定要移动幻灯片,按快捷键【Ctrl+X】,再用鼠标单击目标位置,按快捷键【Ctrl+V】粘贴即可。

在删除、复制和移动幻灯片时,可同时选中多张幻灯片进行操作。要同时选中不连续的多张幻灯片,可按住【Ctrl】键在"幻灯片"窗格中依次单击要选择的幻灯片;要同时选中连续的多张幻灯片,可按住【Shift】键单击开始和结束位置的幻灯片。

5. 幻灯片的视图

PowerPoint 为用户提供了普通视图、幻灯片浏览视图、幻灯片母版视图、幻灯片放映视图、备注母版视图等多种视图。如图 6-214 所示,每种视图都有特定的工作区、工具栏、相关工具和功能按钮。不同视图的应用场景不同,不管在哪种视图下对演示文稿的任何修改都会生效,并且所有改动都会反映到其他视图中。

图 6-214 幻灯片视图模式

（1）幻灯片视图切换方法。视图切换方法如下。

方法 1　单击"视图"选项卡"演示文稿视图"或"母版视图"功能组中，单击需要的视图按钮。

方法 2　单击工作界面下方，右侧状态栏中的视图切换按钮区域的按钮进行切换，如图 6-215 所示，视图区域可切换的按钮分别为普通视图、幻灯片浏览视图、读取视图、幻灯片放映视图。

图 6-215　状态栏视图按钮区域

方法 3　在任一种视图模式下，按【F5】键进入幻灯片放映视图模式；按【Esc】键退出放映模式，切换回原来的模式。

（2）幻灯片视图分类。幻灯片视图的分类及具体说明如下。

①普通视图。默认情况下，演示文稿的模式为普通视图。它由幻灯片导航区、幻灯片编辑区和备注窗格组成，如图 6-216 所示。

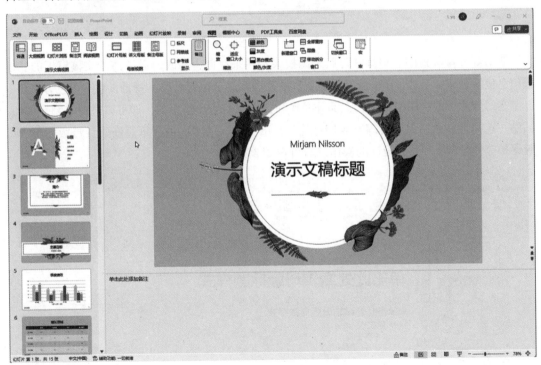

图 6-216　普通视图

②幻灯片浏览视图。幻灯片浏览视图中，幻灯片将以缩略图的形式呈现，如图 6-217 所示。在这个视图模式下，可以对幻灯片进行复制、剪切、粘贴、移动、新建、删除、幻灯片设计、背景、动画方案、切换、转为 PDF 文档等操作。

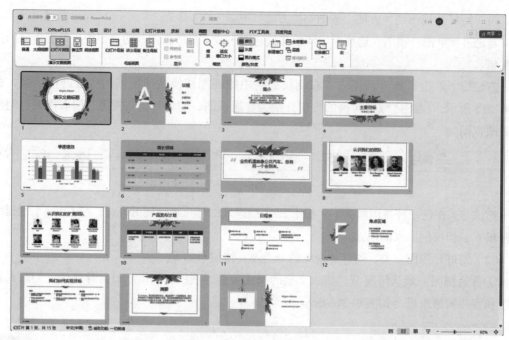

图 6-216　幻灯片浏览视图

③幻灯片母版视图。幻灯片母版视图模式是用来存储、修改、设计演示文稿模板的。模板信息包括字体、字号、字的颜色、位置和层次关系、占位符大小、背景设置和配色方案等。

在幻灯片母版视图模式下，大部分操作和普通视图的操作相同，即可以进行复制、剪切、粘贴、选择性粘贴、重命名等常规幻灯片设计的操作，又可以进行母版新建、母版删除、母版保护等针对母版和背景设计的操作，如图 6-217 所示。

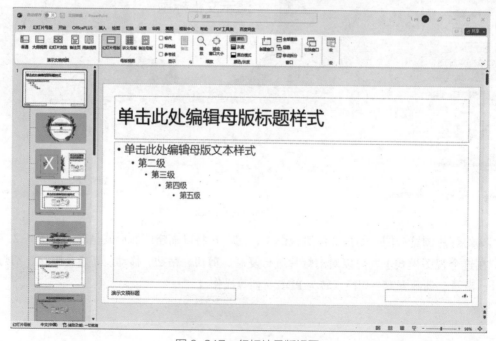

图 6-217　幻灯片母版视图

④幻灯片放映视图。幻灯片放映视图将展示幻灯片演示文稿的播放效果，是幻灯片放映时呈现出来的状态，也就是观众会看到的播放效果。如果想退出放映模式，可以按【Esc】键退出，或者单击右键选择结束放映。

在幻灯片放映视图模式下，不能对幻灯片的内容进行修改编辑，只能使查看的幻灯片跳转到上一页、下一页、第一页、最后一页，也可以使用放大镜、查看备注内容、设置屏幕相关操作和结束放映。幻灯片放映视图模式下的播放效果和演示者视图，分别如图 6-218 和图 6-219 所示。

图 6-218　幻灯片放映视图

图 6-219　放映时演示者视图

⑤备注母版视图。备注是演示者用来给自己提示的，这部分内容不需要展示给观众。如果需要把备注打印出来，可以使用备注母版功能快速设置备注。在备注母版中，可以设置备注页的方向、幻灯片大小，可以设置是否显示页眉、日期、幻灯片图像、正文、页脚、页码等元素，还可以设置主题、颜色、字体、效果、背景样式等，如图 6-220 所示。如果要退出备注母版视图模式，单击功能区"关闭"按钮即可。

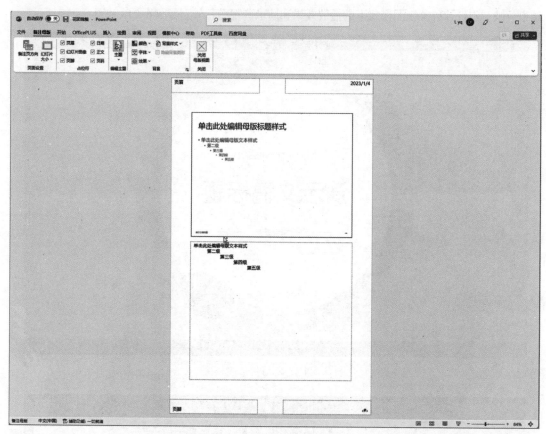

图 6-220　备注母版视图

6. 幻灯片母版

母版是用于设置演示文稿中每张幻灯片的预设格式，这些格式包括每张幻灯片的标题、正文文字位置和大小、项目符号的样式、背景图案等。PowerPoint 母版的版式分为：标题幻灯片版式、标题和内容版式、节标题版式、两栏内容版式、比较版式、空白版式、图片与标题版式等。

幻灯片母版的作用是统一整个演示文稿的格式与内容，使其具有一致外观。它控制着除使用标题版式以外的所有幻灯片上的标题和文本样式、背景图案等相应的设置。标题母版仅控制演示文稿中使用标题幻灯片版式的幻灯片。

使用幻灯片母版可以高效地进行设计。单击"视图"选项卡"母版视图"功能组的"幻灯片母版"按钮，系统将自动切换到"幻灯片母版"选项卡，进入到幻灯片母版编辑状态，如图 6-221 所示。

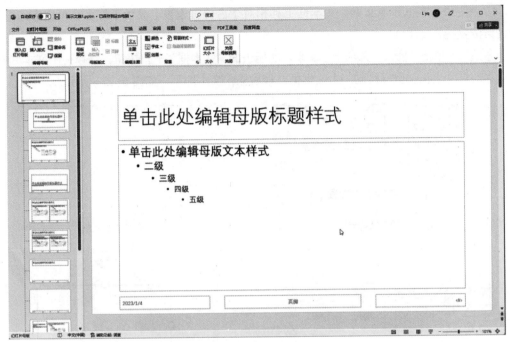

图 6-221 幻灯片母版编辑模式

6.3.2 编辑演示文稿

1. 插入文本

在 PowerPoint 中，可以通过在幻灯片中插入文本框或者占位符的方式来输入文本。

（1）使用占位符添加文本。如果在要添加文本的幻灯片中有文本占位符，可以单击文本占位符直接输入需要的文本内容，如图 6-222 所示。如何在 Word 里编辑文本，在文本区内输入文字不需要按【Enter】键即可自动换行。

图 6-222 幻灯片中的占位符

（2）使用文本框添加文本。文本框工具相对于占位符来说，灵活了许多，可以在幻灯片的任何位置输入文本。

方法1　单击"插入"选项卡"文本"功能组的"文本框"下拉按钮，选择一个文本方向，然后在幻灯片上拖动鼠标绘制一个文本框，最后输入文本即可，如图6-223所示。

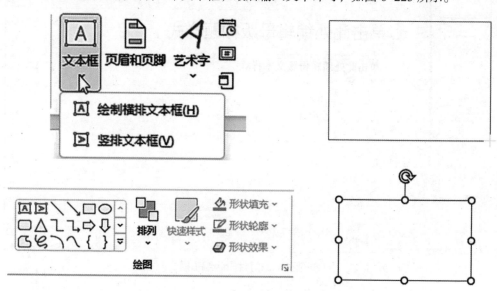

图6-223　绘制文本框

方法2　在"开始"选项卡"绘图"功能组中，选择一个文本方向的"文本框"按钮，单击后在幻灯片上拖动鼠标绘制一个文本框，最后输入文本即可。

2. 插入艺术字、图片、图表、形状和SmartArt图形

幻灯片中也能插入艺术字、图片、图表、形状和SmartArt图形等对象，来美化演示文稿，同时使整个演示文稿更加生动、直观。插入艺术字、图片、图表、形状和SmartArt图形的方法与Word和Excel中的一样。

3. 插入音频和视频

（1）插入音频。我们可以通过插入音频的方式，在放映演示文稿的同时播放音乐或者解说词。插入音频的方法为，单击"插入"选项卡"媒体"功能组的"音频"下拉按钮，如图6-224所示。

插入音频文件后，幻灯片中多了一个小喇叭和一个进度条，如图6-225所示。同时，选项卡自动切换到播放，菜单栏新增了一个"音频格式"选项卡，如图6-226所示。

图6-224　插入音频下拉菜单

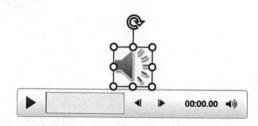

图6-225　音频文件在幻灯片中的效果

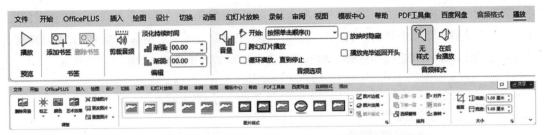

图 6-226 插入音频后"播放"选项卡和"音频格式"选项卡

（2）插入视频。插入视频的方法为，单击"插入"选项卡"媒体"功能组的"视频"下拉按钮，如图 6-227 所示。插入视频文件后，幻灯片中多了一个视频封面和一个进度条，如图 6-228 所示。同时，选项卡自动切换到视频格式，菜单栏新增了一个"播放"选项卡，如图 6-229 所示。

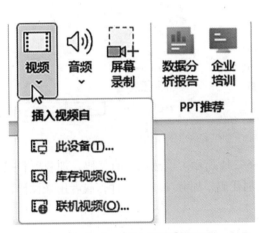

图 6-227 插入视频下拉菜单　　　　图 6-228 视频文件在幻灯片的效果

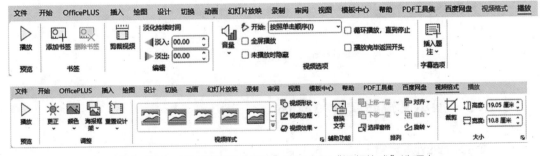

图 6-229 插入视频后"播放"选项卡和"视频格式"选项卡

4. 添加开发工具选项卡和插入控件

开发工具可用于生成、管理和转换 PowerPoint 幻灯片，可以使用多种格式。

要在幻灯片中插入控件，需要先在功能区添加"开发工具"选项卡。添加该选项卡的方法为，在"文件"菜单中单击"选项"，打开"PowerPoint 选项"对话框，选择自定义功能区，在自定义功能区下拉列表框中选择主选项卡，选中开发工具复选框，如图 6-230 所示。

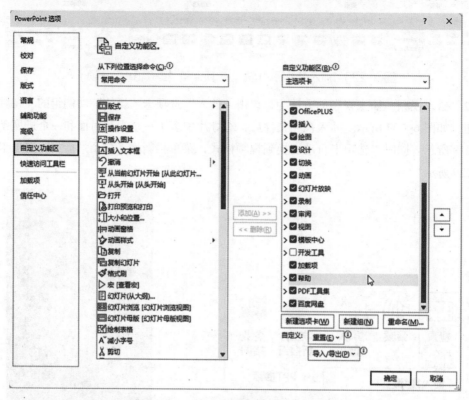

图 6-230 "PowerPoint 选项"对话框

添加完成后的"开发工具"选项卡如图 6-231 所示。该选项卡有代码、加载项和控件三个功能组。在幻灯片中，可以用来管理和添加代码、加载项或者控件，或者用来设计、演示网站的交互情况等。

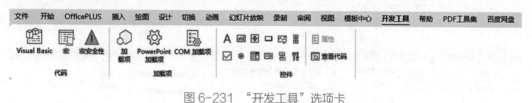

图 6-231 "开发工具"选项卡

6.3.3　演示文稿的设计与放映

1. 演示文稿的外观设置

在制作演示文稿时，我们通常需要统一幻灯片的风格、配色方案、背景图片以及排版版式等，如果使用模板、主题或者母版，可以帮助我们快速达成演示文稿的统一风格和美化外观的目的。模板、主题和母版的区别见表 6-19。

表 6-19　模板、主题和母版的区别

名称	说明	区别
模板	包括已定义好的主题，母版，版式，颜色以及一些建议性的文稿内容等	模板中有建议性内容；模板可以单独存盘，是一个文件
主题	对幻灯片中标题、文字、背景、图片等对象进行的一系列设置的集合，包括主题颜色、主题效果、主题字体等，有统一的风格	主题不提供内容，仅提供格式
母版	一张预先设定好背景颜色，文本颜色，字体大小等的特殊幻灯片；可统一进行控制演示文稿中的幻灯片	修改母版，所有幻灯片都会更改

控制幻灯片外观的元素主要有：主题、背景和母版。

（1）设置幻灯片主题。幻灯片主题是对幻灯片中标题、文字、背景、图片等对象进行的一系列设置的集合，包括主题颜色、主题效果、主题字体等，有统一的风格。我们为演示文稿选择了某个主题后，演示文稿中那些默认的幻灯片背景、图形、表格、图表、艺术字或文字等，以及新插入的默认的幻灯片及其对象，都会自动使用该主题的格式，并与该主题匹配。这样一来演示文稿中的幻灯片便具有一致而专业的外观。

为使演示文稿中所有幻灯片使用系统内置的某一主题，可以单击"设计"选项卡"主题"功能组右下角下拉按钮，在打开的主题下拉菜单中选择想要应用的主题，如图 6-232 所示。

图 6-232　设计功能组主题下拉菜单

在如图 6-232 的下拉菜单中，鼠标滑动到某个主题上，可以预览当前选中的幻灯片应用该主题后的样子，此时鼠标右键单击主题，可以在弹出的快捷菜单中选择是应用于选定幻灯片还是应用于所有幻灯片。

如果对主题还不满意，可以自行设置主题的颜色、字体和效果。主题颜色：软件内置了一套主题颜色方案，它以预设的方式控制着演示文稿的一些基本颜色特征，如幻灯片背景、标题、文本和图形等对象的默认颜色。主题字体：指演示文稿中所有标题文字和正文文字的默认字体。主题效果：幻灯片中图形边框和填充效果设置的组合，其中包含了多种常用的阴影和三维设置组合。自定义设置的方法为，单击"变体"功能组右下角下拉按钮，会打开的变体下拉菜单，如图 6-233 所示。将鼠标分别移动到"颜色""字体""效果""背景样式"上，就可以从打开的下拉菜单中进行选择，如图 6-234 所示。

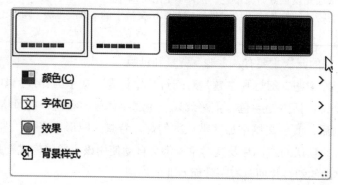

图 6-233　变体下拉菜单

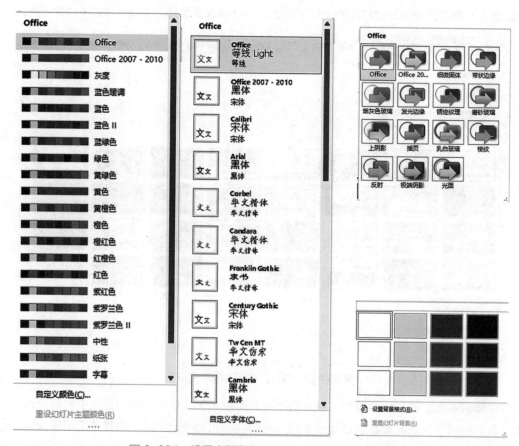

图 6-234　设置主题颜色、字体、效果和背景样式

（2）设置幻灯片背景。幻灯片的背景可以使用主题规定的背景，也可以设置为纯色、渐变色、图片、纹理和图案等背景，使制作的幻灯片更加美观。

①纯色填充：用来设置纯色背景。可选择背景颜色和设置所选颜色的透明度。

②渐变填充：用来设置渐变背景。可选择软件内置的渐变样式，也可以设置渐变的类型、方向、角度、光圈位置、光圈颜色、光圈透明度等。

③图片或纹理填充：用来设置图片或者纹理填充背景。如果选择纹理填充，可单击"纹理"右侧的按钮，在弹出的列表中选择一种纹理即可。还可以设置透明度、偏移量、刻度、对齐方式、镜像类型等。

④图案填充：用来设置图案填充。可以在下方列表中选择需要的图案，还可以设置图案的前景色和背景色。

设置幻灯片背景的方法为，在"设计"选项卡"变体"下拉菜单中选择"背景样式"，在打开的背景样式菜单中，单击需要的背景样式，则所有幻灯片的背景都会应用该样式。

如果对背景样式菜单中的背景样式都不满意，可选择"设置背景格式"选项，打开设置背景格式任务窗格，在填充设置里选一种填充方式，然后在窗格下方进行相应的设置，如图6-235 所示。

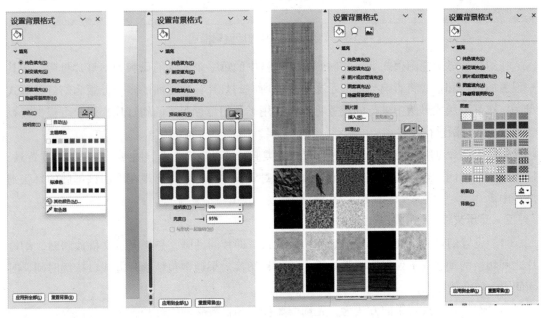

图 6-235　设置背景格式窗格

（3）使用幻灯片母版。我们在制作演示文稿时，常常需要为某些幻灯片都设置一些相同的内容或格式。比如，每张幻灯片上都需要加入学校或者公司的 logo，并且每张幻灯片的标题占位符和文本占位符的布局和格式都一样，这时我们可以在母版中设置这些内容，来避免将时间浪费在重复地为每张幻灯片设置这些内容。

单击"视图"选项卡"母版视图"功能组中的"幻灯片母版"按钮，进入母版视图，此时功能区自动切换到"幻灯片母版"选项卡，如图 6-236 所示。

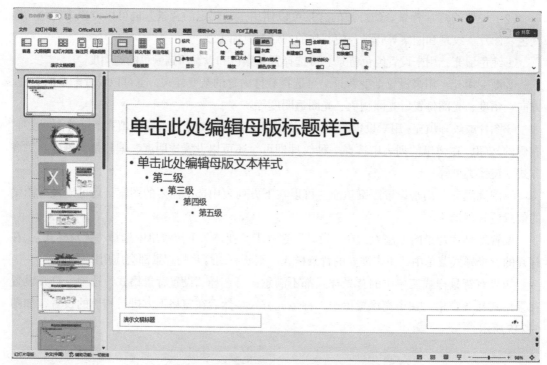

图 6-236　幻灯片母版编辑模式

在幻灯片母版视图模式下，左侧幻灯片窗格中的第一个较大的母版为幻灯片母版，在其中设置的内容和格式将影响当前演示文稿中的所有幻灯片；它下面的多个母版为幻灯片版式母版，在某个版式母版中进行的设置将影响使用了该幻灯片版式的幻灯片，用户可根据需要选择相应的母版进行设置。

编辑幻灯片母版的操作与其他一般幻灯片类似，可以添加文本、图形、边框、设置背景、插入日期和时间、插入幻灯片编号或者页脚等对象，这些对象将出现在应用该母版的每张幻灯片中。

2．演示文稿的动画设置

（1）设置幻灯片切换效果。幻灯片切换效果，即片间动画，是指演示文稿放映时，幻灯片之间切换的动态视觉效果和听觉效果。幻灯片切换效果通常包括换片方式、持续时间、时间间隔、切换伴音等。

设置幻灯片切换效果的方法为，先选中要设置切换效果的幻灯片，单击"切换"功能卡"切换到此幻灯片"功能组右下角下拉按钮，在打开的下拉菜单中选择一种幻灯片切换方式，如图 6-237 所示。

当选择某些动画切换效果后，可在"效果选项"列表中选择动画的切换细节、切换方向、切换形状等，如图 6-238 所示。

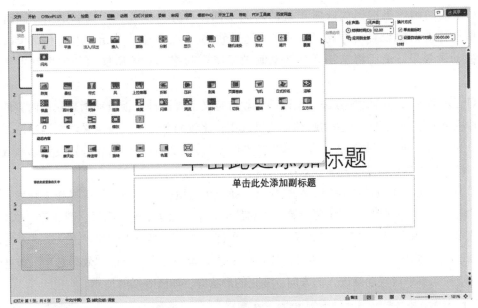

图 6-237 设置幻灯片切换方式

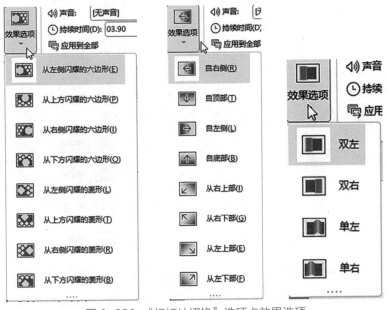

图 6-238 "幻灯片切换"选项卡效果选项

在"计时"组中的"声音"和"持续时间"下拉列表框中，可选择切换幻灯片时的声音效果和切换动作持续的时间；在"换片方式"设置区中可设置幻灯片的换片方式。

在默认情况下，当前的设置只会应用于当前所选的幻灯片，如果想要将设置的幻灯片切换效果应用于全部幻灯片，可以单击"计时"功能组中的"应用到全部"按钮。

（2）为幻灯片对象设置动画效果。动画功能可以为幻灯片上的图形图表、层次小标题、艺术字、文本框等对象设置各种动画效果，如进入、强调、退出和动作路径，以使演示更生动有趣。

对象的动画效果根据放映时出现的时间不同，可分为进入、强调和退出，同时还可以为所选择的对象设置动作路径（对象的运动轨迹），在路径的开始、中间和结束时设置对应的动画效果，最后将这一系列的动画效果组合起来，对象所展示的效果就更丰富和完整。

幻灯片动画效果的设置方法分预设动画和自定义动画两种。预设动画是软件内置的，对幻灯片主体文本预先设计一些动画和音效供选用，比较简单方便；自定义动画则给制作者提供了更为灵活的动画设置方法，可以根据需要给幻灯片上的每一个对象分别设置动画效果和顺序，设计出用户独特的动画放映效果。

①预设动画。预设动画在幻灯片放映时，通过单击鼠标、按回车键等操作来触发，动画效果才会出现。在幻灯片中选定要设置动画的某个对象，如文本框、图形、图表等，单击"动画"选项卡"动画"功能组右下角下拉按钮，在打开的下拉菜单中选择"进入"选项区域中的动画选项，如图6-239所示。还可以通过单击"动画"功能组中的"效果选项"按钮，在打开的下拉菜单中设置动画进入的方向、变化的形状等，如图6-240所示。

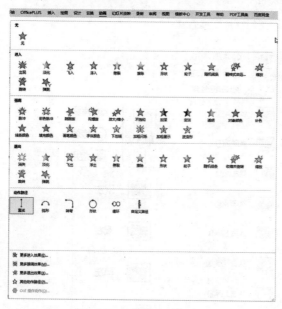

图6-239　动画下拉菜单

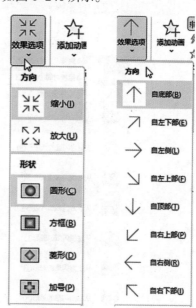

图6-240　效果选项下拉菜单

如果想要预览动画效果，可以单击"动画"选项卡"预览"功能组中的"预览"按钮来预览动画效果。如果要取消幻灯片的动画效果，可以先选中该幻灯片中设置动画效果的对象，然后在"动画"功能组"动画"下拉菜单中选择"无"选项即可。

②自定义动画。自定义动画可以灵活选择更多的动画形式和音效方式，还可以设置动画对象出现的顺序和方式。

操作方法为，选中要添加动画效果的幻灯片，单击"动画"选项卡"高级动画"功能组中的"动画窗格"按钮可打开的"动画窗格"任务窗口，如图6-241所示。选中要添加动画效果的对象，单击"高级动画"功能组中的"添加动画"下拉按钮，为对象添加动画效果，如图6-242所示。

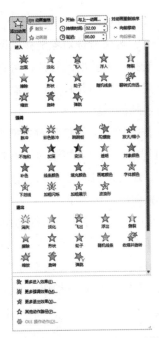

图 6-241　动画窗格　　　　　　　　　图 6-242　添加动画下拉菜单

（3）插入超链接和动作按钮。为了使演示文稿播放更加灵活，我们可以利用超链接和动作按钮，使幻灯片在放映过程中按我们的需要跳转到不同位置。比如跳转到当前演示文稿的第一张幻灯片，跳转到当前演示文稿中某一张幻灯片，跳转到其他演示文稿、Word 文档、Excel 表格等。

①创建超链接。选择需要创建链接的对象，在"插入"选项卡"链接"功能组中单击"链接"按钮，打开"插入超链接"对话框，再链接到列表中单击要链接的类型，如图 6-243 所示。

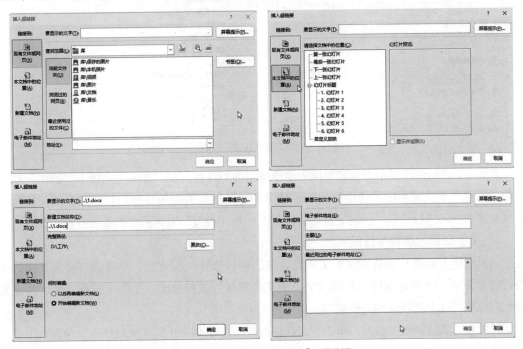

图 6-243　"插入超链接"对话框

选择"现有文件或网页"，可以直接在当前文件夹中选择文件，或者在地址编辑框中输入要链接到的网址，可将所选对象链接到网页；选择"本文档中的位置"，然后在请选择文档中的位置列表中选择要链接的幻灯片，可将所选对象链接到目标幻灯片；选择"新建文档"，可在指定目录新建一个文档并将所选对象链接到该文档；选择"电子邮件地址"，可将所选对象链接到一个电子邮件地址。

②插入动作按钮。为幻灯片对象插入动作按钮，也可以创建同样效果的超链接。在放映演示文稿的过程中，演示者可通过这些按钮跳转到演示文稿的其中一张幻灯片上，也可以播放音乐和视频，还可以启动另一个应用程序或链接到网页上。

插入动作按钮的方法如下。

方法1 选中幻灯片中需要添加动作的对象，单击"插入"选项卡"链接"功能组的"动作"按钮，在打开的"操作设置"对话框的"单击鼠标"选项卡中，选择一个选项，如图6-244所示。"鼠标悬停"选项卡中的设置与"单击鼠标"选项卡类似，区别是一个单击鼠标触发动作，一个是通过鼠标悬停触发动作。

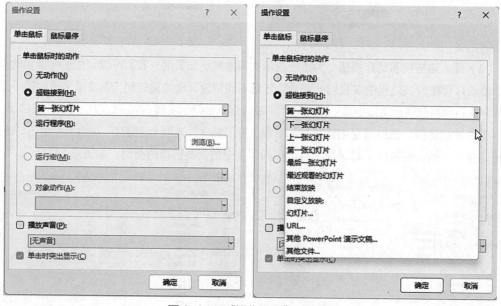

图6-244 "操作设置"对话框

方法2 在幻灯片窗格中选定要插入动作按钮的幻灯片，在"插入"选项卡"插图"功能组的"形状"下拉菜单中"动作按钮"区域中，选择所需的按钮并在幻灯片的合适位置按下鼠标左键并拖动进行绘制。绘制完成后将会打开"操作设置"对话框，后续操作同方法1。

3. 演示文稿的放映与打包

（1）自定义放映。在放映演示文稿时，我们可以选择从头开始，也可以选择从某张选中的幻灯片开始，还可以选择当前演示文稿中某些幻灯片进行放映，某些不进行放映，并设置放映的顺序，这个就是自定义放映。

设置自定义放映的方法为，单击"幻灯片放映"选项卡"开始放映幻灯片"功能组中"自定义放映"下拉按钮，在打开的下拉菜单中选择"自定义放映"，在弹出的"自定义放映"对话框中单击"新建"按钮,如图 6-245 所示。

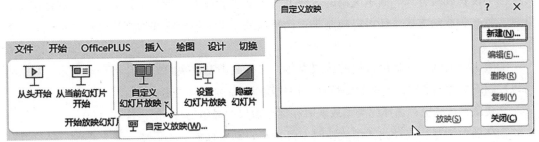

图 6-245 "自定义放映"按钮和"自定义放映"对话框

此时出现"定义自定义放映"对话框,如图 6-246 所示,在幻灯片放映名称编辑框中可以修改放映名称,在左侧列表区可以勾选想要放映的幻灯片,然后单击中间的"添加"按钮,将所选幻灯片添加到右侧列表中。

单击"确定"按钮,返回到"自定义放映"对话框中,此时对话框列表中将出现刚才新建的自定义放映集,如图 6-247 所示。单击"关闭"按钮,完成自定义放映的创建,可以看到"自定义幻灯片放映"下拉列表中出现了刚才新建的自定义放映,如图 6-248 所示,单击即可放映。

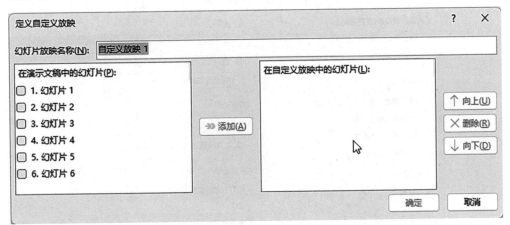

图 6-246 "定义自定义放映"对话框

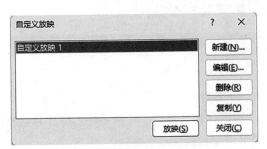

图 6-247 创建的自定义放映

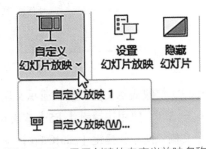

图 6-248 显示创建的自定义放映名称

除了通过自定义放映的方式能指定放映或不放映某张幻灯片外,也可先选中需要在放映时隐藏的幻灯片,鼠标右键选择"隐藏幻灯片"或者单击"幻灯片放映"选项卡"设置"功能组中的"隐藏幻灯片"按钮将其隐藏。再次执行此操作可显示隐藏的幻灯片。

（2）设置放映方式。演示文稿的放映方式有演讲者放映、观众自行浏览、在展台浏览等几种，每一种放映方式，还可以控制是否循环播放，指定播放哪些幻灯片以及确定幻灯片的换片方式等。

①演讲者放映：它是最常用的放映类型，选择此类型放映时幻灯片将全屏显示，演讲者可以控制幻灯片的播放，如切换幻灯片、播放动画、添加墨迹注释等。

②观众自行浏览：选择此类型放映时在标准窗口中显示幻灯片。

③在展台浏览：选择此类型放映时幻灯片将自动全播放，不需要专人来控制，适合在展览会、商场等场所全屏放映演示文稿。

设置放映方式的方法为，单击"幻灯片放映"选项卡"设置"功能组的"设置幻灯片放映"按钮，打开"设置放映方式"对话框，如图 6-249 所示，默认放映类型为演讲者放映。

在"放映选项"设置区选择是否循环放映幻灯片，是否不加旁白，是否不加动画效果等，在"放映幻灯片"设置区，用户可以根据实际需要，选择放映演示文稿中的部分幻灯片或者全部幻灯片，或者只放映自定义幻灯片放映中的幻灯片，如图 6-249 所示。

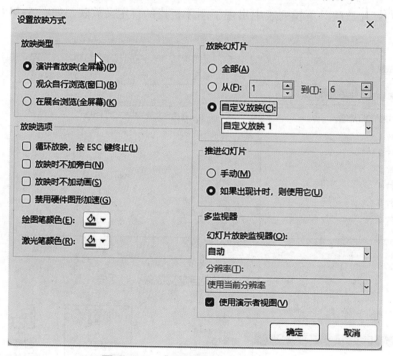

图 6-249 "设置放映方式"对话框

（3）放映演示文稿。放映演示文稿的方法有以下几种。

方法 1 使用快捷键【F5】或者单击状态"视图切换"按钮，从第一张幻灯片开始放映演示文稿；使用快捷键【Shift+F5】，从当前幻灯片开始放映演示文稿。

方法 2 在"幻灯片放映"选项卡"开始放映幻灯片"功能组，单击"从头开始"，将从第一张幻灯片开始放映演示文稿；单击"从当前幻灯片开始"，将从当前幻灯片开始放映演示文稿。

放映过程中，可将鼠标指针移动到放映画面左下角，会显示一组控制按钮，如图 6-250 所示，从左到右分别是跳转到上一页、跳转到下一页、添加墨迹注释、查看所有幻灯片、放大显示、更多选项；演示者视图中，也有一组控制按钮，如图 6-251 所示，从左到右分别为添加墨迹注释、查看所有幻灯片、放大显示、变黑或恢复放映、更多选项。

图 6-250　放映画面左下角控制按钮

图 6-251　演示者视图控制按钮

其他放映时常用操作见表 6-20。

表 6-20　放映时常见操作

操作名称	操作方法
跳转下一张幻灯片	【 ↓ 】、【 → 】、【 Enter 】、【 空格 】、【 PageDown 】
跳转前一张幻灯片	【 ↑ 】、【 ← 】、【 BackSpace 】、【 PageUp 】
返回第一张幻灯片	同时按住鼠标左右键不放

演示文稿放映完毕后，可按【 Esc 】键结束放映；如果想在中途终止放映，也可按【 Esc 】键；如果在幻灯片放映时添加了墨迹注释，结束放映时会弹出是否保存墨迹的提示框，根据需要选择放弃或者保存即可。

（4）打包演示文稿。当用户将演示文稿拿到其他计算机中播放时，如果该计算机没有安装 PowerPoint 程序，或者没有演示文稿中所链接的文件以及所采用的字体，那么演示文稿将不能正常放映。此时，可利用 PowerPoint 提供的"打包成 CD"功能，将演示文稿及与其关联的文件、字体等打包，这样，即使其他计算机中没有安装 PowerPoint 程序也可以正常播放演示文稿。具体操作步骤如下。

步骤 1　单击"文件"菜单，在打开的界面中依次单击"导出"|"将演示文稿打包成 CD"|"打包成 CD"，如图 6-252 所示。

步骤 2　打开打包成 CD 对话框，在"将 CD 命名为"编辑框中为打包文件命名，如图 6-253 所示。单击"复制到文件夹"按钮，打开"复制到文件夹"对话框，设置打包的文件夹名称及保存位置，如图 6-254 所示，单击"确定"按钮。

图 6-252　将演示文稿打包

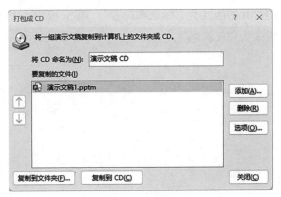

图 6-253　"打包成 CD"编辑框

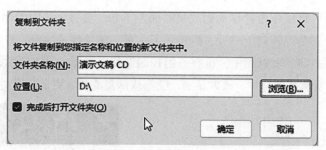

图 6-254 "复制到文件夹"对话框

步骤 3 在弹出如图 6-255 所示提示框后,询问是否打包链接文件,根据需要进行选择,这里我们选择"是"。

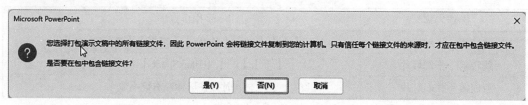

图 6-255 "是否链接文件"提示框

步骤 4 等待一段时间后,即可将演示文稿打包到指定的文件夹中,并自动打开该文件夹。此时,我们可以关闭其余对话框,将该文件夹内容拷贝或者传输到别的计算机中进行播放。播放方法为,双击打包文件夹中的演示文稿,然后进行播放即可。

6.3.4 练习实例

1. 北京五大景点

请按以下步骤制作如图 6-256 所示的演示文稿。

(1)创建演示文稿。

步骤 1 启动 PowerPoint,新建演示文稿,可以选择一个模板,也可以新建一个空白演示文稿,保存为"北京五大景点 .pptx"。我们这里新建一个空白文稿。

步骤 2 在空白文稿中插入 8 张幻灯片,第 1 张幻灯片的版式为"标题幻灯片",第 2 张幻灯片的版式为"标题和内容",第 3—7 张幻灯片的版式为"内容与标题",第 8 张幻灯片的版式为"仅标题"。

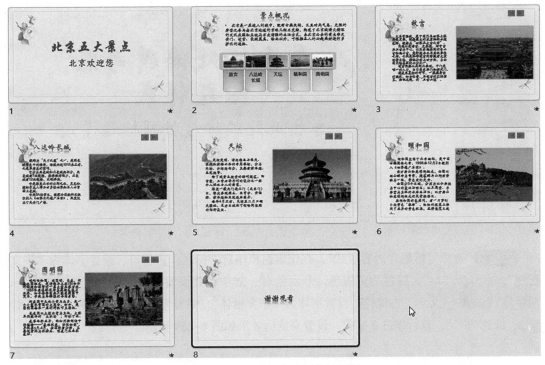

图 6-256　演示文稿制作效果图

（2）编辑各幻灯片。

步骤 1　第 1 张幻灯片标题输入"北京五大景点"，副标题输入"北京欢迎您"。

步骤 2　在第 2—7 张幻灯片的文字占位符中输入相应文字。打开本书配套素材"北京五大景点文本"，将标题和内容输入到相应的位置。

步骤 3　在第 8 张幻灯片标题占位符中输入"谢谢观看！"。

步骤 4　在第 2 张幻灯片中插入 SmartArt 图形。单击"插入"选项卡"插图"功能组的"SmartArt"，在弹出的对话框中选择"列表"栏的"水平图片列表"选项。并在占位符中输入相应的文字和插入相应的图片。

（3）设计母版。

步骤 1　单击"视图"选项卡"母版视图"功能组的"幻灯片母版"按钮，进入"幻灯片母版视图"模式，选择最上端的"幻灯片母版"，单击"背景"功能组中的"背景样式"下拉按钮，打开"设置背景格式"任务窗格。填充选"图片或纹理填充"，图片源处单击"插入"按钮，插入配套素材中的"背景 .jpg"，调整透明度为 60%。在"颜色"下拉菜单中选择"橙红色"。

步骤 2　选择"标题幻灯片版式"，在编辑窗格选中"标题"占位符，设置字体为"华文行楷"，字号为"80"，颜色为"褐色，个性色 6"，并设置文本效果为"阴影外部偏移右"，如图 6-257 所示；选中"副标题"占位符，设置字体为"华文楷体"，字号为"54"，颜色为"灰色，个性色 2，深色 25%"。设置完成后效果如图 6-258 所示。

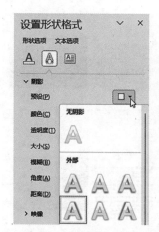

图 6-257 标题文本效果设置

图 6-258 标题幻灯片版式效果

步骤3 选择"标题和内容版式",在编辑窗格中选"标题"占位符,设置字体为"华文新魏",字号为"44",颜色为"褐色,个性色6",居中,并设置文本效果为"紧密映像4pt偏移量";选中"文本"占位符,设置字体为"华文楷体",字号为"24",颜色为"茶色,背景2,深色75%",首行缩进2字符。设置完成后效果如图6-259所示。

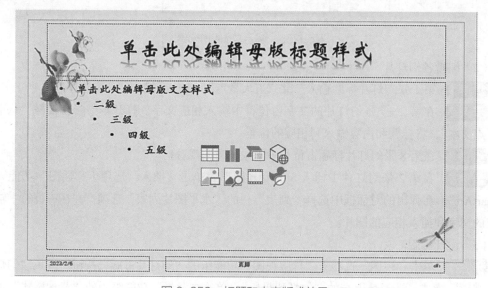

图 6-259 标题和内容版式效果

步骤4 选择"内容与标题版式",在编辑窗格选中"标题"占位符,设置字体为"华文新魏",字号为"44",颜色为"褐色,个性色6",居中,并设置文本效果为"紧密映像4pt偏移量";选中"文本"占位符,设置字体为"华文楷体",字号为"24",颜色为"茶色,背景2,深色75%",首行缩进2字符;并调整各占位符的大小和位置。设置完成后效果如图6-260所示。

步骤5 选择"仅标题版式",在编辑窗格中选中"标题"占位符,设置字体为"华文新魏",字号为"44",颜色为"褐色,个性色6",并设置文本效果为"紧密映像4pt偏移量",居中对齐,并调整占位符到幻灯片中间位置,如图6-261所示。

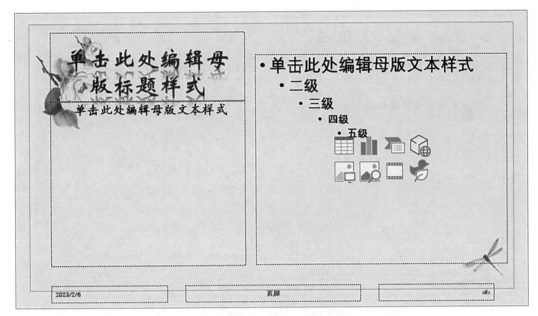

图 6-260　内容与标题版式效果

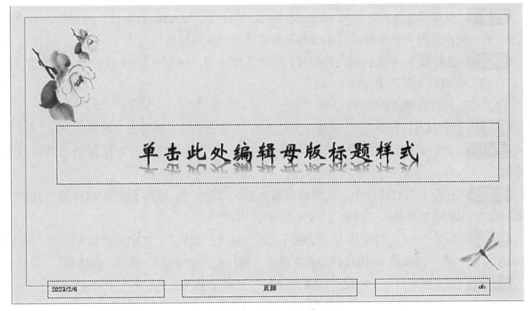

图 6-261　仅标题版式效果

（4）动作按钮。

步骤 1　选择"内容与标题版式"，在"插入"|"插图"|"形状"|"动作按钮"中的编辑窗格中的右上角插入一个"上一页"动作按钮，并设置链接到"上一张幻灯片"。

步骤 2　选中动作按钮，设置其"形状样式"为"半透明 – 深红，强调颜色 2，无轮廓"。使用同样的方法添加"下一页"按钮，效果如图 6-262 所示。

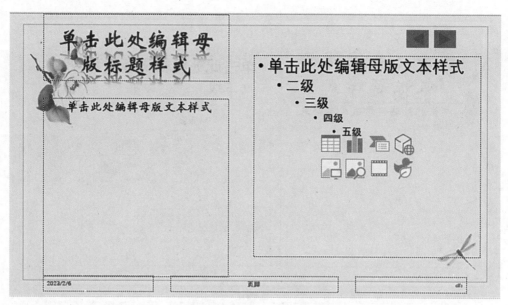

图 6-262　母版加上动作按钮

（5）各对象的外观设计。

步骤 1　选择第 2 张幻灯片的 SmartArt 图形，切换到"SmartArt 设计"选项卡，更改颜色为"透明渐变范围 – 个性色 3"，SmartArt 样式选择"细微效果"。

步骤 2　选择第 3—7 张幻灯片的图片，将其宽度改为"16 厘米"，并设置图片样式为"发光：11 磅；深红，主题色 2"。

（6）幻灯片切换和动画设计。

步骤 1　所有幻灯片的切换方式都设为"涟漪"，单击切换，声音为"风铃"。

步骤 2　在第 1 张幻灯片中，标题的动画为进入"随机线条"；副标题的动画为进入"弹跳"。

步骤 3　在第 2 张幻灯片中，标题的动画为进入"轮子"；文字的进入动画为"出现"；SmartArt 图形的动画为进入"淡化"，效果选项为"逐个"。

步骤 4　在第 3—7 张幻灯片中，标题的动画为进入"旋转"；文字的动画为进入"浮入"效果设为"上浮""按段落"；图片的动画为进入"翻转式由远及近"，强调"跷跷板"。

步骤 5　第 8 张幻灯片，标题的动画为进入"缩放"，效果设为"幻灯片中心"。

📖 在线测试

扫一扫　测一测

第7章 云计算与大数据

📺 内容导读

　　信息技术的不断发展，使我们的生活更加便捷。我们在上网或者使用计算机的同时，留下了很多的痕迹，大量的行为或者信息都被计算机给存储起来，日积月累便产生了大量数据。这些数据中有什么相关性吗？他们藏着什么秘密？海量的数据、庞大的计算量，该如何分析？这么大的计算量，我的计算机处理不了怎么办？

📲 学习目标

- ○ 了解云计算的概念
- ○ 了解云计算的特点
- ○ 了解云计算的相关应用
- ○ 了解大数据的概念
- ○ 了解大数据的特点
- ○ 了解大数据的相关应用

📟 学习要求

- ★ 云计算的特点及应用
- ★ 大数据的特点及应用

📑 拓展阅读

阿里云、腾讯、华为云、百度云，中国的四朵云

　　说到云，就不得不提中国的"四朵云"，也就是阿里云、腾讯云、华为云、百度云。他们各自有什么样的精彩和差别呢？……

7.1 云计算

7.1.1 云计算的概述

1. 概念

云计算中的"云",指的并不是我们日常看到的天上的云,而是指的网络资源共享的服务。

云计算是一种分布式计算,它将复杂的任务分解成若干小任务,分发给资源池(包含网络、服务、硬件资源、软件资源)中的其他计算机或服务器处理,然后将返回的结果提供给用户。它的运算速度可以达到每秒数亿万次以上。

云计算通过 Internet 给用户提供个性化的、可动态伸缩的高性价比付费服务。

现阶段所说的云计算已经不仅仅是一种分布式计算,而是分布式计算、网络存储、负载均衡、效用计算、并行计算、热备份冗余和虚拟化等计算机技术交织迭代升级的结果。

简单来说,云计算是将服务作为了一种有价的商品,让集合起来的网络资源通过少量的管理调配工作,能够方便、快速地被更多的用户使用,就像日常使用燃气、水、电那样简单容易。

云计算并不是一种新的网络技术,它只是一种新的网络应用概念和商业模式,其核心概念就是以互联网为中心,在网站上提供规范、快速、安全的云计算服务与数据存储,让每一个使用互联网的人都可以使用网络上的海量资源与服务。云计算示意图如图 7-1 所示。

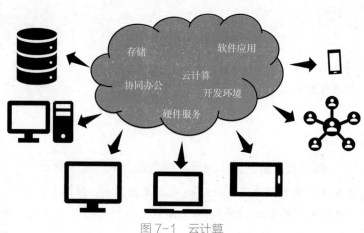

图 7-1 云计算

2. 特点

云计算的特点如图 7-2 所示。

虚拟化
- 没有实体
- 没有时空限制

规模巨大
- 云具有相当规模服务器
- 能提供强大的计算能力

可扩展性高
- 可根据需求动态伸缩
- 可满足用户和应用增长的需求

通用性好
- 不针对特定的服务和应用
- 支持不同的服务和应用同时运行

可靠性高
- 数据多副本容错
- 计算节点同构可互换等措施
- 单节点出现故障可快速恢复或扩展新节点

按需服务
- 用户按需购买
- 资源快速匹配
- 避免资源浪费

成本低
- 云计算自动化集中式管理
- 用户可减少数据中心管理成本
- 多用户共享资源

安全
- 专业安全团队代替用户应对网络攻击
- 异常监控、木马或恶意程序

潜在安全威胁
- 用户数据对云计算服务提供者是透明的
- 云计算服务是商业行为
- 防范国外云计算服务

图 7-2 云计算的特点

3. 云计算的分类

（1）按服务模式分类。云计算服务模式与传统模式如图 7-3 所示。

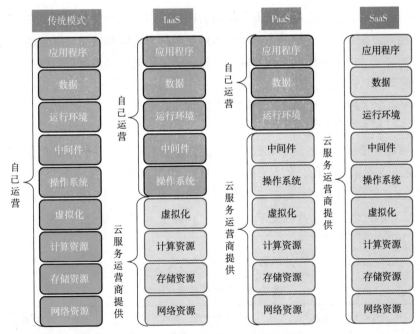

图 7-3 云计算服务模式与传统模式

①基础设施即服务（IaaS）。IaaS 是将计算能力、存储能力、网络能力等基础资源封装成服务，通过互联网提供给用户使用，用户可以部署和运行包括操作系统的任意软件。IaaS 是

按使用量计费，共享资源、成本低、资源使用率高。

IaaS 的主要用户为需要硬件资源的用户。

②平台即服务（PaaS）。PaaS 是将开发环境或者服务器平台封装成服务，用户无须购买硬件和软件，只须付费租用应用开发平台，便可实现创建、测试和部署应用程序或服务，并通过互联网发布。

PaaS 的主要用户为开发人员。租用平台能减少开发成本，提高开发效率，但失去了自主权，需按照平台规范去编程。

③软件即服务（SaaS）。SaaS 是将某些软件功能封装成服务，用户通过互联网向软件提供商租用软件服务，而不用购买软件。用户使用软件时，也不再需要安装到自己本地设备上，而是通过网络去使用，如日常使用的微信小程序、网页中的云服务等。

（2）按部署模式分类。云计算按部署模式的分类如图 7-4 所示。

图 7-4　云计算按部署模式分类

①公有云。公有云指的是由第三方提供商为用户提供的能够使用的云，它是基于标准云计算的一个模式。在公有云的模式下，用户通过互联网来访问和使用云服务供应商提供所提供的资源，如存储、应用程序和其他服务。公有云的主要属性是共享资源服务，但是对单一用户来说，感受资源仍是独享的。

公共云服务很多是免费的，但有的也是按需付费的。

②私有云。私有云指的是为特定对象或组织机构提供能够单独使用的云，它的安全性、服务质量和可用性都是可控的。私有云的主要属性是专有资源，一般部署在企业防火墙内或其他安全场所。与公有云相比，私有云更安全可控，但是成本高，规模小。

③混合云。混合云结合了公有云和私有云的优点，取长补短，是云计算的主要模式和发展方向。混合云对提供者的要求比较高，其部署和维护复杂，还需要处理兼容性的问题。

公有云、私有云和混合云三种部署模式的比较见表 7-1。

表 7-1　三种部署模式比较

种类	优点	缺点	代表公司
公有云	标准化、自动化、快速响应需求，成本低，可弹性无限扩展	可用性依赖服务商，数据安全性有风险	阿里云、腾讯云、华为云、亚马逊 AWS、微软 Azure

种类	优点	缺点	代表公司
私有云	可用性高，安全性高，软硬件资源利用率高	成本高，规模小，资源局限	OpenStack、VMware
混合云	供自己和客户共同使用，灵活性强，可以使安全和成本平衡	部署和维护复杂，需要处理兼容性问题	阿里云、腾讯云、华为云、百度云、亚马逊 AWS、微软 Azure

7.1.2　云计算的关键技术及应用

1. 关键技术

云计算的关键技术包括云分布式数据存储技术、虚拟化技术、并行计算技术、数据管理技术、云平台管理技术、云安全技术。

（1）分布式数据存储技术。分布式数据存储技术是通过网络将数据分散存储到多个独立的数据存储资源上。采用这项技术的云系统，使用可扩展的系统结构，易于扩展；它通常采用冗余存储技术，提高了系统的可靠性；它通过定位存储信息，提高了系统的存取效率；它使多台存储器同时为大量用户服务，分担了存储负荷并提高了系统可用性；用低配机器代替大规模的集群设备，降低了成本。

（2）虚拟化技术（VT）。虚拟化技术是将计算机的 CPU、存储、网络等物理资源，从逻辑角度去抽象和重组，来达到对物理资源的高效利用。它是一种资源配置管理技术，可以分为 CPU 虚拟化、存储虚拟化、网络虚拟化、应用虚拟化、服务器虚拟化等。

虚拟化技术与多任务、超线程不同，它可以有多个独立的操作系统同时运行，每个操作系统都可以是多任务的运行在虚拟的 CPU 或虚拟机上。平时装双系统时，如果采用不同分区安装不同系统，一次只能运行一个系统；如果在虚拟机上安装双系统，则可以两个系统同时运行使用。

常见的虚拟化技术有 OpenVZ、Xen、KVM 等。

（3）并行计算技术。并行计算技术是将一个复杂庞大的任务分解成若干个子任务，分配给多个服务器来并行处理，这样提高了计算速度和处理困难问题的能力。

（4）数据管理技术。数据管理技术是收集分布在不同服务器上的海量数据，并对这些数据进行分析和处理。云计算系统中，常见的数据管理技术是 Google 的 BigTable（BT）数据管理技术和 Hadoop 团队开发的开源数据管理模块 HBase。

（5）云平台管理技术。云平台管理技术即云计算系统的平台管理技术，它能够通过各种自动化手段管理大量的应用和硬件资源协同工作，快速发现和处理系统故障，提高效率和稳定性。

使用云平台后，用户可以忽略云平台的底层逻辑，只需要调用平台提供的接口来实现自己的功能需求。

（6）云安全技术。云安全包括云计算安全和云服务安全，即基于云计算平台上的软硬件、安全服务、用户以及云平台自身的安全。

云安全技术的关键在于根据客户情况和需求有针对性地设计相应的解决方案，如客户密钥管理、磁盘或文件加密、入侵检测与防御、安全和事件报警、日志分析等。

2. 应用

云计算广泛应用于我们生活的各大领域，但是我们却常常感觉不到它的存在，真是"不识庐山真面目，只缘身在此山中"。我们最常用的微信小程序、用搜索引擎查资料，都运用了云计算技术。

（1）云存储。云存储是在线存储服务，用户将本地的资源上传到云端的服务器上，用户可以根据需要不限时间和地点，通过网络来访问和使用该资源。云存储服务现在也不仅仅给用户提供基础的文件存储服务，还能提供备份服务、数据迁移服务、归档服务和日志服务等。

常见的云存储服务有：阿里云、华为云、百度云、腾讯云、金山云、京东云，如图 7-5 所示。

图 7-5　常见个人云存储服务

（2）云教育（CCEDU）。云教育是指基于云计算的教育平台服务，它使教育系统的各种角色（学生、家长、教师、教育工作者等）的人群通过互联网拉进了距离，方便教学、管理和学习，各角色可以更多地交流互动，分享资源和经验。

很多线下教学模式如今转为线上教学模式，很多课程改为了直播、录播或者 AI 互动教学，国家相应推出了很多免费的线上教育平台，如图 7-6 所示。

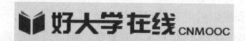 
 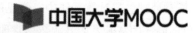

图 7-6　免费线上教育平台

（3）云医疗。云医疗是指利用云计算、物联网、通信等多种技术结合医疗技术所搭建的医疗健康平台服务，它可以实现医疗资源共享，扩大了医疗范围，提高医疗效率，使人们就医过程更便捷。如电子医保卡、网上预约挂号、网上问诊、电子病历、电子医嘱、电子检查报告等，都是云医疗给我们带来的便利。

（4）云金融。云金融是指基于云计算的金融产品、服务、信息、各类机构等平台服务，它有利于提高金融机构发现和解决问题的能力，提升服务质量，改善服务流程，达到降本增效的目标。我们常使用的支付宝、微信支付、网银购买理财产品、网上借贷等都是云金融的体现。

（5）云办公。云办公是指异地协同办公，包括但不限于移动办公、工作流程、文档多人编辑、沟通和协作等。它能让企事业单位提高工作效率，降低工作成本。当下流行的 SOHO（家居办公）就是利用了云办公的优势，顺便促进了低碳减排。

我们在办公软件中就能体验云办公，如图 7-7 所示。

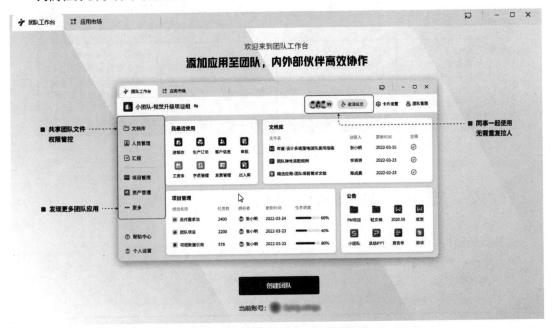

图 7-7 WPSOffice 中的云办公平台

（6）云物联。云物联是传统物品通过传感设备连接并发送数据到云端，数据中心利用云计算技术处理收集到的数据，并让这些数据产生价值。我们日常接触最多的云物联有可穿戴设备和智能家居。

（7）云安全。云安全包括云计算安全和云服务安全，即基于云计算平台上的软硬件、安全服务、用户以及云平台自身的安全。它是云计算技术应用中的重要部分。

7.2 大数据

7.2.1 大数据概念

随着互联网、云计算等技术的进一步发展，人类社会生活中的各种行为都产生着各类的数据，人们长期对数据研究应用，让数据可以被利用起来产生价值，经过日积月累，数据规模逐渐庞大。大数据就成了信息技术发展的必然产物。

1. 概述

大数据（BigData）指庞大的数据集合，使用常规软件工具来收集、管理和处理这种规模数据的时间，超出了人类所能承受的范围。

2. 特点

大数据的特点可以用 4V 来表示，即大量（Volume）、高速（Velocity）、多样（Variety）、低价值密度（Value）。其特点说明如图 7-8 所示。

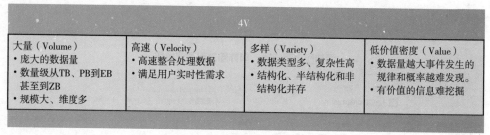

图 7-8　大数据的特点（4v）

7.2.2　大数据的关键技术及应用

大数据的结构如图 7-9 所示。

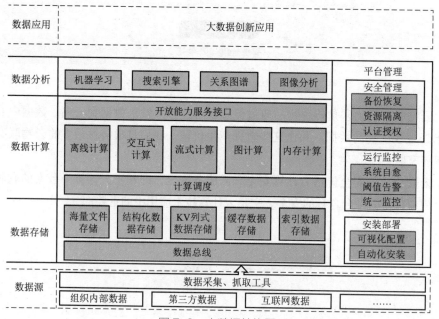

图 7-9　大数据结构图

1. 相关技术

大数据的相关技术包括数据采集、数据存储、数据分析、数据可视化。

（1）数据采集（DAQ）。数据采集就是通过采集工具去获取数据。数据的来源主要有平台自营型数据、其他主体运营数据和互联网数据。采集的数据类型如图 7-10 所示。

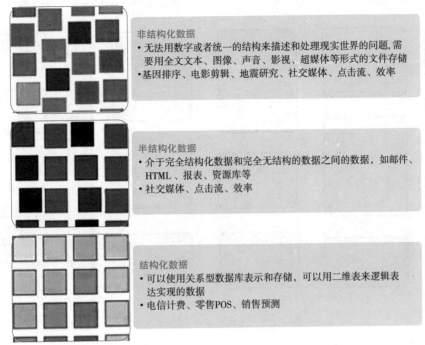

图 7-10　采集的数据类型

数据采集后，需要对数据进行预处理，包括数据清洗、去重、建立数据的连接、特征化提取、标签化操作。对于非结构化数据通过爬取、分词、信息抽取、文本分类、存入数据仓库中；而结构化数据进行采集、分发、校验、清洗转换、存入数据仓库中。

（2）数据存储。大数据存储的特点有大容量及高可扩展性、高可用性、高性能（吞吐率、延时、每秒读写次数）、自管理和自修复、访问接口多样化、成本、安全性。

大数据存储方式有分布式存储、云存储。大数据分层存储一般分三层，最底层是操作数据层（ODS），直接存放业务系统抽取过来的数据，将不同业务系统中的数据汇聚在一起；中间是数据仓库层（DW），存放按照主题建立的各种数据模型；最上层是数据集市（DM）层，基于 DW 层上的基础数据整合汇总成分析某一个主题域的报表数据。

（3）数据分析。数据分析是指建立合适的数据模型对收集来的大数据进行分析，将他们加以处理提炼，从中挖掘出数据的价值。数据分析的目的是在海量的数据中发现并提取出有用的信息，找出那些被忽视掉的内在规律，指导下一步决策。

分析的过程主要有数据预处理、特征提取、选择和建模。

（4）数据可视化。数据可视化简单来说，就是用图形图像的形式将数据表示和呈现出来，并利用分析开发工具发现其中未知信息的处理过程。它的目标是向用户清晰直观地表达信息。

2. 大数据架构和相关软件

大数据架构和相关软件如图 7-11 所示。

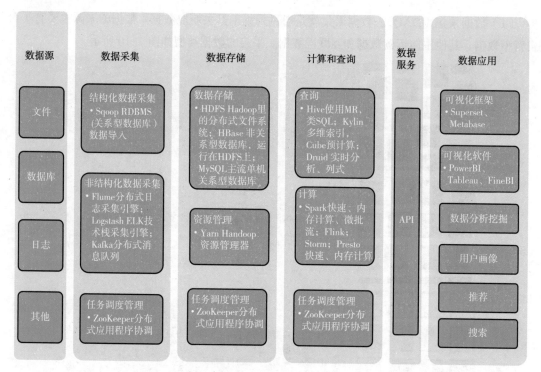

图 7-11 大数据架构和相关软件

3. 应用

大数据典型的应用主要有电商领域、安防领域、医疗领域、城市领域、教育领域等。

（1）电商领域。商业是大数据应用最广的领域，包括精准营销、广告推送、用户喜好分析、用户需求感知等。如用户观看过世界杯视频，就会给用户推送球星相关新闻、球赛周边、以及主办国风土人情与旅游信息；如用户购买了老人的衣服，使会推送一些养生资讯、保健品购买、老人鞋、保险信息、老年旅游团等。

（2）安防领域。大数据在政府应对突发灾害、电信诈骗、预防犯罪中提供了重要的支持。如接到电信诈骗电话时，手机助手类的 App 会弹出提示，手机会接到 96110 的电话或者短信提醒；再如追查犯罪嫌疑人或嫌疑车辆可以根据照片进行人脸或车型颜色等相关特征识别，人车物的轨迹可利用视频中的相关特征查找和分析。

（3）医疗领域。医疗与每个人都息息相关，目前大数据在医疗方面有电子病历、自助预约、支付与报销等方便患者的应用，还处在进一步发展阶段的应用有个人健康状态的监控与疾病预防、病源追踪、癌症筛选、罕见病研究、临床决策、远程医疗、医学影像分析等。大数据对医疗的影响的著名事件有谷歌通过搜索关键词预测流感趋势；谷歌与英国 Moorfields 眼科合作，通过数据挖掘和分析，设计出的算法能更早地测出老年性黄斑病变和糖尿病性视网膜病变，降低患者失明风险。

（4）城市领域。生活中，无论我们选择什么方式出行，骑车、乘坐公共交通又或者是开车，都会用到地图或者导航来查看路况选择路线，或者查看公交地铁还有多久到站。如今很多地图导航软件都能够查看各路段交通情况，预测拥堵，给司机规划更合理的路线；导航软件可以告诉司机，哪些路段有监控，注意驾驶速度，前方多远有服务区，哪个路段是事故多发路段等；导航软件还可以告诉我们附近有哪些美食、银行、医院等。

（5）教育领域。教育大数据使教育管理更科学，能因材施教使学习个性化，使教育模式智能化，使教育评价更综合，使科学研究更深入。

在线测试

扫一扫　测一测

第8章 人工智能

内容导读

无人驾驶、机器人服务员，这些已经从科幻电影走到了我们的生活。机器是怎么模拟人类的智能行为的呢？它们是如何思考和应对复杂的情况的呢？机器会思考和学习吗？人类会被机器所取代吗？本章将学习人工智能，了解一下机器是怎么获得这些本领的。

学习目标

- 了解人工智能是什么
- 了解人工智能的发展史及发展趋势
- 了解人工智能相关技术
- 了解人工智能的相关应用

学习要求

- ★ 人工智能的要素
- ★ 人工智能相关技术
- ★ 人工智能的应用

拓展阅读

带好机器人"徒弟"，让码头更"智慧"

2021年10月17日，天津港北疆港区C段智能化集装箱码头正式投产运营。这些智能机械设备令人感到非常震撼。在5G、北斗等先进技术的加持下，这些设备可实现亚米级精度的定位，这是人工所不可企及的。……

8.1 人工智能概述

8.1.1 什么是人工智能

人工智能（AI），它是包括了心理学、哲学、计算机科学等多学科的交叉学科，它是计算机科学的一大分支，目的是通过计算机研究和开发用于模拟人类的意识、智能思维及行为的应用系统或者机器。人工智能领域的研究包括机器人、自然语言处理、语言识别、图像识别和专家系统等。

1．人工智能与人类智能

人工智能是用机器模拟人类智能行为，如通过模拟人类的的感官收集信息，再通过研究人类的思维规律来训练机器做出类似人类的行为。

人类智能是复杂的精神活动，指人类通过对事物的学习、认知和转化从而达到能够改造世界、解决问题的能力。人类智能包括逻辑智能、语言智能、空间智能、身体运动智能和人机智能几个方面。

人工智能是人类智能的产物，是用来帮助人类处理复杂问题的工具，帮助人类解放重复、机械的劳动力，从而使人类进行更有创造性、不可替代的工作，而不是来替代人类的。

2．图灵测试

图灵测试是一种测试机器是否具备人类智能的方法。1950 年，"人工智能之父"阿兰·麦席森·图灵（Alan Mathison Turing，图 8-1）在他的论文《计算机器与智能》中提出了"机器思维"的概念，并且他认为图灵测试可以判断机器是否具有人工智能。

图灵测试示意图如图 8-2 所示。该测试是让测试者（提问者）与被测试者（回答者 A 为一个机器，回答者 B 为一个人）隔开，通过一些装置（如键盘）向被测试者提出各种问题。经过多次测试后，要是有超过 30% 的测试者不能判断出被测试者是人还是机器，那么这台机器就通过了测试，并被认为具有人工智能。据说 GPT-4 已通过了图灵测试。

图 8-1　图灵

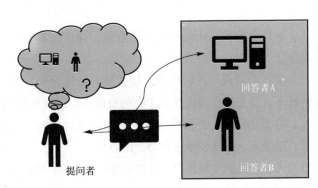

图 8-2　图灵测试示意图

3．人工智能分类

人工智能可以分为三类，它们分别是弱人工智能（ANI）、强人工智能（AGI）和超人工智能（ASI），如图 8-3 所示。

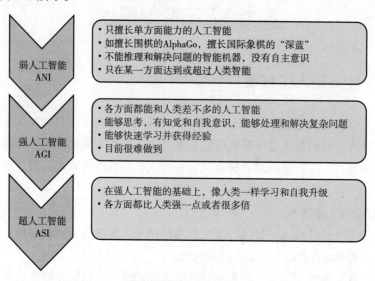

图 8-3　人工智能分类

8.1.2　人工智能的发展趋势

人工智能的发展大概分为三个阶段。如图 8-4 所示。

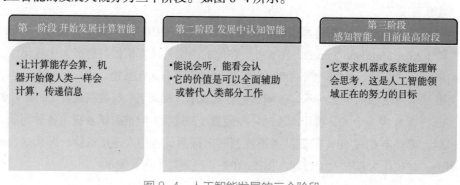

图 8-4　人工智能发展的三个阶段

第一个阶段，我们称为计算智能，即让计算能存会算，机器开始像人类一样会计算，传递信息。

第二个阶段，我们称为认知智能，能说会听、能看会认。例如，完全独立驾驶的无人驾驶汽车、自主行动的机器人。它的价值是可以全面辅助或替代人类部分工作。

第三个阶段，我们称为感知智能，是目前的最高阶段，它要求机器或系统能理解、会思考，这是人工智能领域正在努力的目标。

人工智能的发展趋势：打破传统；无代码；增强人类劳动技能；大型语言模型；网络安全；自动驾驶；创造性，自我学习。

8.1.3　人工智能三要素

人工智能三要素分别是数据、算力和算法。其占比如图 8-5 所示。

1．数据

数据是实现人工智能的基础，有人将数据比喻成人工智能的粮食也不无道理。庞大的数据才能使图像识别、视频监控等进行模型训练和深度学习，而数据的质量影响着模型的好坏和机器学习的表现。因此大量高质量的数据才能被用来优化模型或解决问题，才能使人工智能向前发展。

2．算力

算力体现的是人工智能的速度和效率。人工智能的算力提升是通过提升硬件来达到的，从 CPU（中央处理器）、GPU（图像处理器）、TPU（张量处理器）到 DPU（深度学习处理器）、NPU（神经网络处理器）、BPU（大脑处理器）。如人工智能的深度学习技术，它在学习过程中，将需要学习的数据放在算力强的计算机上运行，经过神经网络亿万次的运算和修正，从中提取数据的特征或解决方案。

3．算法

算法是给人工智能注入灵魂，让它与非人工智能程序有质的区别。算法是模拟人类思考方式，经过多层次的神经网络算法来实现。算法能够提高人工智能学习的效率，它降低了深度学习的难度，为深度学习提供了接口、底层架构和大量训练好的神经网络模型，它使深度学习具有很强的可扩展性，复杂计算任务可以优化并行，缩短模型训练时间。算法的突破推动了人工智能的发展。

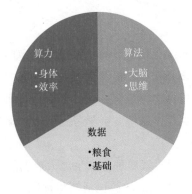

图 8-5　人工智能三要素

8.2　人工智能相关技术

人工智能包括五大核心技术：计算机视觉、机器学习与深度学习、自然语言处理、机器人技术、生物识别技术。

8.2.1　计算机视觉

计算机视觉是指计算机从图像中识别出物体、场景和活动的能力。计算机视觉技术运用由图像处理操作及其他技术所组成的序列，来将图像分析任务分解为便于管理的小块任务。比如，一些技术能够从图像中检测到物体的边缘及纹理，分类技术可被用作确定识别到的特征是否能够代表系统已知的一类物体。

计算机视觉有着广泛的应用，其中包括：医疗成像分析被用来提高疾病预测、诊断和治疗；人脸识别被 Facebook 用来自动识别照片里的人物；在安防及监控领域被用来指认嫌疑人；在购物方面，消费者现在可以使用智能手机拍摄下产品以获得更多购买选择。

机器视觉作为相关学科，泛指在工业自动化领域的视觉应用。在这些应用里，计算机在高度受限的工厂环境里识别诸如生产零件一类的物体，因此相对于寻求在非受限环境里操作的计算机视觉来说目标更为简单。计算机视觉是一个正在进行中的研究，而机器视觉则是"已经解决的问题"，是系统工程方面的课题而非研究层面的课题。因为应用范围的持续扩大，某些计算机视觉领域的初创公司自 2011 年起已经吸引了数亿美元的风投资本。

计算机视觉是使用计算机模仿人类视觉系统的科学，让计算机拥有类似人类提取、处理、理解和分析图像，以及图像序列的能力。自动驾驶、机器人、智能医疗等领域均需要通过计算机视觉技术从视觉信号中提取并处理信息。近来随着深度学习的发展，预处理、特征提取与算法处理渐渐融合，形成端到端的人工智能算法技术。根据解决的问题，计算机视觉可分为计算成像学、图像理解、三维视觉、动态视觉和视频编解码五大类。

8.2.2　机器学习与深度学习

1．机器学习

机器学习（Machine Learning）指的是计算机系统无须遵照显式的程序指令，而只依靠数据来提升自身性能的能力。其核心在于，机器学习是从数据中自动发现模式，模式一旦被发现便可用于预测。比如，给予机器学习系统一个关于交易时间、商家、地点、价格及交易是否正当等信用卡交易信息的数据库，系统就会学习到可用来预测信用卡欺诈的模式。处理的交易数据越多，预测就会越准确。

机器学习的应用范围非常广泛，针对那些产生庞大数据的活动，它几乎拥有改进一切性能的潜力。除了欺诈甄别之外，这些活动还包括销售预测、库存管理、石油和天然气勘探，以及公共卫生等。机器学习技术在其他的认知技术领域也扮演着重要角色，如计算机视觉，它能在海量图像中通过不断训练和改进视觉模型来提高其识别对象的能力。

机器学习技术，有助于企业使用算法和统计模型进行数据分析，以便进行明智的决策。企业在机器学习中投入大量资金，以获得在不同行业应用带来的益处。比如：医疗保健和医学专业需要机器学习技术来分析患者数据以预测疾病，以便对患者进行有效治疗；银行和金融部门需要机器学习，对客户数据进行分析识别，对客户的投资行为进行预评估，同时预防风险和欺诈；零售商利用机器学习来预测更多客户的偏好，分析消费者的消费数据，及时调整业务策略和营销方式，获得更高的利润和更好的收益。

2．深度学习

深度学习（Deep Learning）是机器学习研究中的一个新的领域，其动机在于建立、模拟人脑进行分析学习的神经网络，它模仿人脑的机制来解释数据，如图像，声音和文本。深度学习是无监督学习的一种。

深度学习框架即知识图谱，其本质上是结构化的语义知识库，是一种由节点和边组成的图数据结构，以符号形式描述物理世界中的概念及其相互关系，其基本组成单位是"实体—关系—实体"三元组，以及实体及其相关"属性—值"对。不同实体之间通过关系相互联结，构成网状的知识结构。在知识图谱中，每个节点表示现实世界的"实体"，每条边为实体与实体之间的"关系"。通俗地讲，知识图谱就是把所有不同种类的信息连接在一起而得到的一个关系网络，提供了从"关系"的角度去分析问题的能力。

深度学习，是人工智能的另一个分支，它基于人工神经网络。这项技术，教计算机和机器像人类一样以"深"作则。"深"，体现在它在神经网络中具有隐藏的层数。通常，神经网络有 2 ～ 3 个隐藏层，最多可以有 150 个隐藏层。深度学习可以在海量数据上有效地训练模型和图形处理单元。这些算法在一个层次结构中工作，以实现预测分析的自动化。深度学习已经在航空航天和军事等许多领域发挥了巨大潜能，得到了长足的发展，如用于检测卫星上的物体，通过识别人类靠近机器时发生的风险事件，帮助提高人们的安全性，另外还可以用于检测癌细胞等。

8.2.3　自然语言处理

自然语言处理是指计算机模拟人类处理文本的能力。自然语言处理系统并不了解人类处理文本的方式，但是它可以通过语言模型处理文本。例如，它可以识别一段短文的中心思想；识别文档中的时间、地点、人员等；将合同中的各种条款与条件提取出来并制作成表格。通过传统的文本处理软件无法完成以上这些，而自然语言处理系统使用文本匹配与模式识别就能进行操作。

1．语言的自动生成

自然语言生成是人工智能的一个子集，它利用计算数据算法生成文本，将结构化数据转换为用户期望的格式，帮助内容开发人员自动化处理各种各样的内容，并输出为需要的格式。内容开发人员可以使用这些内容在各种社交媒体平台上推广。随着数据不断转换为人们所需要的格式，人为的干预成分会明显减少。数据可以图表、图形等形式加以展现。当前主要适用于客服服务、报告生成及总结商业智能洞察力。

2．语言自动识别系统

语言自动识别系统主要是将人类语言转录或者转换成计算机能够识别、存储和处理的文本格式，目前主要适用于交互式语音应答系统和移动应用领域。

建立语言模型来预测语言表达的概率分布，例如，某一串给定字符或词语表达某一特定语义的最大可能性。选定的特征可以和文中的某些元素结合来识别一段文字，通过识别这些元素可以把某类文字同其他文字区别开来，比如垃圾邮件同正常邮件。以机器学习为驱动的分类方法将成为筛选的标准，用来决定一封邮件是否属于垃圾邮件。

因为语境对于理解"timeflies"（时光飞逝）和"fruitflies"（果蝇）的区别是如此重要，所以自然语言处理技术的实际应用领域相对较窄，这些领域包括分析顾客对某项特定产品和服务的反馈，自动发现民事诉讼或政府调查中的某些含义，自动书写诸如企业营收和体育运动的公式化范文等。

8.2.4 机器人技术

1. 核心技术

近年来，随着算法等核心技术的提升，机器人取得重要突破。如无人机、家务机器人、医疗机器人等。

2. 认知技术

将机器视觉、自动规划等认知技术整合至极小却高性能的传感器、制动器以及设计巧妙的硬件中，这就催生了新一代的机器人，它有能力与人类一起工作，能在各种未知环境中灵活处理不同的任务。例如，无人机、可以在车间为人类分担工作的"cobots"等。

3. 自动化技术

机器人过程自动化，是人工智能的另一种应用，它配置机器人（应用程序）来解释、通信和分析数据，有助于部分或完全自动化重复和基于规则的手动操作。

机器人自动化流程系统，用脚本及其他方式实现人类操作自动化，从而支持高效的业务流程。当前适用于人类执行任务或流程成本太高或效率太低的地方。

8.2.5 生物识别技术

生物识别可融合计算机、光学、声学、生物传感器、生物统计学，利用人体固有的生物体特性如指纹、人脸、虹膜、静脉、声音、步态等进行个人身份鉴定，最初运用于司法鉴定。

1. 语音识别

语音识别主要是关注自动且准确地转录人类的语音技术。该技术必须面对一些与自然语言处理类似的问题，在不同口音的处理、背景噪声、区分同音异形/异义词（"buy"和"by"）方面存在一些困难，同时还需要具有跟上正常语速的工作速度。语音识别系统使用一些与自然语言处理系统相同的技术，再辅以其他技术，比如描述声音和其出现在特定序列与语言中概率的声学模型等。语音识别的主要应用包括医疗听写、语音书写、电脑系统声控、电话客服等。

语音识别，是人工智能的另一个重要子集。通过计算机将人类发出的语音换为有用的和可以被理解的格式。语音识别是人与计算机交互之间的桥梁，它可以识别和转换世界上很多种语言，而且做到高效率、高精确度，甚至可以识别方言。iPhone 的 Siri 系统是语音识别的经典应用。

2. 生物特征识别

生物特征识别技术是指通过个体生理特征或行为特征对个体身份进行识别认证的技术。从应用流程看，生物特征识别通常分为注册和识别两个阶段。注册阶段通过传感器对人体的生物表征信息进行采集，如利用图像传感器对指纹和人脸等光学信息、麦克风对说话声等声学信息进行采集，利用数据预处理以及特征提取技术对采集的数据进行处理，得到相应的特征进行存储。

8.3 人工智能的应用

从当前情况来说，计算机人工智能技术已经在各个领域中广泛应用，例如，机器翻译、智能控制、专家系统、机器人学、语言和图像理解、遗传编程机器人工厂、自动程序设计、航天应用等。值得一提的是，机器翻译成为人工智能的核心内容及广泛应用的方向。但是结合当前机译成效来说，机译系统在译文质量上和最终目标之间存在一定差异，而机译质量是机译系统成败的关键。为了全面提升机译质量，就要将语言本身问题进行处理，仅仅依赖于多个程序实现机译系统建立，将无法促进机译质量提升。

本节将从人工智能安防、人工智能物流、人工智能教育、人工智能养老及其他领域讲解人工智能的应用。

8.3.1 人工智能安防

随着城市的发展与安全需要，监控点越来越多。与此同时，随着高清视频、智能分析、云计算和大数据等相关技术的发展，安防正在从传统的被动防御向主动判断、预警发展，行业也从单一的安全领域向多行业应用、提升生产效率、提高生活智能化程度方向发展，为更多的行业和人群提供可视化、智能化解决方案。随着安防领域的发展，人工智能的重要作用正逐步显现。

1. 网络安全领域

（1）防范网络攻击。AI 技术可以辅助人类搜索并修复软件错误和漏洞，以防御潜在的网络攻击。目前，麻省理工学院（CSAIL）和机器学习初创公司 PatternEx 已经研发出了名为 A12 的人工智能平台，该平台整合了人类专家的输入及 AI 系统连续循环反馈，进行了主动式的上下文建模学习，使得 A12 算法系统比仅使用机器学习的算法系统攻击检测率提高了10 倍。

（2）犯罪预防。AI 技术可以协助预测恐怖分子或其他威胁何时会袭击目标，可以利用包括载客数量和交通变化的数据来源，动态增加警察的数目来保证安全等。

（3）隐私保护。通过 AI 技术可以进行差异隐私化，对不同的用户提供定制化的隐私保护体验。例如，差异化的隐私保护让苹果公司可以在不损害任何个人隐私的情况下，从大量用户中收集数据。

2．公安行业

公安行业用户的迫切需求是在海量的视频信息中，发现犯罪嫌疑人的线索。人工智能在视频内容的特征提取、内容理解方面有着天然的优势。前端摄像机内置人工智能芯片，可实时分析视频内容，检测运动对象，识别人、车属性信息，并通过网络传递到后端人工智能的中心数据库进行存储。汇总的海量城市级信息，再利用强大的计算能力及智能分析能力，可对嫌疑人的信息进行实时分析，给出最可能的线索建议，将犯罪嫌疑人的轨迹锁定由原来的几天，缩短到几分钟，为案件的侦破节约宝贵的时间。其强大的交互能力，还能与办案民警进行自然语言方式的沟通，真正成为办案人员的专家助手。

8.3.2　人工智能物流

智能物流是利用集成智能化技术，使物流系统能模仿人的智能，具有思维、感知、学习、推理判断和自行解决物流中某些问题的能力。智能物流的未来发展将会体现出三个特点：智能化、一体化和层次化。在物流作业过程中的大量运筹与决策的智能化；以物流管理为核心，实现物流过程中运输、存储、包装、装卸等环节的一体化和智能物流系统的层次化；智能物流的发展会更加突出"以顾客为中心"的理念，根据消费者需求的变化来灵活调节生产工艺；智能物流的发展将会促进区域经济的发展和世界资源优化配置，实现社会化。智能物流系统包括四个智能机理技术，即信息的智能获取技术、智能传递技术、智能处理技术、智能运用技术。

智能物流就是利用条形码、射频识别技术、传感器、全球定位系统等先进的物联网技术，通过信息处理和网络通信技术平台广泛应用于物流业运输、仓储、配送、包装、装卸等基本活动环节，实现货物运输过程的自动化运作和高效率优化管理，提高物流行业的服务水平，降低成本，减少自然资源和社会资源消耗。物联网为物流业将传统物流技术与智能化系统运作管理相结合提供了一个很好的平台，进而能够更好更快地实现智能物流的信息化、智能化、自动化、透明化、系统化的运作模式。智能物流在实施的过程中强调的是物流过程数据智慧化、网络协同化和决策智慧化。智能物流在功能上要实现六个"正确"，即正确的货物、正确的数量、正确的地点、正确的质量、正确的时间、正确的价格，在技术上要实现：物品识别、地点跟踪、物品溯源、物品监控、实时响应。

8.3.3　人工智能教育

人工智能教育，简称智能教育，是指人工智能多层次教育体系的全民智能教育，如在中小学阶段设置人工智能相关课程。

随着在义务教育阶段开展人工智能教育的不断探索，虽然各地基础和条件各不相同，也面临缺少智能装备支撑，缺少地方教育行政部门、教育教研部门共同参与的顶层设计等难点和问题，通过"政产学研用"的合力尝试，有望能推动人工智能教育朝着更加系统化、科学化的方向发展。

1．AI+ 教育的应用：口语测评

口语评测包含三类：朗读与复述、陈述与讨论、演讲与问答，不同场景对应考察学生不同的口语能力，并且能够帮助学生提升表达的主观灵活性。朗读的场景多样化，如很多学习英语的 App 有跟读和配音的功能、普通话等级测评类的 App 等。但由于测试的对比材料固定，评测相对简单，主要是言语清晰、节奏准确。

2．智慧课堂（虚拟教室）和智适应学习系统

（1）虚拟教室：对话方式实时反馈，通过虚拟教室以对话的方式让学生感觉更亲切，接受度更高；个性化对话辅导，根据学生历史数据、教学目标、学生反馈提供最佳的对话路径、学习速度；课堂专注度分析，通过对学生课堂状态进行自动监测，包括学生人数、姿态、行为、面部角度、表情等，实现抬头率、看手机率、微笑率、专注度、离席率等课堂效果指标的智能统计。

（2）智适应学习系统：智能推荐，难度调控；让成绩优异的孩子学习具有挑战性的内容，成绩一般或者成绩不佳的孩子学习能听懂并接受的知识点，考试更轻松；动态规划学习路径，根据每个孩子学习进度情况的不同，制定个性化学习方案，将时间花在薄弱的知识点上，提高学习效果；智能查找学习漏洞，一个高年级的知识点学不会可能是因为低年级的某些知识点没有掌握而导致的，从源头找准孩子的知识漏洞。

3．智能搜题与智能批改

智能搜题和智能批改都是 OCR 的文字识别和手写识别的应用。目前 OCR 技术已趋于成熟，手写体识别准确率可达 90% 以上，印刷体的识别准确率更高。

4．语音辅助教学

语音辅助教学是语音识别（ASR）、语音合成（TTS）和自然语言处理（NLP，指令式）的简单应用。

（1）ASR+NLP。通过语音识别，App 能够识别出学生的指令，实现自动翻页、查询搜索、跳转页面等指令功能。智能语音控制设备，使用更灵活、更有趣。

（2)TTS。语音合成技术，能够配合学生的教学内容，流畅自然地朗读播报。多种发音人，能够结合文本内容为学生提供多样化的朗读风格，增加阅读趣味性。

（3）ASR。通过实时语音识别，能够将老师说的话实时转成文字，并展示在屏幕上，方便学生清晰快速了解教学内容。

5．智能营销客服

目前智能营销客服已经在较多行业全面开花，金融（银行、证券、报销、基金等）、政务、互联网企业等早在多年前就已经开始广泛应用智能客服以起到降本增效的作用。在教育行业也是售前、售中、售后三个阶段分别实现基于用户画像的智能营销和推荐、售中的业务资源，以及售后问题解答和满意度调查、回访等。

6．人工智能教育的作用

（1）人工智能会使得我们的学习环境越来越智能化。相比于智慧教室、智慧录播室、智慧图书馆、智慧书写系统以及相关的校园安全预警系统，这些都已经非常实用化了。例如智

能安全预警，在学校校门口安装摄像头，如果有一些不良分子，就能够识别出来；学生课室里面有光电笔，学生自然书写，书写以后可以把笔的轨迹数字化，然后对内容进行分析。这些都是典型的校园环境智能化、智慧化的表现，也就是提供智能的感知和智能的管控以及智能的响应服务。

（2）学习过程会越来越智能化。学生在学习过程中，人工智能会提供前所未有的一些支持。比如，可以通过数据对学生的知识结构、能力结构进行表征，便于老师更好地了解孩子的学习情况，在这个学习过程中，学生需要什么样的资源，人工智能可以根据学生的需求，给其进行相应的学习资源的推荐。也可以了解学生的学习能力情况和对学生的学习负担提供各种监测，如监测学生的上课状态，通过对学生的数据及学生的表情进行分析，知道学生是否处于疲劳状态，如果学生过分疲劳，可能学习效率会较低。当然，这个监测是在遵循伦理和个人隐私的前提下完成的。再比如可以通过人工智能和虚拟现实结合，提供增强性的虚拟探究环境，供学习者进行探究；通过一个虚拟环境，可以回到两千年前去发掘那个时代的历史及历史演化的过程。

（3）人工智能可以对学习过程的评价起到非常重要的作用。人工智能可以分析出学生在学习过程中对知识的掌握情况、每个知识点学科能力的情况、学生的核心素养的情况以及学生的体质健康发展情况和心理健康发展情况等；可以使教育评价从单一的学科知识评价到全面的综合性的评价；可以使评价从以前只是期末考试的一次变成过程性的评价；可以嵌入到学生的学习过程中，不仅仅是评价学生的知识，还可以评价学生的问题解决能力。这种评价可以使得老师的工作负担大幅度减轻。以前只是由人工来做各种各样的评分、观察，需要很大的工作量，而现在人工智能可以由计算机进行自动测评，如英语口语测试的产业化和实用化，很多中考、高考的英语考试都在使用。另外，英语作文的批改，现在已基本上实现实用化。问答题、论述题、作文题，这些主观题的批改，也已经取得了实质性的进步。今后这方面会取得进一步突破，老师改作业、统计分数等工作的时间成本就会大幅度降低，因此人工智能会在教育评价上发挥非常重要的作用。

（4）人工智能对教师的工作可以起到教师助理的作用。举例来说，智能出题、智能批改、智能阅卷、智能辅导、各种评价报告的自动生成以及针对每个学生因人而异的特点来提供个性化反馈。一个老师面对一个班的学生，很难做到每个学生都能给出个性化的反馈，因为老师的时间与精力有限。但是现在基于人工智能的技术，我们完全可以了解到孩子在学习过程中存在的各种问题，在人工智能的帮助下，可以根据不同的问题为每个学生提供个性化的反馈，实现对学生个性化的支持，既具有规模化，又做到个性化，这是《中国教育现代化2035》所追求的目标。2019年中共中央、国务院所发的《中国教育现代化2035》提出，要实现规模化教育与个性化培养的有机结合。人工智能可以大幅度提高老师对学生个性化支持的能力，降低教师工作过程中的负担。

（5）人工智能在教育决策、教育管理以及教育公共服务方面起到非常重要的作用。首先，人工智能可以使得我们的教育公共服务，从面向群体到面向个体。政府要提供教育公共服务，以前只能面对群体来提供，现在有了人工智能以后，可以了解学生个性化的需求，通过网络提供个性化的教育公共服务，例如，北京市有一个中学教师开放性辅导计划，它的核心工作就是动员了 10 788 个骨干教师常态性地在网上给学生提供一对一的答疑服务、直播课的服务、问题解答服务及微课共享的服务。在这个过程中，每个学生在学校里面都有个性化的需要，这种个性化的需要以前是政府不解决的，而现在有了大数据、人工智能及互联网以后，使得政府可以购买教师的在线服务，给学生提供个性化内容的服务，使得教育公共服务更个性化。其次，学习过程中和办学过程中的各种数据，可以使得教育决策不再只是基于个体经验，而是个体经验与科学的数据结合。人机结合的决策，可以使得管理和现代教育的治理更加科学、更加精准，也更加符合现在民众利益主体参与越来越高的诉求，可以大幅度提升政府的现代教育治理的功能。最后，可以促进教育对各种环境的集成管控，实现预测和管理一些隐患问题。如校园的各种公共设施，如果出现了小的漏洞，可以及时通过人工智能技术集成联通以后，远程控制，而不是等小事情酿成大事情再进行补救，从事后补救变成事前监管和事前预警。

8.3.4 人工智能养老

人工智能将会通过创建居家养老可视化平台，利用大数据帮助养老机构提升效率，延伸服务深度和广度，对提升养老服务机构的服务质量和居家养老的服务能力将产生显著作用。

日常生活中可以考虑从以下几个方面开展养老智能化。

1. 智能家电设备

智能家电设备可使老人们直接用语音就能控制各种家电设备，如开关电视、电灯、空调、窗帘，特别适用于腿脚不方便的老人。

2. 环境监测

通过使用高精度 PM2.5、甲醛、温湿度传感器，可以对养老机构环境实时监测，进而根据监测数据进行评价。

3. 人脸识别

通过人脸识别门禁，可提升养老院的治安水平，也可帮助老年人完成购物及结算。

4. 智能看护

通过专用的智能手环或者其他传感器，老年人的状态可以被实时监测并且将数据同步传给家属和签约医生，如呼吸、血压、心率、脉搏等生命体征检测、跌倒检测、入侵检测，行为识别和日常生活状态的长期监测。

5. 远程诊疗

通过保存老人的体检报告和诊疗信息，医生可以随时追踪到老人的病情状况，从而实现远程诊疗。其优点是一旦发现某一项健康参数异常或出现意外情况，能立即告知家属与医生，及时采取措施。

6. 制订体检方案

使用智能手环等可穿戴设备连续记录并监测老人心跳、体温、睡眠、激素水平以及其他理化指标，这些指标动态、全面地反映了老人的生理状态和健康水平，以此为依据可筛选出每位老人的重点体检项目，制订个性化的体检方案。

7．重点情感关怀

通过分析亲友探访情况数据和老人与养老机构内其他老人及工作人员的互动数据，可以甄别出与他人互动频率低的老人，对其重点进行沟通交流，有针对性地满足老人的情感需求。还可以利用阅读、棋类、电子宠物等应用场景来照顾老人的精神生活。

AI 的优势在于大数据，利用大数据可以帮助养老机构提高效率，扩大服务的深度和广度。构建老年人行为模式范例，通过检测数据与范例进行对比，从而实现老年人发生危险的早期预警，是人工智能的应用所在。

8.3.5　人工智能在其他领域的应用

随着科技的发展，早在科幻电影中出现的无人驾驶和机器人，也渐渐进入人们的日常，如工厂或者餐厅内已有机器人在忙碌着为我们服务；快递机器人给我们送快递等。

1．制造业

在制造业中，不良品的检品正在被实用化。现在以食品业、制造业为中心，在各种企业的工厂中，灵活运用了图像处理技术来识别良次品。通过与机器人机械臂联动，也可以自动去除不良品。由此，可以削减人工成本，并且机器人可以 24 小时进行高负荷的检查工作。

2．农业

农民利用无人机喷洒农药，搭载了进行图像识别的 AI，一旦确定害虫，就可以从天上对准害虫目标进行喷洒农药。这样既确保了使用最少的农药，又减轻了农民的作业负担，而且提高了品质，削减了成本。

3．水产养殖业

在水产养殖业方面，也可以通过智能手机和电脑上的喂食装置来对鱼苗进行喂食。如可以对鱼群行动进行系统分析的"UMITRONFAI"程序。UMITRONFAI 是一个人工智能程序，可通过机器学习的实时评价来判断鱼苗吃饵状况，也可通过图像分析自动判定鱼苗当时的食欲。鱼苗的食欲会根据水温、盐分浓度、气象条件、风向、二氧化碳量等各种环境因素而发生变化。一般情况下，渔夫会直觉地给它们喂食，所以无论如何都会出现吃剩或者食物不足的情况。而使用人工智能的应用程序以后，因为此程序能对鱼苗的食欲进行数据分析，所以可以轻松地进行适当分量的喂食。

4．金融业

Visa Inc.（NYSE：V）公司今年推出了 VisaNet+AI，这是一套人工智能技术支持的服务，旨在解决银行、商户和消费者长期以来面临的挑战和痛点，包括管理账户余额时面临的延迟和混乱，以及金融机构日常结算的不可预测性。VisaNet+AI 包含多项创新概念和新的增值服务，其中包括 Visa Smarter Posting 和 Visa Smarter Settlement Forecast，以及 Visa Smarter Stand-InProcessing（Smarter STIP）功能。这些创新功能利用 Visa 的高性能人工智能平台，帮助提高支付的可预测性、透明度和速度。

5．不动产业

最新的不动产业通过使用人工智能的应用程序向有租房和购房意愿的人提供最佳的住房

建议。人工智能会获取用户的喜好，如建筑年数、地域、房间布局等，从最接近那个人喜好的房子中提出建议，因此可以大幅度减少找房子的时间。另外，应用程序还会帮助地产商评估土地现在和未来的价格走势。在取得土地的价格评估中，可以解决负责人之间的市场价的感差和市价不明确的问题。

6. 零售业

利用人工智能系统可以预测客流量需求，分析店铺的拥挤情况和客人的入座时间等。以前全部用 Excel 进行分析，通过导入人工智能更灵活地分析了数据，减少了食品浪费，也为市场营销和商品开发做出了巨大的贡献。

7. 医疗业

美国的 AeolusRobotics 公司开发了搭载人工智能的自律型人类支援机器人——"Aeolus Robot"（艾乐仕机器人）。"Aeolus Robot"搭载了学习人、脸、物品、周围环境的高精度的 AI 视觉传感器，具有学习、认识周围环境的学习能力，可在用户跌倒的时候迅速识别出用户的身份，具备"高级对象检测功能""空间识别功能""生物信号 Q 检测功能"，使用着可以用它来观察，并迅速找到跌倒的人。

8. 建设业

建筑公司在河川护岸的维护管理工作中使用人工智能，构筑了高效的检查护岸损伤的系统。在人工智能进入建筑业之前，一直都是通过检测人员的目视来检查护岸的恶化状况，但是要想让检测人员能够准确地检查出问题，需要熟练的技术，所以花费了很多的时间和成本。在导入该系统以后，现场的对应工时被削减到 1/5，同时可以达到堪比专业技术人员的目视检查效果，并且能够以更高精度的水平进行检查。

9. 交通行业

在交通领域，随着交通卡口的大规模联网，汇集的海量车辆通行记录信息，对于城市交通管理有着重要的作用。利用人工智能技术，可实时分析城市交通流量，调整红绿灯间隔，缩短车辆等待时间，提升城市道路的通行效率。城市级的人工智能大脑，实时掌握着城市道路上通行车辆的轨迹信息、停车场的车辆信息，以及小区的停车信息，能够提前半个小时预测交通流量变化和停车位数量变化，合理调配资源、疏导交通，实现机场、火车站、汽车站、商圈的大规模交通联动调度，提升整个城市的运行效率，为居民的出行畅通提供保障。

📺 在线测试

扫一扫 测一测

第9章 区块链

内容导读

有人说区块链技术是继蒸汽机、电力、互联网之后，下一代颠覆性的核心技术。如果说蒸汽机让人们解放了生产力，电力使人们改善了生活，互联网使人们改变了信息传递方式，那么区块链作为构造信任的机器，将可能彻底改变整个人类社会价值传递的方式。

学习目标

○ 了解区块链的起源与发展、概念、特点
○ 了解区块链的分类
○ 了解区块链的关键技术及应用

学习要求

★ 区块链的概念及特点
★ 区块链的分类

拓展阅读

云南省生物资源区块链大数据平台初具规模

云南生物资源丰富，但存在科研数据资源分散、数据标准不统一、跨学科交叉数据应用无法安全共享流通等问题。对此，北京航空航天大学云南创新研究院数字经济研究所利用区块链技术，建成了具有行业创新和云南特色的"区块链＋大数据"应用区块链平台。……

9.1 区块链概述

9.1.1 区块链的起源与发展

1. 区块链的起源

区块链起源于比特币，2008 年 11 月 1 日，一位自称中本聪（Satoshi Nakamoto）的人发表了《比特币：一种点对点的电子现金系统》一文，阐述了基于 P2P 网络技术、加密技术、时间戳技术、区块链技术等的电子现金系统的构架理念，这标志着比特币的诞生。两个月后理论步入实践，2009 年 1 月 3 日第一个序号为 0 的创世区块诞生。2009 年 1 月 9 日出现序号为 1 的区块，并与序号为 0 的创世区块相连接形成了链，标志着区块链的诞生。

2. 区块链的发展历程

2008 年由中本聪第一次提出了区块链的概念，在随后的几年中，区块链成为电子货币比特币的核心组成部分：作为所有交易的公共账簿。通过利用点对点网络和分布式时间戳服务器，区块链数据库能够进行自主管理。为比特币而发明的区块链使它成为第一个解决重复消费问题的数字货币。比特币的设计已经成为其他应用程序的灵感来源。

2014 年，"区块链 2.0"成为一个关于去中心化区块链数据库的术语。对这个第二代可编程区块链，经济学家们认为它是一种编程语言，可以允许用户写出更精密和智能的协议。因此，当利润达到一定程度的时候，就能够从完成的货运订单或者共享证书的分红中获得收益。区块链 2.0 技术跳过了交易和价值交换中担任金钱和信息仲裁的中介机构。它们被用来使人们远离全球化经济，使隐私得到保护，使人们"将掌握的信息兑换成货币"，并且有能力保证知识产权的所有者得到收益。第二代区块链技术使存储个人的"永久数字 ID 和形象"成为可能，并且对"潜在的社会财富分配不平等"提供解决方案。

2019 年 1 月 10 日，国家互联网信息办公室发布《区块链信息服务管理规定》。2019 年 10 月 24 日，在中共中央政治局第十八次集体学习时，习近平总书记强调，"把区块链作为核心技术自主创新重要突破口""加快推动区块链技术和产业创新发展"。'区块链'已走进大众视野，成为社会的关注焦点。2019 年 12 月 2 日，该词入选《咬文嚼字》2019 年十大流行语。

2021 年，国家高度重视区块链行业发展，各部委发布的区块链相关政策已超 60 项，区块链不仅被写入"十四五"规划纲要中，各部门更是积极探索区块链发展方向，全方位推动区块链技术赋能各领域发展，积极出台相关政策，强调各领域与区块链技术的结合，加快推动区块链技术和产业创新发展，区块链产业政策环境持续利好发展。

2022 年 11 月，蚂蚁集团数字科技事业群近日在云栖大会上宣布，其历经四年的关键技术攻关与测试验证的区块链存储引擎 LETUS（Log-structured Efficient Trusted Universal Storage），首次对外开放。

2022 年 11 月 14 日，北京微芯区块链与边缘计算研究院长安链团队成功研发海量存储引擎 Huge，中文名"泓"。可支持 PB 级数据存储，是目前全球支持量级最大的区块链开源存储引擎。

9.1.2 区块链的概念和特点

1. 区块链的概念

区块链，就是一个又一个区块组成的链条。每一个区块中保存了一定的信息，它们按照各自产生的时间顺序连接成链条。如图 9-1 所示。

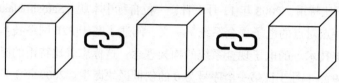

图 9-1 区块链示意图

这个链条被保存在所有的服务器中，只要整个系统中有一台服务器可以工作，整条区块链就是安全的。这些服务器在区块链系统中被称为节点，它们为整个区块链系统提供存储空间和算力支持。如果要修改区块链中的信息，必须征得半数以上节点的同意并修改所有节点中的信息，而这些节点通常掌握在不同的主体手中，因此篡改区块链中的信息是一件极其困难的事。

区块链由交易、区块和链三部分组成。

（1）交易（Transaction）：一次操作，导致账本状态的一次改变，如添加一条记录。

（2）区块（Block）：记录一段时间内发生的交易和状态结果，是对当前账本状态的一次共识。

（3）链（Chain）：由一个个区块按照发生顺序串联而成，是整个状态变化的日志记录。

如果把区块链作为一个状态机，则每次交易就是试图改变一次状态，而每次共识生成的区块，就是参与者对于区块中所有交易内容导致状态改变的结果进行确认。

2. 区块链的特点

区块链的特点包括去中心化、开放性、独立性、安全性和匿名性。相比于传统的网络，区块链具有两大核心特点：一是数据难以篡改，二是去中心化。基于这两个特点，区块链所记录的信息更加真实可靠，可以帮助解决人们互不信任的问题。

（1）去中心化。区块链技术不依赖额外的第三方管理机构或硬件设施，没有中心管制，除了自成一体的区块链本身，通过分布式核算和存储，各个节点实现了信息自我验证、传递和管理。去中心化是区块链最突出最本质的特征。

（2）开放性。区块链技术基础是开源的，除了交易各方的私有信息被加密外，区块链的数据对所有人开放，任何人都可以通过公开的接口查询区块链数据和开发相关应用，因此整个系统信息高度透明。

（3）独立性。基于协商一致的规范和协议（类似比特币采用的哈希算法等各种数学算法），整个区块链系统不依赖其他第三方，所有节点能够在系统内自动安全地验证、交换数据，不需要任何人为的干预。

（4）安全性。只要不能掌控全部数据节点的 51%，就无法肆意操控修改网络数据，这使区块链本身变得相对安全，避免了主观人为的数据变更。

（5）匿名性。除非有法律规范要求，单从技术上来讲，各区块节点的身份信息不需要公开或验证，信息传递可以匿名进行。

9.1.3 区块链的分类

1．公有区块链

世界上任何个体或者团体都可以发送交易，且交易能够获得该区块链的有效确认，任何人都可以参与其共识过程。公有区块链（Public Block Chains）是最早的区块链，也是应用最广泛的区块链，各大 bitcoins 系列的虚拟数字货币均基于公有区块链，世界上有且仅有一条这样的币种对应的区块链。

2．联盟区块链

联盟区块链（Consortium Block Chains）是指由某个群体内部指定多个预选的节点为记账人，每个块的生成由所有的预选节点共同决定（预选节点参与共识过程），其他接入节点可以参与交易，但不过问记账过程（本质上还是托管记账，只是变成分式记账，预选节点的多少，如何决定每个块的记账者成为该区块链的主要风险点），其他任何人可以通过该区块链开放的 API 进行限定查询。

3．私有区块链

私有区块链（Private Block Chains）是指仅仅使用区块链的总账技术进行记账，可以是一个公司，也可以是个人，独享该区块链的写入权限，本链与其他的分布式存储方案没有太大区别。传统金融都是想实验尝试私有区块链，而公链的应用，如 bitcoin 已经工业化，私链的应用产品还在摸索当中。

9.1.4 区块链的相关政策与法规

区块链相关政策与法规见表 9-1。

表 9-1 区块链相关政策与法规

时间	政策或法规	说明
2016 年 10 月	《区块链技术和应用发展白皮书（2016）》(工信部)	全面阐述国内外区块链发展现状、典型应用场景及应用分析，提出中国区块链技术发展路线图及区块链标准化路线图，提出相关政策、应用建议等
2016 年 12 月	《"十三五"国家信息化规划的通知》(国务院)	在重大任务和重点工程方面，提到加强量子通信……区块链、基因编辑等新技术基础研发和前沿布局，构筑新赛场先发主导优势

时间	政策或法规	说明
2017 年 8 月	《关于进一步扩大和升级信息消费持续释放内需潜力的指导意见》(国务院)	推动信息技术服务企业提升"互联网＋"环境下的综合集成服务能力。鼓励利用开源代码开发个性化软件，开展基于区块链、人工智能等新技术的试点应用
2018 年 6 月	《工业互联网发展行动计划（2018-2020 年)》(工信部)	开展工业互联网关键核心技术研发和产品研制，推进边缘计算、深度学习、增强现实、虚拟现实、区块链等新兴前沿技术在工业互联网的应用研究
2019 年 1 月	《区块链信息服务管理规定》(国家网信办)	明确区块链信息服务提供者的信息安全管理责任，规范和促进区块链技术及相关服务健康发展，规避区块链信息服务安全风险，为区块链信息服务的提供、使用、管理等提供有效的法律依据
2020 年 1 月	《关于支持国家级新区深化改革创新加快推动高质量发展的指导意见》(国务院办公厅)	加快推动区块链技术和产业创新发展，探索"区块链＋"模式，促进区块链和实体经济深度融合
2020 年 11 月	《关于推动数字文化产业高质量发展的意见》(文化和旅游部)	支持 5G、大数据、云计算、人工智能、物联网、区块链等在文化产业领域的集成应用和创新，建设一批文化产业数字化应用场景
2021 年 3 月	"十四五"规划和 2035 年远景目标纲要	加快推动数字产业化，培育壮大人工智能、大数据、区块链、云计算、网络安全等新兴数字产业，提升通信设备、核心电子元器件、关键软件等产业水平
2021 年 6 月	《关于加快推动区块链技术应用和产业发展的指导意见》(工业和信息化部中央网信办)	明确到 2025 年，区块链产业综合实力达到世界先进水平，产业初具规模。区块链应用渗透到经济社会多个领域，在产品溯源、数据流通、供应链管理等领域培育一批知名产品，形成场景化示范应用
2021 年 10 月	《国家标准化发展纲要》(中共中央国务院)	强化标准在计量量子化、检验检测智能化、认证市场化、认可全球化中的作用，通过人工智能、大数据、区块链等新一代信息技术的综合应用，完善质量治理，促进质量提升
2021 年 11 月	《"十四五"信息通信行业发展规划》(工信部)	建设区块链基础设施，通过加强区块链基础设施建设增强区块链的服务和赋能能力，更好地发挥区块链作为基础设施的作用和功能，为技术和产业变革提供创新动力
2022 年 4 月	《关于加快建设全国统一大市场的意见》(中共中央国务院)	强化标准验证、实施、监督，健全现代流通、大数据、人工智能、区块链、第五代移动通信（5G）、物联网、储能等领域标准体系
2022 年 5 月	《扎实稳住经济一揽子政策措施的通知》(国务院)	鼓励平台企业加快人工智能、云计算、区块链、操作系统、处理器等领域技术研发突破

9.2　区块链的关键技术

9.2.1　加密技术

区块链应用场景很多都是具备高加密性的，点对点的加密模式是密码学的特点。区块链开发者通过研究密码学，了解到钱包、密钥、广泛的加密和解密技术等加密概念。

非对称加密，存储在区块链上的交易信息是公开的，但是账户身份信息是高度加密的，只有在数据拥有者授权的情况下才能访问到，从而保证了数据的安全和个人的隐私。

9.2.2　点对点网络

点对点网络（peer-to-peer，简称"P2P"），又称对等式网络，是无中心服务器、依靠用户群（peers）交换信息的互联网体系，它的作用在于，减低以往网路传输中的节点，以降低资料遗失的风险。与有中心服务器的中央网络系统不同，对等网络的每个用户端既是一个节点，也有服务器的功能，任何一个节点无法直接找到其他节点，必须依靠其户群进行信息交流。

P2P 节点能遍布整个互联网，也给包括开发者在内的任何人、组织、或政府带来监控难题。P2P 在网络隐私要求高和文件共享领域中，得到了广泛的应用。使用纯 P2P 技术的网络系统有比特币、Gnutella 或自由网等。另外，P2P 技术也被使用在类似 VoIP 等实时媒体业务的数据通信中。有些网络（如 Napster、OpenNAP）包括搜索的一些功能，也使用客户端—服务器结构，而使用 P2P 结构来实现另外一些功能。这种网络设计模型不同于客户端—服务器模型，在客户端—服务器模型中通信通常来往于一个中央服务器。

P2P 优点：

- 拥有较佳的并行处理能力。
- 运用内存来管理交换资料，大幅度提高性能。
- 不用投资大量金钱在服务器的软、硬件设备。
- 适用于小规模的网络，维护容易。

P2P 缺点：

- 架设较为复杂，除了要有开发服务器端，还要有专用的客户端。
- 用在大规模的网路，资源分享紊乱，管理较难，安全性较低。

9.2.3　共识算法

共识机制就是所有记账节点之间如何达成共识，去认定一个记录的有效性，这既是认定的手段，也是防止篡改的手段。区块链提出了四种不同的共识机制，适用于不同的应用场景，在效率和安全性之间取得平衡。

区块链的共识机制具备"少数服从多数"以及"人人平等"的特点，其中"少数服从多数"并不完全指节点个数，也可以是计算能力、股权数或者其他的计算机可以比较的特征量。"人人平等"是当节点满足条件时，所有节点都有权优先提出共识结果、直接被其他节点认同后并最后有可能成为最终共识结果。以比特币为例，采用的是工作量证明，只有在控制了全网超过51%的记账节点的情况下，才有可能伪造出一条不存在的记录。当加入区块链的节点足够多的时候，这基本上不可能，从而杜绝了造假的可能。

9.2.4　区块链中的其他技术

1. 智能合约

智能合约是基于这些可信的不可篡改的数据，可以自动化的执行一些预先定义好的规则和条款。以保险为例，如果说每个人的信息（包括医疗信息和风险发生的信息）都是真实可信的，那就很容易在一些标准化的保险产品中，去进行自动化的理赔。在保险公司的日常业务中，虽然交易不像银行和证券行业那样频繁，但是对可信数据的依赖是有增无减。因此，编者认为利用区块链技术，从数据管理的角度切入，能够有效地帮助保险公司提高风险管理能力。具体来讲主要分投保人风险管理和保险公司的风险监督。

2. 分布式账本

分布式账本指的是交易记账由分布在不同地方的多个节点共同完成，而且每一个节点记录的是完整的账目，因此它们都可以参与监督交易合法性，同时也可以共同为其作证。

跟传统的分布式存储有所不同，区块链的分布式存储的独特性主要体现在两个方面：一是区块链每个节点都按照块链式结构存储完整的数据，传统分布式存储一般是将数据按照一定的规则分成多份进行存储。二是区块链每个节点存储都是独立的、地位等同的，依靠共识机制保证存储的一致性，而传统分布式存储一般是通过中心节点往其他备份节点同步数据。没有任何一个节点可以单独记录账本数据，从而避免了单一记账人被控制或者被贿赂而记假账的可能性。也由记账节点足够多，理论上讲除非所有的节点被破坏，否则账目就不会丢失，从而保证了账目数据的安全性。

9.3　区块链的应用

9.3.1　生活中的区块链

传统的公共服务依赖于有限的数据维度，获得的信息可能不够全面且有一定的滞后性。区块链不可篡改的特性使链上的数字化证明可信度极高，在产权、公证及公益等领域都可以以此建立全新的认证机制，改善公共服务领域的管理水平。

公益流程中的相关信息如捐赠项目、募集明细、资金流向、受助人反馈等，均可存放于区块链上，在满足项目参与者隐私保护及其他相关法律法规要求的前提下，有条件地进行公开公示，方便公众和社会监督。

区块链在公共管理、能源、交通等领域都与民众的生产生活息息相关，但是这些领域的中心化特质也带来了一些问题，可以用区块链来改造。区块链提供的去中心化的完全分布式DNS服务通过网络中各个节点之间的点对点数据传输服务就能实现域名的查询和解析，可用于确保某个重要的基础设施的操作系统和固件没有被篡改，可以监控软件的状态和完整性，可以发现不良的篡改，并确保使用了物联网技术的系统所传输的数据没有经过篡改。

9.3.2 供应链和物流领域中的区块链

1. 供应链

供应链由众多参与主体构成，存在大量交互协作，信息被离散地保存在各自的系统中，缺乏透明度。信息的不流畅导致各参与主体难以准确地了解相关事项的实时状况及存在问题，影响供应链的协同效率。当各主体间出现纠纷时，举证和追责耗时费力。

区块链可以使数据在各主体之间公开透明，从而在整个供应链条上形成完整、流畅、不可篡改的信息流。这可以确保各主体及时发现供应链系统运行过程中产生的问题，并有针对性地找到解决方案，进而提升供应链管理的整体效率。

2. 物流领域

区块链在物联网和物流领域也可以天然结合。通过区块链可以降低物流成本，追溯物品的生产和运送过程，并且提高供应链管理的效率。该领域被认为是区块链一个很有前景的应用方向。

区块链通过结点连接的散状网络分层结构，能够在整个网络中实现信息的全面传递，并能够检验信息的准确程度。这种特性一定程度上提高了物联网交易的便利性和智能化。区块链+大数据的解决方案就利用了大数据的自动筛选过滤模式，在区块链中建立信用资源，可双重提高交易的安全性，并提高物联网交易便利程度。为智能物流模式应用节约时间成本。区块链结点具有十分自由的进出能力，可独立地参与或离开区块链体系，不对整个区块链体系有任何干扰。"区块链+大数据"解决方案就利用了大数据的整合能力，促使物联网基础用户拓展更具有方向性，便于在智能物流的分散用户之间实现用户拓展。

9.3.3 文化及旅游中的区块链

1. 数字版权领域

通过区块链技术，可以对作品进行鉴权，证明文字、视频、音频等作品的存在，保证权属的真实、唯一性。作品在区块链上被确权后，后续交易都会进行实时记录，实现数字版权全生命周期管理，也可作为司法取证中的技术性保障。例如，美国纽约一家创业公司

MineLabs 开发了一个基于区块链的元数据协议，这个名为 Mediachain 的系统利用 IPFS 文件系统，实现数字作品版权保护，主要是面向数字图片的版权保护应用。

2. 旅游业

以下是区块链技术在酒店和旅游行业中最热门的四个应用。

（1）跟踪行李。区块链技术对于跟踪行李的移动非常有价值，尤其是在处理国际旅行时。在许多情况下，客户的行李在旅途中多次换手。使用分散的数据库可以使公司之间共享跟踪数据更加容易。

（2）身份识别服务。身份识别服务对旅游业极为重要，区块链可能成为存储这些信息的行业标准。以这种方式使用这项技术可以大幅度减少登机时间或机场排队时间，因为简单的指纹或视网膜扫描可以取代显示文件。

（3）安全、可追踪的付款。区块链技术在酒店、旅游业和旅游业中最重要的应用与支付有关。在未来，它的应用可以是一个全球账本，使银行支付更加简单和安全，直到允许旅游公司接受使用比特币和其他加密货币的支付。

（4）客户忠诚度计划。许多旅游公司实施客户忠诚度计划，以鼓励返程客户。区块链还可以协助这些计划简化流程，允许客户更轻松地访问有关其忠诚度点的信息，并允许代币分发。它也有助于打击这方面的欺诈行为。

以下是区块链在旅游业中的应用案例。

（1）身份管理。据统计，近年来，高达 4 000 万份旅行文件被记录为丢失或盗窃。然而，通过生物识别和区块链，可以记录和永久存储身份和旅行文件，只需单击即可访问。我们不需要为旅行中的多个检查点打印多个文件。信用卡信息也可以很容易地存储。飞机、酒店和护照可以简化旅行者的设备，政府机构在处理游客信息时更安全。

（2）智能合约。区块链已被用来巩固企业之间的合同，双方都无法改变条款。在旅游业中，智能合同有很大的空间。旅行者和旅行社将记录一个区块中的所有交易；忠诚度计划和游客积分可以存储在区块中；航空公司、酒店和预订代理之间的佣金协议也将明确划分谁获得费用；与旅行社签订的公司协议可以永久保存，无疑问或隐藏费用。

（3）避免欺诈。消费者预定他们认为属于酒店的第三方平台，实际上这些网站是由欺诈者所运营的。不仅造成了消费者的直接损失，也影响到当事酒店的名誉。

区块链技术将有效解决上述问题，帮助消费者验证所有权等。此外，旅行社不需要手动检查这些预订是否以区块形式存储文档和身份的特点标记为潜在欺诈。游客信息可以通过区块链安全访问，欺诈造成的损失将显著减少。

（4）超额预订。对于那些可能因为没有人愿意放弃座位而被踢下飞机的游客来说，这是一个令人头疼的老问题。政府甚至正在采取监管措施来惩罚有这些行为的航空公司。通过区块链，乘客将有更高的安全性，他们的预订将安全地存储在一个区块中，航空公司将被迫放弃超额预订。

此外，旅游业涉及各种服务业，在旅游过程中也会遇到许多不同的消费积分计划。然而，各种积分系统复杂而孤立，客户对细节了解不多。这不仅影响了客户的利益，也给旅游公司带来了麻烦。如果使用区块链技术将这些积分计划统一到共享账簿中，并使用钱包管理积分，便可以解决这些长期存在的问题。

9.3.4 其他领域应用

1. 金融领域

区块链能够提供信任机制，具备改变金融基础架构的潜力，各类金融资产如股权、债券、票据、仓单、基金份额等都可以被整合到区块链技术体系中，成为链上的数字资产，在区块链上进行存储、转移和交易。

区块链技术的去中心化，能够降低交易成本，使金融交易更加便捷、直观和安全。区块链技术与金融业相结合，必然会创出越来越多的业务模式、服务场景、业务流程和金融产品，从而给金融市场、金融机构、金融服务及金融业态发展带来更多影响。随着区块链技术的改进及区块链技术与其他金融科技的结合，区块链技术将逐步适应大规模金融场景的应用。

区块链在国际汇兑、信用证、股权登记和证券交易所等金融领域有着潜在的巨大应用价值。将区块链技术应用在金融行业中，能够省去第三方中介环节，实现点对点的直接对接，从而在大大降低成本的同时，快速完成交易支付。

比如 Visa 推出基于区块链技术的 Visa B2B Connect，它能为机构提供一种费用更低、更快速和安全的跨境支付方式来处理全球范围的企业对企业的交易。传统的跨境支付需要等 3 ~ 5 天，并为此支付 1% ~ 3% 的交易费用。Visa 还联合 Coinbase 推出了首张比特币借记卡，花旗银行则在区块链上测试运行加密货币"花旗币"。

2022 年 8 月，全国首例数字人民币穿透支付业务在雄安新区成功落地，实现了数字人民币在新区区块链支付领域应用场景的新突破。

2. 汽车产业

2015 年 Visa 和 DocsSingn 已经达成合作协议，决定合伙使用区块链建立一个概念证明来简化汽车租赁过程，并把它建成一个"点击，签约和驾驶"的过程。未来的客户选择他们想要租赁的汽车，进入区块链的公共总账；然后，坐在驾驶座上，客户签订租赁协议和保险政策，而区块链则是同步更新信息。对于汽车销售和汽车登记来说，这种类型的过程也可能会发展为现实。

3. 股票交易

很多年来，许多公司致力于使得买进、卖出、交易股票的过程变得容易。新兴区块链创业公司认为，区块链技术可以使这一过程更加安全和自动化，并且比以往任何解决方案更加有效。与此同时，区块链初创公司 Chain 正和纳斯达克合作，通过区块链实现私有公司的股权交易。

4. 政府管理

因为政府工作通常受公众关注和监督，所以政务信息、项目招标等信息需要公开透明。由于区块链技术能够保证信息的透明性和不可更改性，对政府透明化管理的落实有很大的作用。政府项目招标存在一定的信息不透明性，而企业在密封投标过程中也存在信息泄露风险。

区块链能够保证投标信息无法篡改，并能保证信息的透明性，在彼此不信任的竞争者之间形成信任共识，并能够通过区块链安排后续的智能合约，保证项目的建设进度，一定程度上防止了腐败的滋生。

在线测试

扫一扫　测一测

第 10 章　物 联 网

内容导读

　　物联网即"万物"相连的互联网，它是新一代信息技术的重要组成部分。物联网是将各种信息传感设备与互联网结合起来而形成的一个巨大网络，实现在任何时间、任何地点，人、机、物的互联互通。

学习目标

　　○ 了解物联网的产生及其概念
　　○ 熟悉物联网感知层、网络层、平台层和应用层的体系结构，了解每层在物联网中的作用
　　○ 熟悉物联网的关键技术及应用

学习要求

　　★ 物联网感知层、网络层、平台层和应用层的体系结构
　　★ 物联网的关键技术及应用

拓展阅读

我国移动物联网连接数占全球 70%

　　根据信息产业部网站信息，我国移动物联网用户规模快速扩大，截至2022年底，连接数达 18.45 亿户，比 2021 年底净增 4.47 亿户，占全球总数的 70%。……

10.1　物联网概述

10.1.1　物联网的出现

物联网（IoT）的概念是在 1999 年提出的，当时不称为物联网而称为传感网。中国科学院在 1999 年就启动了传感网的研究和开发。2009 年 8 月，物联网被正式列为国家五大新兴战略性产业之一，并写入政府工作报告，物联网在我国受到了全社会极大的关注。物联网是新一代信息技术的重要组成部分，也是"信息"时代的重要发展阶段。

物联网就是物物相连的互联网。物联网包含两层含义：首先，物联网的核心和基础仍然是互联网，它是在互联网的基础上延伸和扩展的网络；其次，它的用户端扩展到了物品与物品之间，使物与物能进行信息交换和通信，也就是物物相连。

目前，我国正高度关注和重视物联网的研究。物联网通过智能感知、识别技术与普适计算等通信感知技术，融合在网络中，因而被称为继计算机、互联网之后世界信息产业发展的"第三次浪潮"。

10.1.2　物联网的定义

关于物联网比较准确的定义为：物联网是通过各种信息传感设备及系统（传感器、射频识别系统、红外感应器、激光扫描器等）、条码与二维码、全球定位系统，按约定的通信协议，将物与物、人与物、人与人连接起来，通过各种接入网、互联网进行信息交换，以实现智能化识别、定位、跟踪、监控和管理的一种信息网络。这个定义的核心是：物联网的主要特征是网络中的所有物品都可以寻址，所有物品都可以控制，所有物品都可以通信。

物联网是新一代信息技术的重要组成部分。与互联网不同，物联网主要的应用对象是一些物理设备，如家电、车辆、可穿戴设备等。在这些物理设备中嵌入电子软件、传感器以及某些网络连接设备等，就可以实现设备间的数据交换，从而建立起一套互联的网络。

物联网将各种信息传感设备与互联网结合起来而形成的一个巨大网络，实现在任何时间、任何地点，人、机、物的互联互通。它的基本特征可概括为整体感知、可靠传输和智能处理。

物联网的应用领域非常广泛。在交通、物流、安保、工业、农业以及环境等基础设施领域的应用，有效地推动了智能化发展，使有限的资源更加得到了合理地分配和使用，使行业提高效率、增加效益；在医疗健康、教育、金融、家居、服务业以及旅游业等民生领域的应用，极大地改进了服务方式、扩大了服务范围、提升了服务质量，提高了人们的生活质量。

10.2　物联网的体系结构

10.2.1　物联网体系结构概述

物联网可分为四个层级：感知层、网络层、平台层、应用层，如图 10-1 所示。

图 10-1　物联网体系结构图

第一层是感知层，如果以人的神经网络做类比，那么人的感觉器官就是物联网的感知层，如耳朵采集声音信息，鼻子采集气味信息，眼睛采集视觉信息等。

第二层是网络层，网络层相当于神经元形成的神经传输通道，感知到基础设施和物品信息后，需要通过网络传输到后台进行处理。

第三层是平台层，平台层在整个物联网体系架构中起着承上启下的关键作用，它不仅实现了底层终端设备的"管、控、营"一体化，还提供了业务融合以及数据价值孵化的土壤。平台层相当于大脑，它可以综合信息得出有用的结论并做出决策。

第四层是应用层，根据业务需要在平台层之上建立相关的物联网应用，丰富的应用是物联网的最终目标。应用层相当于人体接受大脑的反馈信息后的表现行为与效果呈现。

10.2.2　物联网体系结构各层分析

1. 物联网感知层

感知层是物联网的最底层，它的主要功能是收集数据。通过芯片、蜂窝模组、终端和感知设备等工具从物理世界中采集信息。

感知层主要的参与者是传感器厂商、芯片厂商和终端及模块生产商，产品主要包括传感器、系统级芯片、传感器芯片和通信模组等底层元器件。

感知层是物联网的基础，由具有感知、识别、控制和执行等功能的多种设备组成，通过采集各类环境数据信息，将物理世界和信息世界联系在一起。主要实现方式是通过不同类型的传感器感知物品及其周围各类环境信息。感知层应用的技术有传感器技术、RFID 技术、定位技术、图像采集技术等。

在对物理世界感知的过程中，不仅要完成数据采集、传输、转发、存储等功能，还需要完成数据分析处理的功能。数据处理将采集数据，经过数据分析处理提取出有用的数据。数据处理功能包含协同处理、特征提取、数据融合、数据汇聚等。还需要完成设备之间的通信和控制管理，实现将传感器和 RFID 等获取的数据传输至数据处理设备。

2．物联网网络层

网络层作为纽带连接着感知层和应用层，它由各种私有网络、互联网、有线和无线通信网等组成，相当于人的神经中枢系统，负责将感知层获取的信息，安全可靠地传输到应用层，然后根据不同的应用需求进行信息处理。

物联网网络层包含接入网和传输网，分别实现接入功能和传输功能。传输网由公网与专网组成，典型传输网络包括电信网（固网、移动通信网）、广电网、互联网、电力通信网、专用网（数字集群）。接入网包括光纤接入、无线接入、以太网接入、卫星接入等各类接入方式，实现底层的传感器网络、RFID 网络最后一千米的接入。

物联网的网络层基本上综合了已有的全部网络形式，来构建更加广泛的"互联"。每种网络都有自己的特点和应用场景，互相组合才能发挥出最大的作用，因此在实际应用中，信息往往经由任何一种网络或几种网络组合的形式进行传输。

由于物联网的网络层承担着巨大的数据量，并且面临更高的服务质量要求，物联网需要对现有网络进行融合和扩展，利用新技术以实现更加广泛和高效的互联功能。物联网的网络层，自然也成了各种新技术的舞台，如 3G/4G 通信网络、IPv6、Wi-Fi 和 WiMAX、蓝牙、ZigBee 等。

网络层的参与者是通信服务提供商，提供通信网络，其中通信网络可以分为蜂窝通信网络和非蜂窝网络。

3．物联网平台层

平台层负责处理数据，在物联网体系中起承上启下作用，主要将来自感知层的数据进行汇总、处理和分析，主要包括 PaaS 平台、AI 平台等。

平台层的参与者是各式的平台服务提供商，所提供的产品与服务可以分为物联网云平台和操作系统，完成对数据、信息的存储和分析。

物联网平台设计的目的就是为物联网设备提供安全可靠的连接通信能力。物联网平台应支持海量设备连接，采集设备数据到云端；向上提供云端 API，各类服务端应用可以通过云端 API 将指令下发给设备，实现远程遥控。

当然，物联网平台也需要一些其他的附加功能以保持业务的完整性，如设备管理，规则引擎等，方便行业开发者使用物联网平台赋能各种行业物联网场景。

基于端到端的物联网数据链路，物联网平台主要有以下核心功能。

（1）设备接入能力。

①物联网平台应该支持海量设备接入，保证设备端和云端可以稳定的进行双向通信。

②物联网平台服务商通常会提供设备 SDK 或者驱动，方便物联网终端厂商进行硬件 designin，保证物联网终端可以快速上云。

③根据应用场景物联网终端设备会选用不同的网络通信方式。物联网平台应支持蜂窝网络、LoRaWAN、NB-IOT、Wi-Fi、BLE 等多种接入方式，方便行业客户进行多模组网。

④提供 MQTT、HTTP/S 等多种协议，为赋能厂商提供云云对接、设备直连等多种接入方式。

（2）设备管理能力。

①物联网平台应提供硬件设备全生命周期的管理。包括设备注册、功能定义、数据解析、在线调试、远程配置、OTA 升级、远程维护、实时监控、分组管理、设备删除等功能。

②对接入设备提供物模型抽象，简化设备通信协议兼容开发复杂度，降低上层应用开发难度。

③提供设备在线状态的实时监控，及时了解设备上下线状态变更。

④提供数据存储能力，满足用户海量设备数据的存储和访问调用的需求。

⑤支持设备端远程固件升级，降低设备大规模部署后的维护难度。

⑥持虚拟设备能力，在特定情况下实现设备与应用解耦合，解决不稳定无线网络下的通信不可靠痛点。

（3）平台安全能力。

①身份认证。提供芯片级安全存储方案和设备密钥安全管理机制，防止设备密钥被破解。物联网平台应支持完善的设备认证机制，降低设备被攻破的安全风险。将设备证书信息录入到每个设备的芯片中。

②通信安全。支持 TLS（MQTT \ HTTP）数据传输通道，保证数据的机密性和完整性。支持设备自定义权限管理机制，保障设备与云端安全通信。支持设备级别的通信资源隔离，防止设备越权等问题。

4. 物联网应用层

应用层是物联网的最顶层，主要基于平台层的数据解决具体垂直领域的行业问题，包括消费驱动应用、产业驱动应用和政策驱动应用。

目前，物联网已实际应用到家居、公共服务、农业、物流、服务、工业、医疗等领域，各个细分场景都具备巨大的发展潜力。

应用层包括智能硬件和应用服务，智能硬件根据面对的对象不同可以分为 2C 和 2B，应用服务则可根据应用场景不同进行细分。

应用层位于物联网四层结构中的最顶层，其功能为"处理"，即通过云计算平台进行信息处理。应用层与最低端的感知层一起，是物联网的显著特征和核心所在，应用层可以对感知层采集数据进行计算、处理和知识挖掘，从而实现对物理世界的实时控制、精确管理和科学决策。

物联网应用层的核心功能围绕两个方面：一是"数据"，应用层需要完成数据的管理和数据的处理；二是"应用"，仅仅管理和处理数据还远远不够，必须将这些数据与各行业应用相结合。例如，在智能电网中的远程电力抄表应用：安置于用户家中的读表器就是感知层中的传感器，这些传感器在收集到用户用电的信息后，通过网络发送并汇总到发电厂的处理器上。该处理器及其对应工作就属于应用层，它将完成对用户用电信息的分析，并自动采取相关措施。

从结构上划分，物联网应用层包括以下三个部分。

（1）物联网中间件。物联网中间件是一种独立的系统软件或服务程序，中间件将各种可以公用的能力进行统一封装，提供给物联网应用使用。

（2）物联网应用。物联网应用就是用户直接使用的各种应用，如智能操控、安防、电力抄表、远程医疗、智能农业等。

（3）云计算。云计算可以助力物联网海量数据的存储和分析。依据云计算的服务类型可以将云分为：基础架构即服务（IaaS）、平台即服务（PaaS）、服务和软件即服务（SaaS）。

从物联网四层结构的发展来看，网络层已经非常成熟，感知层的发展也非常迅速，而应用层不管是从受到的重视程度还是实现的技术成果上，以前都落后于其他三个层面。但因为应用层可以为用户提供具体服务，是与我们最紧密相关的，因此应用层的未来发展潜力很大。

10.3　物联网的关键技术及应用

10.3.1　物联网组网技术及应用

物联网组网技术的特点及应用见表10-1。

表10-1

组网技术	优点	缺点	应用
Wi-Fi	可以接入设备、避免布线	距离近（50m）、功耗大、必须有热点、连接数量少	智能家居、智慧交通、智能监控、智能医疗设备、智慧农业等领域
蓝牙	功耗非常低，可以保证电池供电设备工作，而且非常便宜，就成本上来说对一些低成本设备还是非常友好的。蓝牙技术还可以同时管理数据和声音传输，延时也比较低，在一些需要大量传输数据的设备上使用效果是非常好的	在传输距离和传输速率上，距离有限，速率也不如Wi-Fi来得大，而且不同设备之间有些协议还不兼容，如果数据需要不间断的可用还需要本地数据一致保持纪录	智能可穿戴设备、防丢产品等
ZigBee	低速、低功耗、低成本；支持大量节点；自组网	不可接入互联网、距离短、穿透性差	小米智能家庭套装

组网技术	优点	缺点	应用
2G/4G/5G	距离长、可接入互联网、移动性强	2G 即将退网、4G/5G 成本高功耗大	美团单车、丰巢柜
NB-IOT	短距离、低功耗、可接入互联网、移动性强	需要基站支持（某些地区没有信号）	环境检测、智慧停车、智能表（水表、燃气表等）
LoRa	短距离、低功耗、安全	速度慢、不可接入互联网	农业信息化、智能抄表、环境监测

ZigBee 是一种低速短距离传输的无线协议。

窄带宽物联网（Narrow Band Internet of Things）可直接部署于 GSM 网络（2G 网络）,UMTS 网络、LTE 网络（4G 网络）以降低部署成本，实平滑升级。

LoRa 是低功耗局域网无线标准。

10.3.2　物联网嵌入式技术及应用

嵌入式系统是以应用为中心、以计算机技术为基础的，并且软硬件可量身定做，它适用于对功能、可靠性、成本、体积、功耗有严格要求的专用计算机系统。嵌入式系统通常嵌入在更大的物理设备当中而不被人们所察觉，如手机、平板电脑、甚至空调、微波炉、冰箱中的控制部件都属于嵌入式系统。

嵌入式系统具有专用性、可封装性、实时性、可靠性等特征。

从技术而言，嵌入式技术在物联网行业发展中始终处于最核心、最基础的地位。嵌入式系统是计算机应用的一种最直接、最有效的形式，只有把计算机嵌入到物体中去，物体才有大脑，它才具备思考、智能的能力；要想实现物物互联、人机互联，必须赋予物体嵌入式 CPU 的智能部件为前提；从专业角度讲，物联网是嵌入式智能终端的网络化形式，或者是智能化的形式。

嵌入式系统由硬件和软件组成，是能够独立进行运作的器件。在过去的几年中，嵌入式系统市场取得了长足的进步。随着物联网和工业物联网的出现，嵌入式控制系统信息技术已成为智能和物联网生态环境系统可以快速发展经济的推动者。

近年来，各式各样的嵌入式系统大量应用到各个领域，从国防武器设备、网络通信设备到智能仪器、日常消费电子设备，再到生物微电子技术，处处都可以见到嵌入式系统的身影，嵌入式产品已经渗透到人类社会生活的各个领域。嵌入式系统是计算机技术、自动控制技术，以及现代网络与通信技术等高度融合的产物。

物联网就是基于互联网的嵌入式系统，实现物物互联、人机互联。物联网的兴起来源于人们对信息、对自然、对物的高度关注和需求，而嵌入式设备的高速发展为这样的关注和需求提供了技术的可能，也是人类经济社会发展的必然产物。

1. 嵌入式智能传感器在物联网中的应用

物联网实现物物相连功能，需依靠于传感器发挥相应的感知功能，而智能化传感器能够轻松实现这一功能。智能传感器作为新型技术，它的快速发展和广泛应用得益于嵌入式技术的支持，因此智能传感器实质属于包含有嵌入式微处理器的传感器，具备通信、判断、计算等功能，尤其通信功能不但能够实现和互联网的连接，而且还能和 2G/3G 网络通信，因此，可以看出嵌入式传感器，在物联网通信功能实现方面发挥着重要作用。

2．嵌入式 RFID 技术在物联网中的应用

物联网中较为关键的位置是其感知节点，它融合了嵌入式技术、传感器技术等，尤其是 RFID 技术是比较典型的代表。RFID 系统主要由标签和阅读器两个重要部分组成，其中不同的标签均具备对应一个唯一的标识码，然后将其安装在物体上，而阅读器的主要作用是，通过发射专门的无线信号触发标签电路，进而达到读取标识码信息的目的。另外，如果是电子标签则不需要对其额外供电，因此缩小了标签体积，降低了制造成本，为物体的运输提供了方便。该系统在监测和跟踪物体方面具有较强的优势，因此被广泛应用在物流、交通、医疗等行业。

10.3.3　物联网感知技术及应用

传感技术同计算机技术与通信一起被称为信息技术的三大支柱。从物联网角度看，传感技术是衡量一个国家信息化程度的重要标志。传感技术可以采集大量信息，可以感知周围环境或者特殊物质，如气体感知、光线感知、温湿度感知、人体感知等，把模拟信号转化成数字信号，给中央处理器处理。最终结果形成气体浓度参数、光线强度参数、范围内是否有人探测、温度湿度数据等显示出来。传感器技术的突破和发展有三个方面：网络化、感知信息、智能化。

10.3.4　物联网其他技术及应用

1．RFID 标签

RFID 标签也是一种传感器技术，也可称为射频识别技术，该技术利用射频信号通过空间电磁耦合实现无接触信息传递并通过所传递的信息实现物体识别。由于 RFID 具有无须接触、自动化程度高、耐用可靠、识别速度快、适应各种工作环境、可实现高速和多标签同时识别等优势，因此 RFID 在自动识别、物品物流管理有着广阔的应用前景。

2．物流行业

（1）仓库储存：通常采用物联网仓库管理信息系统，完成收货入库、盘点调拨、拣货出库以及整个系统的数据查询、备份、统计、报表生产及报表管理等任务。

（2）运输监测：实时监测货物运输中的车辆行驶情况以及货物运输情况，包括货物位置、状态环境以及车辆的油耗、油量、车速及刹车次数等驾驶行为。

（3）智能快递柜：将云计算和物联网等技术结合，实现快件存取和后台中心数据处理，通过实时采集、监测货物收发等数据。

3．交通运输环境

（1）智能公交车：结合公交车辆的运行特点，建设公交智能调度系统，对线路、车辆进

行规划调度，实现智能排班。

（2）共享单车：运用带有 GPS 模块的智能锁，通过 App 相连，实现精准定位、实时掌控车辆状态等。

（3）汽车联网：利用先进的传感器及控制技术等实现自动驾驶或智能驾驶，实时监控车辆运行状态，降低交通事故发生率。

（4）智慧停车：通过安装地磁感应，连接进入停车场的智能手机，实现停车自动导航、在线查询车位等功能。

（5）智能红绿灯：依据车流量，行人及天气等情况，动态调控灯信号来控制车流，提高道路承载力。

（6）汽车电子标识：采用 RFID 技术，实现对车辆身份的精准识别、车辆信息的动态采集等功能。

（7）充电桩：通过物联网设备，实现充电桩定位、充放电控制、状态监测及统一管理等功能。

（8）高速无感收费：通过摄像头识别车牌信息，根据路径信息进行收费，提高通行效率、缩短车辆等候时间等。

2023 年预计全球将有超过 430 亿台设备连接到物联网上，它们将生成、共享、收集并帮助人们以各种方式利用数据。

4．数字孪生与元宇宙融合

2023 年，数字孪生和元宇宙这两大非常重要的技术将融合在一起，以更好地促进行业的发展。

对于商业企业而言，元宇宙最有价值的应用之一是弥合真实世界和虚拟世界之间的差距。通过使用物联网传感器提供的数据，人们有可能为诸多不同系统构建越来越逼真的数字孪生体，从制造设施到购物中心，应有尽有。随后商业用户能够通过体验式元宇宙技术（如虚拟现实耳机），"走进"这些数字孪生体，更好地了解它们的工作方式。

这种技术融合已应用于零售业，商店规划师可实时监控人流，并对商品的陈列情况和促销形式进行调整，以监控这些措施对客户行为以及商店营收情况的影响。在工业环境中，这两种技术的融合使工厂设计师可对不同的机械配置进行试验，发现潜在的安全问题，预测何处可能会出现故障。

伴随着与人工智能、5G 技术更紧密的结合及产业政策的持续支持，物联网正向着更广阔的应用场景迅速扩展。随着技术的逐渐成熟，全球物联网进入规模化和产业化快速成长期。

💻 在线测试

扫一扫 测一测

参 考 文 献

［1］刘建知，苏命峰.计算机应用基础实例与实训教程：Windows7+Office2013 ［M］.上海：上海交通大学出版社，2015.

［2］眭碧霞，张静.信息技术基础 ［M］.北京：高等教育出版社，2019.

［3］赵竞，欧阳芳.信息技术基础 ［M］.北京：机械工业出版社，2022.